KANGHAN JIESHUI
ZAOLIN JISHU JIQI YINGYONG

抗旱节水

造林技术及其应用

李吉跃　周平　何茜　姜枫　著

中国林业出版社

图书在版编目(CIP)数据

抗旱节水造林技术及其应用/李吉跃 等著. —北京：中国林业出版社，2010. 12
ISBN 978-7-5038-6017-1

Ⅰ. ①抗… Ⅱ. ①李… Ⅲ. ①干旱地区造林－研究 Ⅳ. ①S728. 2

中国版本图书馆 CIP 数据核字（2010）第 241248 号

中国林业出版社·环境景观与园林园艺图书出版中心
责任编辑：于界芬
电话：83229512　　传真：83227584

出版　中国林业出版社(100009　北京西城区刘海胡同 7 号)
网址　http：//lycb. forestry. gov. cn
发行　新华书店北京发行所
印刷　北京顺诚彩色印刷有限公司印刷
版次　2011 年 1 月第 1 版
印次　2011 年 1 月第 1 次
开本　787mm×1092mm　1/16
印张　13　　彩插　8
字数　277 千字

定价　46. 00 元

序

水逐渐成为地球上的稀缺资源，对于中国来说情况更为突出。中国的干旱、半干旱地区，再加上年内降水严重不均易于受到旱害的地区，面积广大，问题突出，全面制约经济社会的发展，对于农业发展影响深远，对于林业的发展也有深刻的影响。

森林植被按自然规律应该是生长在湿润、半湿润地区的。但即使在中国的湿润、半湿润地区，由于季风气候及其年际变化的影响，也经常出现干旱问题，特别是春旱在中国北方及西南地区带有普遍性。在中国的干旱、半干旱地区，有人认为不适合森林生长，实则不然。在干旱半干旱地区，也有森林，也要造林育林，主要有3种情况：一是在干旱、半干旱地区的高山上，例如祁连山、天山、贺兰山等山区，由于温湿条件的垂直变化，在一定海拔范围的垂直带内是适合生长森林的，因而也要做更新培育等营林工作；二是在河流两侧的漫滩地上，如塔里木河和河西走廊诸河的河漫滩及尾闾上也是生长着森林的(如胡杨、柽柳等)，尤其是在利用这些河流水资源发展的灌溉农区(绿洲)，为了保护农田、增加收益而发展的农田防护和果木经济林，就更需要大量的育林营林活动；三是在真正的干旱、半干旱的土地上，在基本上为干草原和荒漠的情况下，也是需要有一定的木本植被相间配置的。在这里既有极耐干旱的沙生木本植物，如梭梭、沙拐枣等，也有相当耐干旱，能在有限雨量条件下顺利生长的灌木树种，如柠条、沙柳、沙棘等。这些树种可在防止土地荒漠化及提高土地生产力方面发挥积极的作用。

因此，无论在我国的湿润、半湿润地区，还是干旱、半干旱地区，都有森林生长，也都需要进行育林营林的活动。在进行这些活动中，如何应对林木成活生长和水分的关系问题，主要是应对水分不足的问题，实为林学的一个大课题，这个问题由于其科学认识的复杂性以及实际处理的困难性，长期以来引起世界各国林学家们的关注。李吉跃教授从他的学术生涯最初年代起(二十多年前攻读硕士、博士研究生期间)就投身于林木与水分关系的研究，并卓有成效。长期以来，他和他的学生们不断开拓这一研究领域，不但在林木水分生理机制方面，而且在采用技术措施实施抗旱节水造林方面也有所建树，逐步成为了我国在这个领域的一个研究中心。我不想在这里再重复叙述他们在这方面取得的研究成果，相信在书中会有全面的介绍。我主要想以昔日博士生导师的身份在此向以李吉跃教授为首的研究团队表示祝贺，并鼓励中青年学者再接再厉，静下心来，避拒浮躁，深入实际，多做一些实实在在的研究工作，对已经出现在地平线上的中国现代林业发展做出更大的贡献！

中国工程院院士

2010 年 9 月 5 日

前言

水是地球上最丰富的资源，覆盖地球表面71 %的面积，然而，干旱缺水却是全世界面临的一个重要问题，干旱与半干旱地区遍布世界60多个国家，总面积约为60亿公顷，占全球陆地面积的1/3。我国是世界上干旱面积大、水资源严重不足的国家之一，其干旱、半干旱区占全国土地面积的52.5%，其中西北干旱区占到了我国总土地面积的24.5%。干旱、半干旱地区的最大特点就是降水量少，蒸发强烈，土壤水分严重亏缺，严重的干旱缺水已成为干旱、半干旱地区森林植被恢复、生态环境建设最为主要的限制因子。在干旱缺水地区，如何充分利用有限的水资源，节约用水，合理用水和科学用水，并在此基础上选择合适的造林树种，从而解决林木存活及生长，提高造林成活率和保存率，恢复森林植被，扩大森林资源，改善生态环境，以有效的水分消耗换取较大的经济、生态和社会效益，这不仅是一个十分重要的理论问题与实践问题，更是一个发展战略中亟待解决的重大问题。

解决干旱条件下的苗木存活、林木生长及植被恢复问题，主要应从三个方面入手：一是选择抗旱节水的植物材料，即从植物本身的形态解剖结构、生长发育特性、生理生态及遗传特征上进行研究，选择抗旱性强、耗水少的抗旱节水植物材料；二是应用科学的抗旱节水造林技术，维持植物体内的水分平衡，即采取蓄水保墒的技术措施以及利用各种抗旱节水新材料，改善土壤水分状况，维持植物体内的水分平衡，满足植物生存与生长对水分的需求；三是采取合理的空间密度配置，即根据植物的耗水能力和土壤水分承载量，确定合理的空间密度配置，保证林木生存与生长的最佳水分及营养面积。其中，筛选抗旱节水植物材料是抗旱节水造林成功的基础，而维持植物体内水分平衡及合理的空间密度配置是抗旱节水造林成功的保障，在干旱缺水条件下只有满足了这样的一个基础和两个技术保障才能使抗旱节水造林真正取得成功。

第1章从全球及中国水资源状况、干旱、半干旱地区现状及抗旱节水造林技术研究等方面论述了国内外相关研究最新进展；第2章至第5章分别对植物生长调节剂、固体水、控水袋及痕量灌溉等4种抗旱节水造林新技术及其应用进行了详细论述，重点阐述了这些抗旱节水造林新技术的作用原理对苗木成活、生长及生理生化特性的作用效应，以及这些新技术在生产实践中的应用与推广。

本书内容是长期研究的积累，试验资料量较大，涉及的内容较广，难免有疏漏之处，敬请专家、学者和广大读者批评指正。

作者
2010年9月

目录

第1章 抗旱节水造林技术研究进展

1.1 全球水资源与水分亏缺

1.1.1 水资源定义与分类

水资源是人类社会一切生产、生活的物质基础，没有水和水资源就没有人类。在《英国大百科全书》中，水资源被定义为“全部自然界任何形态的水，包括气态水、液态水和固态水”。联合国科教文组织和世界气象组织对水资源的定义为：作为资源的水应当是可供利用或可能被利用，具有足够的数量和质量，并适合对某地水需求而能长期供应的水源。在《中国大百科全书》大气科学、海洋科学、水文科学卷中，水资源被定义为“地球表层可供人类利用的水，包括水量（水质）、水域和水能资源，一般指每年可更新的水量资源；在水利卷中，水资源则被定义为“自然界各种形态（气态、固态或液态）的天然水，并将可供人类利用的水资源作为供评价的水资源”。

水资源一般分为两大类，地表水资源和地下水资源。陆地上的淡水资源只占地球水体总量的3.5%左右，其中近70%是固体冰川，分布在两极地区和中、低纬度地区的高山冰川。地表水资源包括冰川和冰盖，湖泊、内陆海和河流占1.78%，地下水占1.69%。人类主要利用的淡水资源约350亿m^3，占全球总储水量的2.53%。

1.1.2 全球水资源总量

水是地球上最丰富的资源，覆盖地球表面71%的面积，但是，地球上的水有约96.5%是既不能供人饮用，也无法灌溉农田的海水。在余下的淡水中而在这少得可怜的淡水中，大部分存在于冰川冰盖及大气和土壤深层。人类在现有条件下可以利用的淡水资源仅占全球水资源总量的0.003%。虽然科学家们正在研究冰川的利用方法，但在目前技术条件下还无法大规模利用。除此之外，地下水的淡水储量也很大，但绝大部分是深层地下水，开采利用的也很少。人类目前比较容易利用的淡水资源，主要是河流水、淡水湖泊水以及浅层地下水。这些淡水储量只占全部淡水的0.3%，占全球总水量的十万分之七，即全球真正有效利用的淡水资源每年约有 9000km³。

1.1.3 全球水资源分布

全球淡水资源不仅短缺而且地区分布极不平衡，这与降水资源的分布不均有密切的联系。图 1-1 显示了全球年平均降水分布情况，降水比较匮乏的地区主要有非洲北部、亚洲中部和北部、北美中部和北部、欧洲地中海部分、大洋洲西部等区域。从地域来看，拉丁美洲是水资源最为丰富的地区，水资源约占全球总量的三分之一，其次是亚洲，水资源约占全球总量的四分之一。欧洲水资源分布极为不均，欧洲大陆 18% 的人口居住在水资源匮乏地区(彩图 1)。按国家水资源分布显示，巴西、俄罗斯、加拿大、中国、美国、印度尼西亚、印度、哥伦比亚和刚果等 9 个国家的淡水资源占了世界淡水资源的 60%~65%，而约占世界人口总数 40% 的 80 个国家和地区严重缺水。

目前，全球 80 多个国家约 15 亿人口面临淡水不足，其中 26 个国家的 3 亿人口完全生活在缺水状态，据联合国儿童基金会和世界卫生组织 2009 年 7 月公布的一份报告，全球 8.84 亿人无法获得安全的饮用水，其中亚洲国家约占一半，撒哈拉以南非洲国家约占 40%。一个国家人均水量在 1000m³ 以下的就是严重缺水国。全世界共有 15 个严重缺水国。中国人均水量不足，是缺水国之一。我国的水资源总量每年 2.8 万亿 m³，其中，可用水储量只有 1.1 亿 m³。年人均占有水量 2333m³，仅为世界人均占有量的 1/4，居世界第 110 位。中国年均降水总量约为 6 万亿 m³。全国 688 个城市中约有 400 个供水不足。我国到 2030 年缺水量将达到 400 亿~500 亿 m³。《世界水资源开发报告》指出，人类对水的需求正以每年 640 亿 m³ 的速度增长，预计到 2025 年，全世界将有 30 亿人口缺水，涉及的国家和地区达 40 多个，到 2030 年，全球将有 47% 的人口居住在用水高度紧张的地区。21 世纪水资源正在变成一种宝贵的稀缺资源，水资源问题已不仅仅是资源问题，更成为关系到国家经济、社会可持续发展和长治久安的重大战略问题。

1.2 中国水资源状况

1.2.1 中国水资源总量

中国水资源总量为 2.8 万亿 m³，占全球水资源的 6%，居世界第 6 位。其中地表水 2.7 万亿 m³，地下水 0.83 万亿 m³，由于地表水与地下水相互转换、互为补给，扣除两者重复计算量 0.73 万亿 m³，与河川径流不重复的地下水资源量约为 0.1 万亿 m³。

1.2.2 中国水资源分布

我国水资源地域分布不均，南多北少。我国年平均降水量为 630mm，较全球陆地值800mm偏低约21%，比亚洲平均值740mm偏低15%，因此中国是水资源较为贫乏的国家。我国的降水量自东南沿海向西北内陆递减，等雨量线呈东北-西南走向，张家口、大通、兰州、玉树至拉萨附近。此线的东南依次为湿润区，年降水量为400~2000mm，等值线西北一侧为干旱、半干旱区，直至极端干旱的沙漠。长江流域及其以南地区国土面积只占全国的36.5%，其水资源量占全国的81%，属于人多、地少、经济发达、水资源相对丰富的地区；黄淮流域及其以北地区的国土面积占全国的63.5%，其水资源量仅占全国水资源总量的19%，属于人多、地多、经济相对发达、水资源短缺的地区。据统计，目前我国有400多个城市缺水，110个城市严重缺水。

虽然西部12个省市水资源和水能资源十分丰富，但是，无论是西北还是西南，缺水都是制约其发展的最关键因素。西部水资源总量13342亿m^3，占全国总量(2.8万亿m^3)的47.7%，但分布极不均匀，南多北少，其中西南地区水资源总量11316亿m^3，约占西部总量的84.8%，占全国总量的40.4%，单位面积产水量(51.2万m^3/km^2)大大高于全国(29.2万m^3/km^2)平均水平；西北地区水资源总量2025亿m^3，约占西部总量的15.2%，占全国总量的7.2%，单位面积产水量(5.9万m^3/km^2)不到全国平均水平的1/5，为全国最小，是水少地多的最不利组合的地区。

西北地区因地处欧亚大陆腹地，远离海洋，降雨量少，蒸发强烈，多风沙，是干旱、半干旱地带。该地区气候干旱少雨，地多水少，年平均降雨量230mm，其中40%地区的年平均降水量在100mm以下，而蒸发量却高达1000~2600mm，蒸发消耗量大，是世界上干旱缺水最严重的地区之一。其特点是不仅降雨时空分布不均，而且水资源量在地域分布上也很不均匀。例如，新疆的降水量(3340.7亿m^3)和水资源总量(978.9亿m^3)最大，分别是宁夏的20倍(162.1亿m^3)和87倍(11.2亿m^3)。水资源严重匮乏已成为西北地区生存、生态环境及社会经济发展的首要制约因素。

水资源补给年内与年际变化大，旱涝灾害频繁。受季风影响，我国降水年内分配极不均匀。图1-1显示了我国部分城市不同季节的降水分配情况，基本上夏秋多，冬春少，呈现明显的雨热同期。大部分地区年内连续四个月降水量占全年的70%左右(南方60%，北方80%左右)，中国水资源约2/3是洪水径流量，年内分布集中，降雨量主要集中在汛期(7~8月)。降水和径流的年际变化大，连续丰水或连续枯水年较为常见，是造成水旱灾害频繁、开发利用难度大和水资源供需矛盾十分尖锐的主要原因。

人均和单位面积(以亩为单位)均水资源分布不均。按照国际公认的标准，人均水资源低于3000m^3为轻度缺水；人均水资源低于2000m^3为中度缺水；人均水资源低于1000m^3为重度缺水；人均水资源低于500m^3为极度缺水。目前长江流域及其以南地区，人均水资源量3490m^3，亩均水资源4300m^3，而以北地区人均水资源量仅770m^3，亩均471m^3，黄淮流域水资源短缺则尤为突出，宁夏、河北、山东、河南、山西、江苏等6个省(区)人均水资源量低于500m^3。中国目前有16个省(区、市)

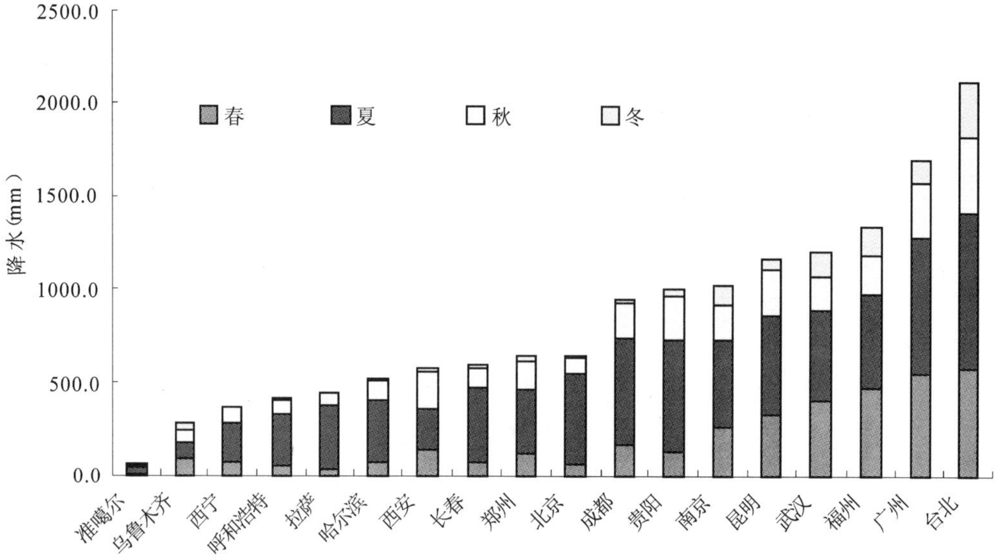

图 1-1　中国部分城市年降水量四季分配

人均水资源量(不包括过境水)低于严重缺水线。

1.3　干旱半干旱地区

1.3.1　干旱的概念

干旱指降水异常偏少，造成空气过分干燥，土壤水分严重亏缺，地表径流和地下水量大幅度减少的现象。降水不足是干旱问题的症结所在，但是由于一个地方是否干旱或者发生旱情还取决于降水量和蒸发量以及水源使用量的关系，所以干旱地区通常指那些极端干旱、干旱和半干旱地区，但是一些干燥的半湿润地区由于蒸发大于降水或者用水不足，也可以成为干旱地区。通常将年降水量在 200mm 以下的地区称为干旱区，年降水量 200～400mm 的地区称为半干旱区。

干旱和旱灾是两个不同的科学概念。干旱一般是长期的现象，而旱灾却不同，它属于偶发性的自然灾害，甚至在通常水量丰富的地区也会因一时的气候异常而导致旱灾，某些半湿润地区甚至湿润地区发生旱灾往往就是如此。例如，2010 年春季发生在西南三省(云南、四川、贵州)的特大旱灾。

1.3.2　全球干旱地区的地理分布

干旱是一个世界性的问题，造成干旱的原因主要是大气环流、区域地理位置及区域森林分布。资料显示，干旱与半干旱地区遍布世界 60 多个国家，总面积约为 60 亿 hm^2，占全球陆地总面积的 35%，主要分布在南北纬 15°～35°的副热带和北纬 35°～50°的温带、暖温带大陆内部。其中 9 亿多 hm^2 为极端干旱的沙漠地区，近 52

亿 hm^2为干旱、半干旱和某些干燥的半湿润地区，这些地区都曾是人类的聚居区。

从地域分布来看，世界的干旱地区主要分布在亚洲大部分地区、澳大利亚大部、非洲大部、北美西部和南美西部，各区域干旱面积比例分布为，其中澳大利亚75%，非洲64%，亚洲46%，欧洲、北美洲和南美洲约1/3。

1.3.3 全球干旱区特征

干旱区特征主要表现在以下几个方面：①土地干旱、降水极少、蒸发旺盛。全年的降水常集中在一个短促的时间内。②植被稀疏、旱生特征发育。半干旱区植被主要为干草原，干旱区植被主要为荒漠草原和荒漠。干旱区生长的植物一般具有矮小、少叶或无叶、带绒毛或带角质、耐旱、耐盐、生长期短、根系发达等特征。组成群落的植物种类非常贫乏，但是植物生长型多样，有旱生小半灌木、半灌木、灌木和半乔木等。③内陆水系。在雨量稀少、蒸发旺盛而降水又易于渗漏的条件下，干旱区几乎没有当地地面径流所形成的河流，绝大部分干旱区属于无水外泄的内陆流域，多数河流流向盆地中心或低地，常因强烈蒸发而中途干枯。④风沙强盛。风是干旱地区最活跃的营力，干旱区风沙频繁，风成地貌广泛分布。⑤人口密度小，畜牧业发达。干旱区的人口主要分布在水分条件较好的绿洲，农业活动也主要在绿洲进行。其他广大地区人口稀少，许多地方无人定居。整个干旱区以畜牧业为主。1977年，联合国荒漠化会议曾提出干旱区人口临界指标为每平方千米7人，半干旱区人口临界指标为每平方千米20人。

1.3.4 我国干旱和半干旱区分布

我国干湿地区可分为湿润、半湿润、半干旱和干旱地区（表1-1）。我国是世界上干旱面积大、水资源严重不足的国家之一，其干旱区和半干旱区占全国土地面积的52.5%，其中西北干旱区（指35°N以北，106°E以西的内陆干旱区，包括新疆全境、甘肃河西走廊及内蒙古贺兰山以西的地区）占到了我国总土地面积的24.5%（彩图2）。

表1-1 我国干湿地区分布

干湿地区	干湿状况	分布地区	植被
湿润地区	年降水量>800mm 降水量>蒸发量	秦岭—淮河以南地区、东北三省东部、黑龙江西北、内蒙古东北部和青藏高原东南边缘	森林
半湿润地区	年降水量400~800mm 降水量>蒸发量	东北平原、华北平原、黄土高原南部和青藏高原东南部	森林草原
半干旱地区	年降水量200~400mm 降水量<蒸发量	内蒙古高原、黄土高原和青藏高原大部分	草原
干旱地区	年降水量<200mm 降水量<蒸发量	新疆、内蒙古高原西部和青藏高原西北部	多荒漠

半干旱区分布东起东北平原西部，西到内蒙古中部和宁夏的盐池一带。半干旱区以西则为广阔的干旱区，其中贺兰山以东地区属于荒漠草原地带；贺兰山以西的广大地区，包括阿拉善地区、河西走廊、准噶尔盆地等，属于干旱荒漠地带，而在新疆东部和塔里木盆地中部和东部地区，年雨量在50mm以下，为极端干旱荒漠地带。青藏高原干旱地区包括柴达木盆地、羌塘高原、昆仑山—阿尔金山和喀喇昆仑山。青藏高原半干旱区包括柴达木盆地与羌塘寒漠以东除东南角半湿润地区以外的广大地区。

如果按照干燥度指数 D 为 0.03、0.2、0.5 和 1.0 把中国分为极干旱、干旱、半干旱、半湿润和湿润 5 个干湿区，则湿润状况显著增加的地区主要为我国的西南部、新疆西北部，干旱化显著的地区主要在青海的东部、甘肃的南部和四川北部；干湿状况变化从中国的东部向西部逐渐增大，中国的西南地区干湿状况最为稳定；20 世纪 80 年代初全国平均干湿状况发生变化，由干旱趋向湿润，多年来半湿润、湿润地区干湿状况年际变化大，半干旱区和湿润区增多，半湿润区减少。整个西北地区降水的变率比蒸发的变率大，新疆南部、青海大部、甘肃河西走廊中部和甘南伏期干旱严重，干旱频率超过了 80%，中度干旱出现最多。

50 多年来中国北方地区，在东经 100°以东地区，半干旱区和半湿润区的分界线不断波动向东推进，20 世纪 90 年代比 60 年代向东和向南扩展，半干旱区面积扩大，半湿润区面积缩小，气候趋向干旱化；东经 100°以西地区，极端干旱区面积在缩小，湿润指数有增大趋势。而在过去 50 年里中国干湿气候界线波动显著，区域差异大，呈现出整体移动和东西、南北相异波动的特征。

如果按照干燥度指数，并据其将我国划分为干旱区（$D < 0.20$），半干旱区（$0.20 < D < 0.50$），湿润区（$D < 0.50$），则可以得出，近 50 年我国干旱半干旱区降水量与蒸发量均在减小，但降水量的减小速度大于蒸发量，气候在变干，我国气候的干湿变化主要取决于降水量的变化。并且进入 20 世纪 90 年代，西南区和西北东部气候有变干迹象，华北区西部气候的干旱程度有所增加，华北区东部有所减弱，东北区气候进一步变湿的趋势。如果采用降水指数和干湿分类函数作为干湿区域的划分标准，将中国划分成三个干湿等级的区域：干旱区、半干旱区和湿润区。所得到的结论是：无论以哪种指数作为衡量干湿的标准，我国的干旱总面积，即干旱区面积和半干旱区面积之和，均为扩大趋势，湿润面积则为减小趋势，这种情况在近 10 年表现得尤为显著。

1.3.5 我国干旱和半干旱区的发展状况

近 50 年来，西北干旱区随水土资源开发利用规模的不断扩展，使区域内工农业与经济得以稳定持续发展，但同时也引起一系列生态环境变化：①大多数河流下游水量锐减，甚至断流，河道缩短，终端湖泊萎缩或干涸，水质咸化和污染趋势加剧。②土壤沙漠化和盐碱化，沙漠化土地面积达 $674.93 \times 10^4\ hm^2$，盐碱化耕地面积逾 $135.56 \times 10^4\ hm^2$。③植被退化，生物多样性减少，与 20 世纪 50 年代初相比，天然林面积减少49%~58%，草地面积减少16%~92%。④沙尘暴灾害发生频数增加，灾害程度加剧。

我国的干旱半干旱地区80%都分布在广大的西部地区，其余大部分地区也经常遭受周期性和难以预期的干旱，如半湿润地区的季节性干旱、西南地区的干旱干热河谷等。因此，如何在水资源严重亏缺的地区，解决造林成活率、保存率，恢复森林植被，改善生态环境，已成为生态环境建设必须解决的重大课题。

1.4 抗旱节水造林技术研究

严重的干旱缺水已成为干旱半干旱地区森林植被恢复、生态环境建设最为主要的限制因子(朱俊凤，2000)。如何在干旱缺水地区，充分利用有限的水资源，选择合适的树种，解决林木存活及生长、提高造林成活率和保存率、恢复森林植被、扩大森林资源、改善生态环境，已成为一个亟待解决的重大问题。

国外从20世纪40年代起开始进行干旱半干旱地区造林，此后从树种选择、立地气候、土壤和水文状况对造林的影响、苗木处理、种植技术等方面进行了初步研究，直到60年代末70年代初Goor. A. R & Bankney. C. W 1968年才对美国科拉来多州等干旱地区造林进行了系统的总结，撰写了*Forest Tree Plantings in Arid and Semiarid Zones*一书。1970年，Kaul R. N. 系统叙述了西班牙、意大利、美国、非洲、中亚等地区在这期间所做的有关干旱地区造林的工作。1986年，Peter Felker收集了20世纪70年代以来干旱地区造林工作的部分研究成果和论文，内容包括土壤肥力、土壤水分、抗旱性种源筛选及旱地林分生产研究等，研究工作逐步深入并取得了很大进展。

我国的干旱地区造林技术研究也可以追溯到20世纪40年代中叶，起初主要是选用侧柏、油松、白皮松等进行抗旱试验；此后干旱地区造林试验得到了广泛的开展，王九龄(1979)详细总结了这方面的研究工作。从20世纪80年代开始，我国在适地适树、林分蒸腾量的测定、土壤蓄水保墒措施等方面进行了大量研究(王九龄，1991)，并在树木水分关系及耐旱机理(李吉跃，1988、1989、1990、1991a－f；李吉跃，张建国，1993；张建国，李吉跃，姜金璞，1994a、1994b；李吉跃，张建国，姜金璞，1994；张建国，李吉跃，沈国舫，2000)、集水蓄水保墒技术(李永芳，袁德榜等，1996；王百田等，1997；王百田，1993；王斌瑞，罗彩霞，王克勤，1997；王斌瑞，王百田，张府娥，1997；王克勤，孟菁玲，1996；王克勤，王斌瑞，1998；彭祚，宋廷茂，张鸿雁，1996)及节水灌溉技术(李远华等，1999)研究方面取得了较大的进展。同时在植物抗旱生理性状的遗传及分子标记方面进行了初步研究(景蕊莲，1999)，利用生物工程技术在破译抗旱、抗逆基因组成和结构基础上，进行编码合成和培养多抗基因植物，培育出抗旱性强的植物品种方面有了初步研究(上官周平，邵明安，1999)。

通过长期的抗旱节水造林实践及研究，我们认为解决干旱条件下的苗木存活、林木生长及植被恢复问题，主要应从三个方面入手：一是选择抗旱节水的植物材料，即从植物的形态解剖结构、生长发育特性、生理生态及遗传特征上进行研究，选择抗旱性强、耗水少的优良抗旱节水植物材料；二是维持植物体内的水分平衡，即采取蓄水保墒的技术措施以及利用各种抗旱节水新材料和新技术，改善土壤水分状况，维持植物体内的水分平衡，满足植物生存与生长对水分的需求；三是采取合理的空间密度配置，即根据土壤有效水含量、土壤水分承载量及植物需水特征与耗水能力，采用合理的乔灌草比例、适宜的空间密度配置、适度的生物量及覆盖率，保证植物生存与生长的最适水分及营养面积，并利用各种数学模型、“3S”技术及计算机技术进行干旱地区水分状况和墒情的监测与管理。其中，筛选抗旱节水植物材料是抗旱节水造林成功的基础，而维持植物体内水分平衡及合理的空间密度配置是抗旱节水造林成功的保障，在干旱缺水条件下只有满足了这样的一个基础和二个技术保障才能使抗旱节水造林真正取得成功。

1.4.1 筛选抗旱节水植物材料

1.4.1.1 植物抗旱节水的概念

植物的节水性与抗旱性是密不可分又是相互区别的，正如植物水分利用效率(WUE)与植物的抗旱性有关，但两者不是同一概念，抗旱植物的水分利用效率不一定高，如景天酸代谢植物是抗旱植物，水分利用效率高，但深根耗水型抗旱植物的水分利用效率不高，水分利用效率受品种、栽培技术和环境条件等许多因素的影响。节水性主要是指植物蒸腾耗水少、水分利用效率高、保持水分能力强，以最小的水分消耗获取最大的产量；抗旱性主要是指对植物干旱胁迫的适应能力和解除干旱后的恢复能力，在干旱生境下利用有限的水量保持光合生产力，获取最高生长量，从而维持生存的能力。

1.4.1.2 植物抗旱节水性的综合评价

树木的抗旱节水性是一种复杂综合的性状，受多种因素的影响和制约，如何正确、有效地对树木节水抗旱性进行评价一直是众多学者关注的问题。单一的抗旱性评价指标，难以反映出植物对干旱适应的综合能力，因此只有应用多种参数进行综合评价才能较好地反映植物的抗旱特性。

(1)评价指标

树木的抗旱节水性是一种复杂综合的性状，受多种因素的影响和制约。早在20世纪80年代末和90年代初，李吉跃(1988，1989，1990，1991f)就依据树木耐旱性是一种从形态解剖、水分生理生态特征，及生理生化反应到组织细胞、光合器官乃至原生质结构特征的复合性状的特点，通过测定1~3年生苗木的叶解剖构造、叶子的运动和脱落，叶水势及水分饱和亏缺、叶肉质化程度和比叶面积、叶失水速率、水分释放曲线、PV曲线的水分参数、渗透调节和细胞弹性模量，蒸腾作用和气孔调节、光合作用及水分利用效率、叶绿素含量和叶绿素 a 荧光，以及苗木死亡的临界水势等指标，从节水能力、持水能力、吸水能力、耐旱生产力及存活能力等五个方面，首次建立了树木耐旱性定量化研究模式，综合评价了树木的耐旱特性及其机理，提出了以油松为典型代表的高水势延迟脱水的耐旱途径和以侧柏及其他阔叶树种为一类的低水势忍耐脱水的耐旱途径的两大基本类型。目前，随着对树木抗旱特性研究的不断深入，关于植物抗旱性指标筛选的研究也越来越多，主要鉴定植物抗旱性的指标有：

①形态解剖指标。主要是表现在根、茎和叶等部分，通常以叶解剖构造研究为主，主要指标包括：叶片总厚度、上下表皮厚度、角质层厚度、栅栏组织厚度、细胞层数、海绵组织厚度、栅栏组织/海绵组织、气孔下陷程度等。

②生长指标。植物的抗旱性归根结底就是水分胁迫下植物能否正常生长、发育，完成生活史的能力。植物在水分胁迫下的生产能力是评价其耐旱能力强弱的比较可靠的指标，主要包括成活率或存活率和生长指标，其中存活率有 2 种调查方式，即反复干旱的存活率和半数植株达到永久萎蔫或死亡所需的时间，而生长指标主要包括苗/树高、地/胸径、叶片数量、叶面积、根系特征值(根系分级、根尖数、分叉数、根长、根直径、根表面积、根体积等)、生物量和比叶重等。

③生理生化指标。如苗木叶水势、PV 曲线及水分参数、叶片相对含水量、叶保水力、水分饱和亏缺、质膜透性、电导率、渗透调节能力、脯氨酸含量、净光合速率、蒸腾速率、气孔阻力、水分利用效率(瞬时水分利用效率和长期水分利用效率)、碳同位素组成及分辨力、BPRU 羧化酶、硝酸还原酶活性、保护酶活性(超氧化物歧化酶、过氧化物酶、过氧化氢酶、多酚氧化酶)、丙二醛和可溶性蛋白等。

单项指标在评价中存在许多问题，因此，应以多个指标进行综合评价才能得到较好的结果。在没有确切清楚抗旱机理的情况下，可把根系、叶片、生理生化指标按一定的数量结合构成一个选择指数。

胡新生和王世绩(1998)指出在不考虑其他育种目标时，理想的耐旱性指标应该是遗传上稳定(受环境影响小)与耐旱性相关稳定的性状。张建国等(2000)在研究我国北方主要造林树种耐旱机理基础上，建立了树木耐旱评价指标体系，同时对叶片保水力、渗透调节、耐干旱能力等进行分类、排序，这些研究为综合抗旱指标体系的应用打下了基础。王海珍等(2004)研究了黄土高原乡土树种的 17 个水分生理生化指标的相关性与主成分中各因子的载荷大小得出，在干旱条件下，抗旱性强的植物可维持较高的组织含水量、叶水势稳定、水分饱和亏缺较小、细胞膜伤害率低、WUE、游离脯氨酸含量较高及根冠比较大。同时，以 80% 以上的贡献率筛选出组织含水量、叶水势、水分饱和亏、细胞膜伤害率低、WUE、游离脯氨酸含量及根冠比 7 个指标作为评价植物抗旱性强弱的有效依据。张卫华等(2005)也在对不同水分条件下大叶相思抗性生理的研究中用同样的方法筛选出维持膜稳定性的水分生理指标(质膜相对透性、相对含水量、自然饱和亏缺)和参与渗透调节的生化指标(可溶性糖和游离脯氨酸)，水分生理指标是大叶相思抗旱性测定主要选择对策。贾万利等(2007)也在苗木干旱胁迫下的生长及生理生化差异进行研究的基础上，建立了抗旱性筛选的指标体系，对抗旱性进行评价及比较研究，最终筛选出蒸腾速率、渗透调节、抗氧化系统、净光合速率、水分利用效率和生物量7项指标用于抗旱性的综合评价指标。同时也指出由于测量中的认为误差，植株高度这一形态指标并不能真实地反映植物积累生物量的本质。然而在这些研究中，往往将抗旱节水指标合为一体，很少有学者对节水指标进行研究。现有的节水生理指标主要是由苏佩等(2007)提出的植物耗水量和水分利用效率。

(2)评价方法

①抗旱性隶属函数法。抗旱性隶属函数法是目前应用最普遍的抗旱性综合评价法，这种方法采用Fuzzy数学中隶属函数的方法对树种各个抗旱指标值的隶属函数值进行累加，求取平均数以评定抗旱性。抗旱性隶属函数值的计算方法如下：

如某一指标与抗旱性成正相关，可用公式：

$$X(\mu)=(X-X_{min})/(X_{max}-X_{min})$$

如某一指标与抗旱性成负相关，可用公式：

$$X(\mu)=1-(X-X_{min})/(X_{max}-X_{min})$$

式中：$X(\mu)$——抗旱性隶属函数值；

X——某一指标的测定值；

X_{max}——某一指标测定值中的最大值；

X_{min}——某一指标测定值中的最小值。

②抗旱性综合指数法。根据各指标变量在抗旱性中的贡献，确定其权重，对经过标准化的指标变量值进行加权求和，即得抗旱性综合指数(D)(王非等，2007)，D值越大，其抗旱性越强。抗旱性综合指数计算公式如下：

$$\text{抗旱性综合评价值 } D=\sum_{i=1}^{n}\left[\frac{X_i-X_{min}}{X_{max}-X_{min}}\times\frac{P_j}{\sum_{i=1}^{n}P_j}\right]$$

式中：X_i——第i个综合指标；

X_{min}——第i个综合指标的最小值；

X_{max}——第i个综合指标的最大值。

③抗旱性分级评价法。把所测指标值分为几个等级，把同一物种或品种的几个级别值相加，即得该物种的抗旱总级别值，以此来比较不同种类或品种抗旱能力的强弱。这种多指标分级评价植物抗旱性的方法要比单指标评价法可靠性高。

另外，抗旱综合评定也可以通过数学分析法，如多目标决策分析法、聚类分析法、加权平均法、通径分析法、灰关联法和相似优先比法等(赵秀莲等，2004)。俞新妥等(1991)对不同种源马尾松水分生理生态的比较研究中用平均法、最大距离和最短距离法进行聚类分析，得出3种聚类方法所得结果相同，均可将研究的几个种源分为三个类型五个亚类。李亮等(2007)用隶属函数值法对10个沙棘品种抗旱性进行了综合评价，得出了较为可靠的评价结果。张耿等(2007)在对偃麦草属植物苗木的抗盐性指标进行筛选及综合评价过程中，通过相关性分析筛选与耐旱性密切相关的指标，主成分分析确定各指标的相对重要性，隶属函数值法得出综合评价值，将该值作为因变量、各指标相对值为自变量进行逐步的回归分析，不仅验证了各方法的准确性，也使分析更加科学、合理。

1.4.1.3 抗旱节水植物材料的筛选与应用

Levitt 和 Turner(1979，1980) 认为植物适应干旱的机理可分为 3 类，即避旱、高水势耐旱和低水势耐旱。然而，到目前为止还没有一个科学家能够在植物表型和遗传方面明确地给耐旱性下一个定义(Duvick，1996)。从改良植物的抗旱性出发，从分子水平上阐明作物抗旱性的物质基础及其生理功能，从而通过基因工程手段进行抗旱基因重组，以创造抗旱新类型是当前研究的一个热点，也是选择优良抗旱节水植物材料的基础。Forster(1992)认为，转移抗旱基因的主要问题是缺少测试抗性或耐性的良好指标，不过遗传标记为抗逆性研究提供了新的机遇，通过筛选与抗性紧密连锁的遗传标记从而间接筛选抗旱基因。近年来发展的分子遗传学为进行植物抗旱性的遗传研究提供了有利的工具，尤其是已经创立的数量遗传基因(quantitative trait locus，QTL)作图方法极大地促进了作物抗旱性的遗传研究。Teulat 等(1995，1998)发现大麦第 1 染色体(7H)和第 6 染色体(6H)上有控制渗透调节的 QTL，他们也研究了相对含水量及几个生长参数的 QTL；Lebreton 等(1995)对玉米的研究指出，在染色体 7 上有控制气孔导度的最重要的 QTL，染色体 3 上有控制 ABA 含量、叶片水势和叶片膨压以及根系拉力的位点。这些研究和发现极大地促进了植物抗旱性育种的发展，培育和筛选更多抗性强的优良品种。

植物抗旱特性是决定水分利用的重要因素，树种的变化会引起生态环境中水分消耗的改变，在干旱、半干旱地区要根据植物的蒸腾耗水特性(韩蕊莲，梁宗锁，侯庆春等，1994；张国盛，王林和，1998；魏冠东，侯庆春，1990；王孟本，李洪建，1990；从心海，梁一民，1990；魏天兴，朱金兆，1999；周平，2002；周平，李吉跃，招礼军，2002；李吉跃，周平，招礼军，2002；招礼军，2003；赵明，郭志中，王耀琳等，2003；王玉涛，2005；孟凡荣，乔芳，张志强，2005；李吉跃，朱妍，2006；朱妍，李吉跃，史剑波，2006；常学向，赵文智，张智慧，2007；赵燕，李吉跃，刘海燕等，2008；王玉涛，李吉跃，胡东燕等，2008；王海珍，韩路，李志军，2009；何茜，李吉跃，姜枫，2010；王玉涛，李吉跃，2010)来选择选择耗水性少，水分利用效率高，抗旱性强的树种作为造林树种，以免进一步恶化干旱、半干旱地区水资源环境。选择造林树种时，应优先考虑抗旱节水性强的乡土树种。为了保证干旱地区造林的成活率、保存率以及改善干旱地区的生态环境，就要选用这些耐旱性强，能给自己创造良好的水分生态环境，耗水量少，水分利用效率高，水土保持能力强的树种，并采取一定的造林模式。在这方面研究较早的是加拿大的 Tyree(1975)，他根据土壤 - 植物 - 大气系统的物理参数提出了可以改进木材产量的抗旱育种。根据他的观点，选育了 2 个耐旱特征(高水势和细胞弹性膜量)、2 种避旱特征(厚的角质层和在非常低的叶水势下主动关闭气孔)来提高木材产量。同时他还提出了选育叶片在维持高的净 CO_2同化的同时忍耐低水势的树木抗旱性选育战略。加拿大在干旱地区选用洋白蜡树、树锦鸡儿等耐旱树种，并采取进行乔灌草结合造林模式。在中亚干旱、半干旱地区的土库曼斯坦，人工造林选用当地海岸沙带天然生长的高大灌木，共推荐了 70 个适合生物改造和人工造林的植物种，如梭梭、柽柳、杨柴等耐高温、耐旱、耐盐碱的乔灌树种。在干旱沙区，日本提出先固定流沙，设置立体沙障，成带状行列配置或设置格状沙障，采用在海岸沙丘防风林的保护下，对内侧的沙丘地开发利用的模式，从而使流沙固定和沙丘地的改良利用密切结合，形成了一个完整的治理和利用体系。在沙丘固定中，采用了乔、灌、草相结合的固沙技术。在国内，李建民等(2003)采用多目标决策法将不同量纲的目标项目换算成同一效用单位，对南方林区 18 种速生乡土阔叶树种的生长量、经济性状及适应性进行单独评价，并在此基础上通过速生、丰产、干材形质、价格和适应性 5 个指标进行综合评价，选出鹅掌楸、乳源木莲、福建含笑、细柄阿丁枫、米槠、观光木 6 种综合性状较好的树种，作为南方林区今后发展阔叶树人工造林的重点推广树种。郭二果等(2007)对内蒙古神东矿区半干旱地区选择新疆杨、垂柳、国槐等阔叶树种，华北紫丁香、黄刺梅等花灌木，以圆柏、云杉、樟子松等常绿针叶树种作为该地区的城市绿化树种。何茜、李吉跃等(2008，2010)以 19 个毛白杨无性系 1 年生苗木和 40 个毛白杨无性系 5 年生林木为研究对象，在盆栽模拟干旱胁迫及田间自然条件下，从毛白杨无性系苗木生长规律、林木形态与叶解剖构造特征、水分生理特性、光合生产力、蒸腾耗水规律、碳同位素分辨率、水分利用效率，以及毛白杨无性系在土壤干旱及复水过程中的生长与生理生化反应等方面，研究了毛白杨无性系的抗旱节水特性，提出了评价毛白杨无性系抗旱节水的指标体系，即① 生长指标：地/胸径、苗/树高、固定叶面积、整株叶面积、生物量(叶干重、茎干重)、比叶重、冠高、冠幅、第一分枝角度；② 叶解剖结构指标：叶片总厚度、上下表皮厚度、角质层厚度、栅栏组织厚度、细胞层数、海绵组织厚度、栅栏组织/海绵组织、气孔下陷程度；③ 生理生化指标：苗木叶水势、水分参数、水合补偿点、叶片相对含水量、叶片保水力、耗水量、耗水速率、净光合速率、叶片蒸腾速率、气孔阻力、瞬时水分利用效率、碳同位素比值、碳同位素分辨率、叶绿素荧光(F_v/F_m、F_v/F_o)、叶绿素含量(叶绿素 a + b 总含量、叶绿素 a/b)、酶活性(SOD、POD 和 MDA)，并在此基础上，评价和筛选出了毛白杨抗旱节水优良无性系，为毛白杨高效育种及栽培提供了科学的理论依据。王玉涛、李吉跃等(2008，2010)根据北京市近年来绿地建设的现状和城市缺水的实际状况，选取了北京市常见的 63 种主要绿化植物材料(包括落叶乔木 16 种、常绿乔木 6 种、灌木 20 种、木本地被 5 种、草本地被 9 种、藤本 7 种)，从植物的形态解剖结构(主要是叶片解剖构造、上下表皮角质层厚度、上下表皮厚度、叶片厚度、海绵组织层数和厚度、栅栏组织层数和厚度、栅栏组织层厚度/海绵组织层厚度、叶片组织结构的紧密度和疏松度、气孔的密度和大小等)、生理特征(主要是春夏秋 3 个季节长期和瞬时的水分利用效率及环境因素的影响等）和苗木对水分胁迫的响应入手，进行多目标、多植被下的综合选择，从中选择一些具有一定抗旱潜力且观赏价值较高的绿化植物，并且对抗旱节水指标进行综合评价，确定了一些简便易操作并且指示抗旱节水比较可靠的指标，建立了北方城市绿化树种抗旱节水评价指标体系。经灰色关联分析，各类群与抗旱节水关联度大的指标都非常相近，主要是春夏秋3个季节的叶片 $\delta^{13}C$、叶片的厚度、SLA、气孔的密度、气孔长径、单个气孔的大小、叶片的CTR和叶片的SR，这些指标在反映植物抗旱节水方面贡献较大。

1.4.2 调节植物体内水分平衡

植物的发育是一个具有严格程序控制的过程。在外界环境因素的作用下，储藏在细胞内的遗传信息有规律的活化启用，使植物的各种性状逐步表现出来。植物体是一个有机整体，在发育过程中各部分是密切协调的。植物感受和传递环境因素的刺激以及协调各部分之间的发育过程是受多种机理的调节控制的。

目前人们已发现对提高植物抗旱性和产量有作用的化学物质数百种之多，按化学组成和生物活性可分为生长调节剂类、无机化合物类、有机小分子类、有机高分子类。

随着植物生长调节剂在生产中广泛应用，人们开始注意到脱落酸（ABA）、矮壮素（CCC）、抗生素、整形素、多效唑（PP_{333}）、赤霉素、三十烷醇、油菜素内脂（BR）、多胺类（PA）等生长调节剂和延缓剂在提高植物抗旱性方面的作用。它们的主要功能是关闭气孔、减少蒸腾失水和增强根系吸水、调节作物水分平衡（邓西平，1999）。研究表明，10^{-8}mol浓度的油菜素内脂处理减轻了苗木的水分胁迫，并能促进苗木根系的水分吸收。在水分胁迫的12~15天，10^{-8}mol浓度处理的叶片水势比对照高0.4~0.75MPa。当重新灌水后，处理的苗木可完全恢复，而对照苗木只是部分恢复（李凯荣，樊金拴，1998）。

矿质元素不仅作为营养物质发挥作用，而且还有调节作物水分利用和增强作物抗旱性的作用。Ca能够增强作物的束缚水含量，提高原生质体的稳定性和原生质的抗脱水性。K能够抑制气孔运动，在干旱条件下降低蒸腾强度，使作物免遭更为严重的水分胁迫。P可以促进根系扩展，从而利用到更多的土壤深层储水（邓西平，1999）。

有机小分子类，如二硝基酚、甲草胺、地衣酸、水杨嗪酚、腐植酸类、藻酸、多聚丙稀酸等喷施后都具有短时间关闭气孔、减少蒸腾的效果。黄腐酸类物质（FA）的抗旱作用具有一定的广谱性。在苹果、葡萄、山楂、柑橘、桃、桑树等植物上应用表现出良好的抗旱效果（郑平等，1993）。目前FA被广泛应用于干旱区，尤其在植物对水分敏感期亦即所谓“水分临界期”使用有显著节水增产效果。

抗蒸腾剂是能够降低植物蒸腾的一类物质的总称（滕元文，1992），大致可分为三类。第一类为气孔关闭型，又称为代谢型抗蒸腾剂，这类物质参与代谢，引起气孔关闭，从而降低蒸腾。如一些除草剂、杀菌剂、植物生长调节剂、代谢抑制剂。

第二类为薄膜型抗蒸腾剂，由各种能形成薄膜的物质组成，如硅酮类、聚乙烯、聚氯乙烯和石蜡乳剂。这类物质能在植物表面形成一层薄膜，封闭气孔口，阻止水分通过，从而降低蒸腾。第三类为反射型抗蒸腾剂。理想的这类物质可选择反射400nm以下和700nm以上的无效光合辐射，降低叶温，从而降低蒸腾，而光合作用基本不受影响。这类物质研究最多的是高岭土。

1.4.2.1 植物生长调节剂的种类及作用原理

植物激素是植物接受了特定环境信息诱导而形成的正常代谢产物，是植物体产生的内源活性物质，它可以由合成的器官或组织运转到别的器官或组织，在植物体内含量极微，但起的作用很大，参与调节植物的各种生理活动，是植物生命活动中不可缺少的物质。植物的发芽、生根、生长、器官分化、开花、结果、成熟、脱落、休眠等无不受到植物激素的调节控制。植物如果缺少了植物激素，便不能正常生长发育，甚至会死亡。

由于植物生长激素具有广泛、显著的生理效应和对植物生长发育的强烈调控作用，从植物激素发现之日起，人们就想将其用于农业生产。但是植物体内天然存在的激素含量甚微，通过从植物体内提取激素，再应用于农业生产较为困难，也不合算。于是科学家用微生物发酵的方法浓缩、提取，或用化学等方法合成具有生理活性的物质。有些物质在植物体内不一定存在，其化学性质与植物激素也不一定相同，但具有与植物激素类似的生理效应，也能对植物的生长发育起重要的调节作用。这类人工合成、人工提取的生理活性物质，称之为植物生长调节剂。它的特点之一是使用浓度低，有的甚至不到百万分之一，就能对植物的生长、发育和代谢起重要的调节作用。一些栽培技术措施难以解决的问题，能通过使用植物生长调节剂得到解决，如打破休眠、调节性别、促进开花、化学整形、防止脱落、促进生根、增强抗性等。

植物生长调节剂的种类很多，但根据其来源、作用方式、应用效果等大体分为以下几类：

(1)生长素类

生长素类是农业上应用最早的生长调节剂。最早应用的是吲哚丙酸(indole propionic acid，IPA)和吲哚丁酸(indole butyric acid，IBA)，它们和吲哚乙酸(indole-3-acetic acid，IAA)一样都具有吲哚环，只是侧链的长度不同。以后又发现没有吲哚环而具有萘环的化合物，如α-萘乙酸(α-naphthalene acetic acid，NAA)以及具有苯环的化合物，如2,4-二氯苯氧乙酸(2,4-dichlorophenoxyacetic acid，2,4-D)也都有与吲哚乙酸相似的生理活性。另外，萘氧乙酸(naphthoxyacetic acid，NOA)、2,4,5-三氯苯氧乙酸(2,4,5-trichlorophenoxyacetic acid，2,4,5-T)、4-碘苯氧乙酸(4-iodophenoxyacetie acid，商品名增产灵)等及其衍生物(包括盐、酯、酰胺，如萘乙酸钠、2,4-D丁酯、萘乙酰胺等)都有生理效应。目前生产上应用最多的是IBA、NAA、2,4-D，它们不溶于水，易溶解于醇类、酮类、醚类等有机溶剂。生长素类的主要生理作用为促进植物器官生长、防止器官脱落、促进坐果、诱导花芽分化。在园艺植物上主要用于插枝生根、防止落花落果、促进结实、控制性别分化、改变枝条角度、促进开花等。

生长素对生长的促进作用主要是促进细胞的生长，特别是细胞的伸长，对细胞分裂没有影响。植物感受光刺激的部位是在茎的尖端，但弯曲的部位是在尖端的下面一段，这是因为尖端的下面一段细胞正在生长伸长，是对生长素最敏感的时期，所以生长素对其生长的影响最大。趋于衰老的组织生长素是不起作用的。生长素能够促进果实的发育和扦插的枝条生根的原因是：生长素能够改变植物体内的营养物质分配，在生长素分布较丰富的部分，得到的营养物质就多，形成分配中心。生长素能够诱导无籽番茄的形成就是因为用生长素处理没有受粉的番茄花蕾后，番茄花蕾的子房就成了营养物质的分配中心，叶片进行光合作用制造的养料就源源不断地运到子房中，子房就发育了。

植物生长素生理作用的两重性：较低浓度促进生长，较高浓度抑制生长。植物不同的器官对生长素最适浓度的要求是不同的。根的最适浓度约为10^{-10}mol/L，芽的最适浓度约为10^{-8}mol/L，茎的最适浓度约为10^{-5}mol/L。在生产上常常用生长素的类似物（如萘乙酸、2,4-D等）来调节植物的生长如生产豆芽菜时就是用适宜茎生长的浓度来处理豆芽，结果根和芽都受到抑制，而下胚轴发育成的茎很发达。植物茎生长的顶端优势是由植物对生长素的运输特点和生长素生理作用的两重性两个因素决定的，植物茎的顶芽是产生生长素最活跃的部位，但顶芽处产生的生长素浓度通过主动运输而不断地运到茎中，所以顶芽本身的生长素浓度是不高的，而在幼茎中的浓度则较高，最适宜于茎的生长，对芽却有抑制作用。越靠近顶芽的位置生长素浓度越高，对侧芽的抑制作用就越强，这就是许多高大植物的树形成宝塔形的原因。但也不是所有的植物都具有强烈的顶端优势，有些灌木类植物顶芽发育了一段时间后就开始退化，甚至萎缩，失去原有的顶端优势，所以灌木的树形是不成宝塔形的。由于高浓度的生长素具有抑制植物生长的作用，所以生产上也可用高浓度的生长素的类似物作除草剂，特别是对双子叶杂草很有效。

(2)赤霉素类

赤霉素种类很多，已发现有121种，都是以赤霉烷（gibberellane）为骨架的衍生物。商品赤霉素主要是通过大规模培养遗传上不同的赤霉菌的无性世代而获得的，其产品有赤霉酸（GA_3）及GA_4和GA_7的混合物。还有些化合物不具有赤霉素的基本结构，但也具有赤霉素的生理活性，如长孺孢醇、贝壳杉酸等。目前市场供应的多为GA_3，又称920，难溶于水，易溶于醇类、丙酮、冰醋酸等有机溶剂，在低温和酸性条件下较稳定，遇碱中和而失效，所以配制使用时应加以注意。赤霉素类主要的生理作用是促进细胞伸长、防止离层形成、解除休眠、打破块茎和鳞茎等器官的休眠，也可以诱导开花、增加某些植物坐果和单性结实、增加雄花分化比例等。

赤霉素的生理作用主要在于促进麦芽糖的转化（诱导α-淀粉酶形成）；促进营养生长（对根的生长无促进作用，但显著促进茎叶的生长），防止器官脱落和打破休眠等。赤霉素最突出的作用是加速细胞的伸长(赤霉素可以提高植物体内生长素的含量，而生长素直接调节细胞的伸长)，对细胞的分裂也有促进作用，它可以促进细胞的扩大(但不引起细胞壁的酸化)。

(3)细胞分裂素类

细胞分裂素类是以促进细胞分裂为主的一类植物生长调节剂，都为腺嘌呤的衍生物。常见的人工合成的细胞分裂素有：激动素(KT)、6-苄基腺嘌呤(6-benzyl adenine，BA，6-BA)和四氢吡喃苄基腺嘌呤(tetrahydropyranyl benzyladenine，又称多氯苯甲酸，简称PBA)等。有的化学物质虽然不具有腺嘌呤结构，但也具有细胞分裂素的生理作用，如二苯基脲(diphenyluea)。在园艺生产上应用最广的是激动素和6-苄基腺嘌呤，使用时先用少量酒精溶解，再用清水稀释。激动素在酸液中易受破坏，配制时应加入少量的碱。细胞分类素类主要的生理作用是促进细胞分裂、诱导芽分化、促进侧芽发育、消除顶端优势、抑制器官衰老、增加坐果和改善果实品质等。

细胞分裂素的生理作用主要是引起细胞分裂，诱导芽的形成和促进芽的生长。对组织培养的烟草髓或茎切段，细胞分裂素可使已停止分裂的髓细胞重新分裂。这种现象曾被用于细胞分裂素的生物测定。茎切段的分化常受细胞分裂素及生长素比例的调节。当细胞分裂素对生长素的浓度比值高时，可诱导条的形成；反之则有促进生根的趋势。如对抑制的腋芽局部施用细胞分裂素，可以解除顶端对腋芽的抑制(即顶端优势)。天然的簇生植物(莲座状植物)或由于病害发生“丛枝病”的植物里，常含有较多的细胞分裂素。细胞分裂素还有防止离体叶片衰老、保绿的作用，这主要是由于细胞分裂素能够延缓叶绿素和蛋白质的降解速度，稳定多聚核糖体(蛋白质高速合成的场所)，抑制DNA酶、RNA酶及蛋白酶的活性，保持膜的完整性等。在叶片上局部施用细胞分裂素，能吸聚其他部分的物质向施用处运转和积累。

细胞分裂素的作用方式还不完全清楚。已知在tRNA中与反密码子相邻的地方有细胞分裂素，在蛋白质合成过程中，它们参与到tRNA与核糖体mRNA复合体的连接物上。但这可能不是外源细胞分裂素的作用方式。因为在tRNA中，细胞分裂素的合成是由原来在tRNA中的嘌呤的改变产生的。而外源细胞分裂素并不参入tRNA中，但可促进硝酸还原酶、蛋白质和核酸的合成。

除了天然的促进细胞分裂的物质外，还用化学方法人工合成了一些类似激动素的物质。通常也统称细胞分裂素。其中活性较强，也最常用的是6-苄基嘌呤。

(4)乙烯类

乙烯因在常温下呈气态而不便使用，常用的为各种乙烯发生剂，它们被植物吸收后，能在植物体内释放出乙烯。乙烯发生剂有乙烯利(CEPA)、Alsol、CGA, 15281、ACC、环己亚胺等，生产上应用最多的是乙烯利。乙烯利是一种强酸性物质，对皮肤、金属容器有腐蚀作用，特别是遇碱时会产生易燃气体，因此使用时要特别注意安全问题。乙烯利在生产上的主要作用是催熟果实、促进开花和雌花分化、促进脱落、促进次生物质分泌等。乙烯抑制剂，如氨基乙氧基乙烯基甘氨酸

(AVG)、氨基氧乙酸(AOA)、硫代硫酸银(STS)、硝酸银(银硝)等，在生产上用于抑制乙烯的产生或作用，减少果实脱落，抑制果实后熟，延长果实和切花保鲜寿命等。

由于乙烯(ethylene $CH_2=CH_2$)具有促进果实成熟的作用，并在成熟前大量合成，所以认为它是成熟激素(ripening hormone)。可抑制茎和根的增粗生长、幼叶的伸展、芽的生长、花芽的形成；另一方面可促进茎和根的扩展生长、不定根和根毛的形成、某些种子的发芽、偏上生长、芽弯曲部的形成器官的老化或脱离等。能促进凤梨的开花，促进水稻和水繁缕茎的生长。几乎所有作用的有效气中浓度的阈值为0.0~0.1mg/L，最大值为1~10mg/L。一部分菌类和大部分高等植物均可生成乙烯，而在成熟的果实里可大量生成。若给营养组织以植物生长素或各种应力(接触、病伤害、药物处理等)则生成量可激增。在生物体内由甲硫氨酸生物合成，其第三、第四位碳转变为乙烯，但合成酶的性质不明。甲硫氨酸脱氨生成的α-酮-4-甲硫丁酸，或后者进一步脱羧生成的甲硫丙醛，在过氧化氢、亚硫酸盐、单酚的存在下由于过氧化物酶的作用而有效地生成乙烯，因此曾被认为是乙烯生物合成的中间体，但甲硫丙醛在生物体内存在尚未被证实。梅普森和沃德尔在体外用转氨酶、过氧化物酶和供给过氧化氢的葡萄糖氧化酶等3种酶的协同作用，显示出由甲硫氨酸合成乙烯的事实，但通过同位素标记化合物的实验，认为此反应系统在体内不起作用。乙烯也有从除甲硫氨酸以外的物质进行生物合成的情况。

(5)生长抑制剂和生长延缓剂

生长抑制剂是抑制植物顶端分生组织生长的生长调节剂，可使细胞的分裂减慢，伸长和分化受到抑制。但能促进侧枝的分化和生长，破坏顶端优势，增加侧枝数目，使植株形态发生很大变化。有些生长抑制剂还能使叶片变小，生殖器官发育受到影响。外施生长素等可以逆转这种抑制效应。常见的生长抑制剂有三碘苯甲酸(TIBA)、整形素(morphactin)、青鲜素(MH)等。

生长延缓剂是抑制植物亚顶端分生组织生长的生长调节剂，使植物的节间缩短，株形紧凑，植株矮小，但不影响顶端分生组织的生长、叶片的发育和数目及花的发育。亚顶端分生组织细胞的伸长主要是赤霉素在此起作用，所以外施赤霉素可以逆转这种效应。常见的生长延缓剂有矮壮素、助壮素(Pix)、多效唑、烯效唑(S-3307)、比久(B9)等。

(6)其他类生长调节剂

有一些新发现和新合成的植物生长调节剂具有与上述调节剂不同的作用方式或机理，由于对其性质尚未完全弄清，暂归为一类，如玉米赤霉烯酮、寡糖素、三十烷醇等。

1.4.2.2 植物生长调节剂的应用

植物生长调节剂研究及其在生产上的应用，是近代植物生理学及农业科学的重大进展之一(胡德玉，1995；林勇，1999)。20世纪30年代，生长调节剂应用仅限于生长素类，主要是吲哚乙酸(IAA)的研究，这段时间主要是在IAA与顶端优势、插枝生根、形成无籽果实及叶柄离层的控制等方面做了大量的工作。从40年代开始，随着新的生长调节剂的合成，尤其是苯酚类化合物的合成，大大推动了生长调节剂的应用范围。除了用于促进插枝生根外，还包括用于果树的采前落果，促进结实，形成无籽果实，破除休眠，抑制发芽以及化学除草等方面。到了80年代，我国化控栽培工程技术达到一个比较成熟的阶段，主要表现在有关植物生长调节剂的理论研究方面取得了可喜的进展，部分地揭示了生长调节剂的作用机制，发现了生物合成途径和调控因子，合成生产了一批不同类型的高效植物生长调节剂。在应用技术与方法上已将生长调节剂广泛应用于提高作物抗性、防治落花落果、抑制光呼吸作用、减少蒸腾、贮藏保鲜、选育良种等诸多方面。近年来，我国植物生长调节剂的开发生产和推广应用发展很快，产量逐年增加，赤霉素、乙烯利、缩节胺、多效唑等的开发研究，均取得巨大的经济效益与社会效益。植物生长调节剂还可以通过高分子或膜物质对水分的调节控制，达到节水抗旱的目的。自从30年代发现植物生长促进物质以后，即掀起了一个研究利用微量化学物质干预植物生长发育的高潮，随后扩展到植物的抗逆性方面。已研究过的与抗旱有关的物质可分为抗蒸腾剂、代谢抑制剂、生长促进剂、生长抑制剂、自由基清除剂等。

现在应用的植物生长调节剂的主要在于能保护细胞膜结构及功能，提高光合作用，也通过关闭气孔来减少蒸腾失水和增强根系吸水、调节作物水分平衡，达到抗旱的目的(邓西平，1999)，这与ABA对能引起植物叶片气孔关闭，矮壮素能增强植物吸水能力、抑制气孔开张以降低蒸腾的作用效果一致(黎祜琛等，2003)。李凯荣等(1998)用10^{-8}mol浓度的油菜素内脂处理减轻了苗木的水分胁迫，并能促进苗木根系的水分吸收。在水分胁迫的12天到15天，10^{-8}mol浓度处理的叶片水势比对照高0.4~0.75MPa。当重新灌水后，处理的苗木可完全恢复，而对照苗木只是部分恢复。在林业上，杨和连等(2003)研究了不同浓度的云大-120和赤霉素浸种处理对香椿种子发芽力的影响，得出500mg/L云大-120浸种处理能显著提高发芽率和发芽势，而25~60mg/L浸种处理对香椿种子发芽的影响不显著。楚爱香等(2007)进一步提出不同浓度生长调节剂和浸种时间对种子发芽率和发芽势的影响不一致，就黑麦草而言，8小时浸种对种子处理效果最佳。杨卫东等(2004)在长白落叶松苗木生长旺盛期叶面喷洒植物核心植物生长调节剂的试验结果表明，不同浓度的植物核心均可促进苗木生长，且以1∶100浓度的效果好，有明显的增产趋势。新播苗增加苗高14%、地径13%、鲜重25%，换床苗增加苗高20%、地径20%、鲜重46%，同时能提高苗木品质，经济效益也十分明显。王菲等(2007)用Vc、水杨酸和多效唑对紫丁香、小叶锦鸡儿和乌苏里绣线菊进行叶面喷施，采用模拟水分胁迫的方法对苗木的抗旱性进行综合评价。结果均表明3种植物生长调节剂均能够提高干旱条件下植物细胞的抗氧化能力、光合生产能力和细胞的渗透调节能力，改善植物的水分状况，提高植物细胞的耐脱水能力，但对不同树种的游离脯氨酸含量、叶绿素含量、蒸腾速率和气孔导度这几个指标表现出正、负两方面的影响。

1.4.3 改善土壤水分状况

改善土壤水分状况主要采用土壤集水蓄水保墒技术，包括各种灌溉技术、汇集径流的集水技术、保持土壤水分的土壤保水剂(强吸水性高分子化合物)及固体水技术，以及通过增强土壤蓄水能力和防止土壤表面蒸发的蓄水保墒技术，例如利用各种防渗材料的防止土壤水分渗漏技术，利用化学、物理和生物的覆盖材料覆盖在土壤表面防止土壤水分蒸发等技术。

1.4.3.1 节水灌溉技术

在干旱半干旱地区发展节水灌溉是节约水资源、实现水分高效利用的有效途径之一。节水灌溉技术从早期传统的渠道灌溉发展到应用管道灌溉的喷灌，进而发展到微灌和渗灌，到目前已经发展到节水效果最佳的痕量灌溉。

(1)渠道防渗灌溉技术

渠道防渗技术是古老的地面土渠灌溉的发展，也是应用最早最广泛的灌溉节水技术之一。近几年来随着农田灌溉的管道化，井灌区逐步由管道灌溉取代了渠道灌溉，但渠道防渗技术仍然是目前大中型灌区较理想的输水灌溉技术，有着极大的节水潜力(张巨检，1994；孙武全，2002；施炯林，2002；刘学录，2005)。我国的渠道防渗工作始终围绕开发性能好、成本低、易于施工、便于群众掌握的防渗材料为中心，同时研究推广新型防渗渠道断面形式和衬砌形式，其断面的主要形式有矩形、梯形和U形，根据使用的材料可分为土料压实、三合土护面、砖石衬砌、水泥衬砌、塑料薄膜防渗和沥青护面防渗等。选用何种防渗材料，一定要在保证使用年限的前提下，根据渠道大小、水源水量，当地材料资源和建设单位的经济条件，因地制宜、就近取材、合理确定。这种灌水技术渠系水利用率可达70%~80%，渠道防渗的作用不仅可以显著提高渠系水利用系数，减少渠道渗漏，较多地节约灌溉用水，而且可以提高渠道输水安全保证率，提高渠道抗冲击能力和提高输水、输沙能力(周维博，李立新，何武权等，2004)。随着科学技术和国民经济的不断发展，对渠道防渗技术提出了更高的要求。目前，我国渠道防渗由单一防渗向复合防渗发展，以人工施工为主向半机制化、机械化施工方向发展。特别是在高寒地区，对高分子材料的研究应用使得复合式衬砌防渗在渠道防渗处理中的优势明显。但复合式防渗在国内渠道衬砌防渗中也存在一些问题：衬砌技术成本高，影响大面积推广(曹政权，齐广平，李涛等，2006)。

(2)低压管道输水技术

低压管道输水灌溉技术简称管灌，它是通过水泵提供的较低压力，把水用管道送到田间口，再接末级输水软管来灌溉作物的一种灌水技术。不接软管的管灌称为不完全管道系统，接软管的称为完全管道系统，后者节水效果比前者更佳，但灌水较麻烦。管灌分为固定式、半固定式和移动式，管灌一般比渠灌省水30%~40%，节地3%，节能30%~40%，管灌基本不受地形限制。管灌由于具有一次性投资少、设备简单、比土渠省水40%、省工、省地、省时，增产效益显著，农民易于掌握等优点，颇受重视。因此在无力发展喷灌和微灌的地方，采用管灌是一个方向。在井灌区，逐步用低压管来代替中小型渠道，也可以取得很显著的节水效果。在我国北方井灌区已发展到30 $\times 10^6 hm^2$，其中陕西省的关中、陕北地区大片机井灌区大量采用管灌技术（许迪，程先军，谢崇宝等，2001）。实践证明，管灌是我国北方地区发展节水灌溉的重要途径之一。低压管道输水技术需要较多管件和设备，用多泥沙水灌溉时还存在泥沙淤积等问题。当不考虑水源建设时，低压管道灌溉系统的亩均投资100~150元，符合我国目前农村经济状况，适宜于含沙量较低的渠水和机井抽水灌溉（李援农，马孝义，2002）。

（3）喷灌技术

喷微灌（微灌包括滴灌、渗灌及痕量灌溉等）都是当今先进的节水灌溉技术。喷灌利用专门设备将有压水（流量 $q>250L/h$）送到灌溉地段，喷到空中散成细小水滴，均匀地散布在植物周围进行灌溉；而微灌是按照作物需水要求，通过低压管道系统与安装在末级管道上的微喷头和滴头（流量 $q<250L/h$）将水和养分直接均匀、准确地输送到植物根部的表面和土层进行灌溉（李远华，1999）。喷灌具有省水、省工、省地、保土、保肥等优点，便于实现灌溉机械化和自动化，还可以喷洒化肥、农药等。喷灌对土地平整要求不严格，特别适用于地形复杂，推行沟畦灌比较困难的地区，但耗能较高，且在4级风以上时，难以喷洒均匀。

相对于微灌技术，喷灌出现得比较早，世界喷灌技术始于19世纪末，20世纪50~60年代随着工农业的发展和大型自走式喷灌设备的出现，喷灌面积得以迅速发展。以色列是最早开始进行喷灌技术研究的国家之一，在干旱地区发展技术密集型的现代化高效节水农业，被世界许多国家所称道。以色列国土南北狭长，面积不到3万km^2，600多万人口，由北向南从湿润区到极端干旱区，全国平均降水量300多毫米，水资源极度贫乏。由此，以节水提高水资源利用效益为核心，开展了干旱区节水灌溉的现代化农业，走出了一条极为成功的道路。1969年喷灌技术首先在南非研制试用，1976年被美国列为专利，20世纪70年代在世界上得到了发展，80年代以后得到进一步的完善和大面积推广。到80年代中期，以色列的喷微灌分别占全国灌溉面积的2/3和1/3，到90年代初，喷灌占总灌溉面积的比例下降到30%，微灌则上升为70%。第二次世界大战以后，西方国家经济恢复很快，喷灌技术和机具设备的研制也得到了迅速发展。在美国干旱的西部17个州喷灌得到了广泛使用，1996年美国喷灌面积达到1082万hm^2，占全美国灌溉面积的44%。特别是一些发达国家都非常重视发展节水灌溉技术，英国、德国、奥地利、丹麦、瑞典、日本等旱地喷灌面积已占本国灌溉面积的90%以上。目前，约有80多个国家和地区推广应用喷微灌技术，全世界的喷灌面积已经达到2000多万hm^2。我国从1953年开始在农田中试用喷灌，20世纪70年代中期以后，随着喷灌技术和装备研制水平逐步提高，我国开始大力发展喷灌技术，园艺、经济作物、蔬菜以及部分地区大田作物的喷灌有了较快的发展，80年代初喷灌面积约1000万亩，到1998年底，全国喷灌面积约160万 hm^2，占全国灌溉总面积的3.1%。到2010年，我国喷灌面积达到366.7万 hm^2，预计到2020年我国的喷灌面积将达到666.7万 hm^2。

喷灌几乎适用于所有作物和各种形式，兴建在起伏不平、土壤透水性较强的地块经济效益最好。喷灌系统的形式很多，其优缺点也就有很大差别。在我国用得较多的有固定管道式喷灌、半移动式管道喷灌、滚移式喷灌、时针式喷灌、平移式喷灌、绞盘式喷灌等。以上各种喷灌溉形式各有利弊，各自适合于不同的条件，因此只能因地制宜地选择应用。喷灌明显的优点是灌水均匀，少占耕地，节省人力，对地形的适应性强(钱晓辉，柳德权，金中喜，2005；杨振坤，2005)。主要缺点是受风影响大，喷灌的最大克星是风，一般风力达3级就要停喷，但由于农作物在生长期内缺水的因素，且西北等地区长年风大，不喷作物会旱死，而风会使喷灌均匀度大幅度下降，出现漏喷现象，导致大量减产(王新泽，2007)。喷灌投资大、折旧及大修费用高，喷灌投资高于其他地面灌溉工程，且主要是设备现金投资。设备的损耗主要是锈蚀、老化等自然损耗，与设备的使用关系不大。而且设备利用率低，喷灌设备利用率一般随固定程度的提高而降低(王国丰，2006)。

喷灌系统的形式很多，其优缺点也就有很大差别。一般将喷灌系统分为：

① 固定式：系统全部设备均固定在一个地块使用，用材多、投资大，但使用操作方便，生产效率高，经济作物区使用较多。

② 半固定式：干管固定，支管、喷头移动使用。移动方式有手动和机动，用材及投资均低于固定式，使用比较普遍。

③ 移动式：系统全部设备都可移动使用，设备利用率高、造价低。20世纪70年代末中国生产并开始使用生产效率高的大型自走式喷灌机组，但用量最大的是用人工移动的小型喷灌机组。这项技术比较适合在山丘地区、干旱缺水地区和经济作物灌区发展。

(4)滴灌技术

滴灌是滴灌是按照植物需水要求，通过低压管道系统与安装在毛管上的灌水器，将有压水和植物需要的养分以水滴(渗流、小股射流等)形式给树木根系供水分和养分，使作物根系活动区的土壤经常保持适宜的水分和营养的节水灌溉技术。滴灌不破坏土壤结构，土壤内部水、肥、气、热经常保持适宜于作物生长的良好状况，蒸发损失小，不产生地面径流，几乎没有深层渗漏，它是目前干旱缺水地区最有效的一种节水灌溉方式，水的利用率可达95%，比传统的地面灌溉节水50%~70%。滴灌的主要特点是灌水量小，灌水器每小时流量为2~12 L，因此，一次灌水延续时间较长，灌水的周期短，可以做到小水勤灌；同时，它需要的工作压力低，能够较准确地控制灌水量，可减少无效的株间蒸发，不会造成水的浪费，还能自动化管理。因此，滴灌较喷灌具有更高的节水增产效果，还可结合施肥，提高肥效一倍以上，适用于果树、蔬菜、经济作物以及温室大棚灌溉，在干旱缺水的地方也可用于大田作物和造林树木灌溉。滴灌的不足之处是滴头易结垢和堵塞，因此应对水源进行严格的过滤处理。近年来随着滴灌技术和降雨聚集技术的发展，滴灌与集水设施相结合得到了很大的发展。在山区丘陵区兴建水窖、水窖蓄水的滴灌工程，还可以利用地压落差实施自压滴灌。

20世纪50年代以来，由于塑料工业的飞速发展，塑料制品取代金属制品的范围越来越广。为了适应水资源极度短缺地区灌溉的需要，以塑料为原材料的滴灌和微喷灌系统逐渐发展起来。以色列早在20世纪60年代就开始了滴灌技术的研究，在70年代中期，以色列、澳大利亚、墨西哥、新西兰、南非和美国等6个国家开始推广滴灌。90年代滴灌面积已占总灌溉面积的2/3，美国滴灌技术开展较晚但发展极为迅速。由于滴灌系统存在灌水器堵塞的缺陷，因此其发展速度不如喷灌快。在我国，开始对滴灌技术进行研究是在1974年墨西哥原总统埃切维尼亚赠给我国3套美国滴灌设备以后，80年代以前主要是引进消化和试制。80年代由于堵塞问题长期未能彻底解决，滴灌技术研究和推广缓慢。90年代以来，国家对节水灌溉更加重视，我国改进和研制了一些滴灌设备，并引进了以色列先进技术和设备，同时制定了微灌设备技术标准和技术规范，滴灌技术在我国有了较快的发展和推广（郭慧滨，史群，1998；徐建海，吴兴旺等，2001）。由于滴灌不产生深层渗漏，地面形成的湿润区很小，且几乎全在阴影之中，所以表土蒸发量很小，而树木行间保持干燥，又几乎无输水损失，能把株间蒸发、深层渗漏和地表径流降低到最低限度（王燕钧，缪祥辉，陈松等，1998；刘康，刘钰华，朱玉伟，2001），大部分水分消耗于植物蒸腾作用。研究表明，滴灌比土渠灌溉节水82.8%，是沙地最理想的节水灌溉技术；滴灌不会造成土壤盐渍化。相对土渠灌溉，滴灌省工、省井、省地、省肥、增产，沙地造林中，滴灌能极大地提高苗木成活率、保存率，造林成活率可达到95%以上，造林效果优于任何一种灌溉方式（张玉斌，2005）。滴灌较常规灌溉造林具有诸多优点，如节水、减少整地费用、排盐、提高造林成活率等。这在兰州南北两山灌溉造林的研究中得到了充分证明。滴灌比喷灌节水64%~70%，喷灌区每月喷一次水，在大旱或高温时节杨树、柳树等叶子发黄甚至枯萎脱落，而灌溉区树木嫩绿，当年新生长量达15~30cm（寇英，2007）。滴灌造林可以根据不同季节、不同土壤墒情及时供水。但是滴灌设计计算复杂，管道和喷头容易堵塞，易老化，对水质过滤要求严，并对田间作业有一定影响（吕治湖，1998），且滴灌设施成本高，滴水欠均匀（王景琴，2003）。

根据滴灌工程中毛管在田间的布置方式、移动与否以及进行灌水的方式不同，可以将滴灌系统分成以下3类：

① 地面固定式：毛管布置在地面，在灌水期间毛管和灌水器不移动的系统称为地面固定式系统，现在绝大多数采用这类系统。应用在果园、温室、大棚和少数大田作物的灌溉中，灌水器包括各种滴头和滴灌管、带。这种系统的优点是安装、维护方便，也便于检查土壤湿润和测量滴头流量变化的情况；缺点是毛管和灌水器易于损坏和老化，对田间耕作也有影响。

② 地下固定式：将毛管和灌水器（主要是滴头）全部埋入地下的系统称为地下固定式系统，这是在近年来滴灌技术的不断改进和提高，灌水器堵塞减少后才出现

的，但应用面积不多。与地面固定式系统相比，它的优点是免除了毛管在作物种植和收获前后安装和拆卸的工作，不影响田间耕作，延长了设备的使用寿命；缺点是不能检查土壤湿润和测量滴头流量变化的情况，发生问题维修也很困难。

③ 移动式：在灌水期间，毛管和灌水器在灌溉完成后由一个位置移向另一个位置进行灌溉的系统称为移动式滴灌系统，此种系统应用也较少。与固定式系统相比，它提高了设备和利用率，降低了投资成本，常用于大田作物和灌溉次数较少的作物，但操作管理比较麻烦，管理运行费用较高，适合于干旱缺水、经济条件较差的地区使用。

(5)渗灌技术

渗灌是继喷灌、滴灌之后的又一节水灌溉技术，它起源于地下浸润灌溉，是当今世界最先进的农业节水灌溉技术之一。渗灌是一种地下微灌形式，这一灌溉方法是以低压管道输水，再通过埋于作物根系活动层的灌水器(微孔渗灌管)，根据作物的生长需水量定时定量地向土壤中渗水供给作物(王彦军，沈秀英，王留运，1997)。因此，渗灌可以看作是滴灌的一种特殊形式，又被称为地下滴灌。这种灌水技术无地面蒸发损失和深层渗漏损失，是水的利用率最高的灌水技术之一。渗灌与滴灌的区别在于出水点分散，无规律，孔管大小不一。工作压力低，一般为10～50kPa(1～5m 水头)，出流量每米管长为2～5L/h，对水质要求高，抗堵塞能力差。

在一些发达国家，渗灌是随着灌溉材料的发展而发展的。20世纪40年代后期，德国用塑料管进行了地下滴灌的研究，致使其费用大大降低，对许多作物来说都是经济可行的。1959年地下滴灌在美国的加州和夏威夷开始进行研究和试验，20世纪60年代以后，带有灌水器的聚氯乙烯管和聚乙烯管应用于地下滴灌系统，地下滴灌系统的安装技术也有了提高(Zetzsche J. B.，1966；Hanson E. G.，Williams B. C.，Fangmeier D. D.，*et al.*，1970；Whitney L. F.，1970；Mitchell W. H.，Sparks D. L.，1982；Braud H. J.，1997)。20世纪80年代初期，美国研制成功了专用的橡胶渗灌管。此后，法国、日本、比利时、美国、冰岛、意大利等国家也先后研制成功了以聚烯烃、废橡胶轮胎为原料的渗灌管。目前，渗灌已在美国、法国、日本、意大利、澳大利亚和以色列等国家被应用于温室、大田、果园及城乡绿化等灌溉中。日本已将自动控制的大型地下灌溉系统试验应用于水稻种植。中国地下灌溉的历史可追溯到1000多年前，当时在山西省临汾就出现了以泉水为水源，在耕层下铺设0.4～0.6m厚的鹅卵石作为蓄水通道进行灌溉的地下灌溉工程。距今几百年前，河南省济源又出现了在地面以下埋设由透水瓦片扣合而成的“透水道”进行灌溉的合瓦地。20世纪50年代以来，河南、山西、陕西、江苏等地开展了地下灌溉的研究。1997年8月，河南省济源市水土保持研究所研制成功了一种新型XSG渗灌管，这种渗灌管具有易于安装、水分利用率高、能量消耗少、使用寿命长等优点(Su Dan dan，Liu Gang，1998)，使得这种新型的灌水技术备受专家和学者的重视(康绍忠，李永杰，1997；雷志栋，谢森传，杨诗秀，1997；王增发，1998；康绍忠，马孝义，1999；孙景生，康绍忠；2000；何华，康绍忠，2000)，从而使这一技术在中国广泛应用成为可能。

目前国内有低压渗灌和重力渗灌 2 种方式。渗灌可以减少用水、减少肥料用量、节省土地和劳动强度。采用渗灌后，土壤表面能够保持较为干燥状态，不仅株间蒸发大大下降，能有效地控制室内空气湿度，抑制作物病虫害的发生，还能防止杂草生长（王淑红，张玉龙，虞娜等，2005）。渗灌处理的表层土壤经常呈疏松状态，防止了毛管损失，保持耕作层具有良好的透气性，土壤内微生物活性高，分解作用强，土壤肥力高。当然，渗灌也存在一些缺点：堵塞不易发现，不便于维护；当管道间距较大时灌水不够均匀，在土坡渗透性很大或地面坡度较陡的地方不宜使用（王颖，王百田，郭建斌，2005）。贾黎明（2004）的研究表明地下滴灌可促进树木光合作用和水分利用效率。地下滴灌区树木叶净光合速率在一天中几乎一直显著高于对照，幅度达 10.0%~21.4%；从一个滴灌周期来看，滴灌区树木叶净光合速率显著高于对照 9.0%~9.9%；滴灌区树木水分利用效率也较对照区显著提高。王颖、王百田（2005）的研究也说明经渗灌处理的枝条总长度为 854cm，比未渗灌的增加 200cm，而且渗灌增大了叶面积，促进了树木的光合作用，提高光合产物，同时因为渗灌改良了土壤的理化性状，从而促进了根系的生长发育，表现为根量增加，吸收根的比例显著提高，且促进新梢发育，改善枝类组成，提高新梢的质量，促进花芽分化，为生长打下良好的基础。

渗灌的类型主要有以下 2 种：

①地下水浸润灌溉：它是利用沟渠网及其调节建筑物，将地下水位升高，再借毛细管作用向上层土壤补给水分，以达到灌溉目的。灌溉时关闭节制闸门，使地下水位逐渐升高至一定高度，向上浸润土壤。平时则开启闸门，使地下水位下降到原规定的深度，以防作物遭受渍害，使土壤水分保持在适于作物生长的状态。

② 地下渗水暗管（或鼠洞）灌溉：通过埋设于地下一定深度的渗水暗管（鼠洞），使灌溉水进入土壤，并主要借毛细管作用向四周扩散运移，进行灌溉。

（6）*痕量灌溉技术*

植物生长能够从根部实际吸收到的水分是很少的，但需要持续不断地有水分供给，这才是真正的有效供水。土壤本身有很强的储水能力，自然界正是利用土壤中储蓄的水分为植物提供有效供水。然而，由于土壤有很强的渗漏及蒸发能力，为了维持给植物少量的有效供水，往往需要成千上万倍地为土壤提供储蓄水，其中绝大部分被蒸发渗漏掉了。传统灌溉方式就是最大限度利用了土壤的蓄水功能，土地一次性大水漫灌蓄足水分，以后相当长一段时间后靠土壤中的储蓄水维持植物生长，水资源的浪费极其严重。试验证明，耐旱苗木每天只要 20 ~ 40ml 供水就可安然度过干旱胁迫，而大多数农田作物苗木的生长每天耗水量一般也不过 100ml。滴灌虽然较为节水，但由于灌水器最小出水速度在每小时 2L 以上，远远大于植物的实际需水速度，不仅水资源的浪费依然严重，更重要的是滴灌管道上灌水器单位时间的大出水量造成了对系统材料及辅助设施的高要求，成本投入也维持在高水平。例如，滴灌系统需电力维持高压及水体过滤；灌水器等部件材料需长时间承载高压下性能稳定；由于出水量远大于植物实际需水量，系统的时间利用率不足5%，大量时间在关闭状态，因此实际造成了以系统的高投入维持水资源浪费的局面。

为了做到更有效的节水灌溉，近年来发明了一种新的灌溉技术——痕量灌溉，由北京普泉科技有限公司发明的普泉痕量灌溉技术就是其中的一种。痕量灌溉技术是目前世界上最为先进、最节水的微量灌溉技术，其发明思想基于人们常见的土壤沙粒的表面毛细力作用。它打破了常规的灌溉理念，让植物在获取水分的方法上，变被动为主动，通过土壤和灌溉滴头之间的毛细力作用，可以在不需要任何外在能量的情况下，源源不断地为植物输送水分，让植物在缺水的时候能够主动地吸水，同时也使植物的生长用水实现人为的精细控制与调节。实践证明，痕量灌溉技术在节水效果上比成熟的滴灌要节约30%，甚至比目前世界上比较流行的以色列滴灌技术还要节水约70%。痕量灌溉是世界上第一个真正实现地下灌溉技术，能够有效地避免地表高温蒸发，因此特别适合干旱地区进行植被恢复及荒漠化治理。痕量灌溉的应用使世界节水灌溉技术进入了一个全新的时代，在节水灌溉技术上达到了一次新突破。

痕量灌溉技术的核心在于控水头（也称无耗能水泵）和过滤技术，控水头功能与微灌技术中的灌水器类似，是通过利用毛细管力对水的天然控制作用，在不用耗费任何额外能源的情况下，实现长期、稳定控制出水量。本书以北京普泉科技有限公司发明的普泉控水头为例（图1-2），阐述痕量灌溉技术的控水原理。

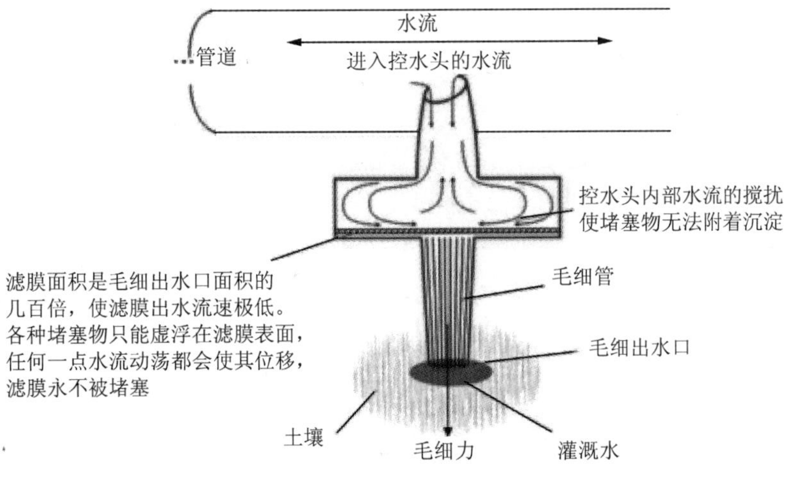

图1-2 痕量灌溉技术——控水头示意图

（引自：http：//www. puquan. net/NewsAction. aspx？ action = cate&type = 1&Id = 12）

①控水头结构。控水头由入水口、控水头腔、出水口三部分组成，其中控水头腔中设有一粗一细两层滤膜，出水口处是由很多根并列在一起的表面能强大的纳米材料（起到毛细管的作用）填充而成。

②控水头工作原理。依靠水分在管内的表面张力和毛细管力，在与土壤接触后，使控水头中的水被土壤中的毛细孔隙自动抽出。水分进入土壤后，受到土壤毛细管力以及重力、土粒中范德华力的作用，保证水分移动，被植物根系吸收。植物根系及土壤的吸水能力随着植物自身对水量需求的大小而自动调节，对于控水头内灌溉水的吸收能力也随之变化。这样可以保证连续不间断、均匀、适量地向植物根系土层提供有效供水，最大限度地杜绝水资源浪费。

③控水头防堵原理。通过设置合理的滤膜与出水口毛细管头面积比，降低滤膜的透水流速。当面积比超过临界值后，滤膜几乎无法堵塞。在滤膜阻挡下的杂质会稀松地堆砌在滤膜表面，不仅不会阻挡缓速的水流，反而会变成一层层新滤膜。更大颗粒的杂质由于滤膜微孔过小，也无法堵塞滤膜。尤其是在管道灌溉中使用的普泉控水头，其滤膜拦截的杂质会受到来自管道中动荡水流的搅扰，杂质无法附着在滤膜上，成功避免了物理性堵塞。输配水管网浅埋于地下后，管道内外温度相对恒定，进而有效避免了灌溉水质相对较硬时，化学物质结晶析出附着在管道内壁，堵塞控水头这一现象的发生。同时，输配水管网浅埋于地表下处于黑暗不见光状态，故难以为藻类及其他微生物创造适宜生存环境，有效避免了此类型生物性堵塞问题的发生。根系会向控水头生长，但控水头的出口处是由很多根并列在一起的表面能强大的纳米材料填充而成且间隙远远小于植物根系直径，从而完全杜绝了植物根系伸入出水口引起的堵塞。管路在负压存在的情况下可以依靠控水头继续正常抽水运行而不发生水分倒吸。

普泉灌溉法就是将土壤的储蓄水功能降低到最低点，几乎所有储蓄水都在容器和管道中，这样就将水的浪费减到最低；同时，控水头每分每秒不间断地为植物输送水分，与植物的吸水过程完全匹配。整个普泉灌溉系统无需能源，系统时间利用率为100%，因此系统管道流速和压力都很低，使系统对材料要求低得多，整个系统建设投入和维护费用都很低廉。

普泉灌溉系统的使用非常简单，将所有普泉控水头通过管道连接到一个水容器上即可。它有如下优点：

①节能源、省人力。由于普泉控水头的自动抽放水功能，整个灌溉系统无需任何动力装置，只需要一个贮水器，用管道将其与控水头联为一体，系统就会自动工作，人工维护的工作量很小。

②整个系统极为节水，比滴灌渗灌都要低得多。一般中小型植物每天20～100ml水就足够了，这意味着在水源不便的地区，一个农民每天只要挑一担水就能解决一亩地的农田灌溉问题，这对改善北方农民生存状况意义十分重大。

③使用寿命长久。从理论上说只要控制好出水流速，管道不损坏，普泉控水头就能永久使用；实践应用中也印证了这一理论。这意味着只要将控水头埋入土中，那里就将成为一个长久的泉源，无需能源、无需更换、无需维修。

④安装使用极其方便。不论是山地的若干小区域，还是大面积的平原地区，普泉控水头只要接上储水器铺在地表或地下就可使用。由于免除了对能源、对水质的

要求，系统不接电、无过滤设备。

⑤工程造价低廉。由于普泉控水头具有自动抽水的特点，并且每个出水点出水量少且均衡，因此流速很低，管程阻力也低，管道可以很细很长；普泉控水头使用0~1m的水压即可，管道不承压可以很薄。只要水能流到，普泉控水头就能工作，也无须维持压力的设备，因此工程系统的材料成本和设备成本都很低。以2m×3m的经济林为例，即使在现有生产能力下，每亩的成本仅需200多元。随着生产自动化水平的提高，成本还会大幅度下降。

⑥日常养护成本很低。普泉控水头使用自然界中的水体不会堵塞，只需定期放水冲刷即可。冲刷频率视控水头出水量定，出水量大时应勤冲刷。冲刷放水量在1L左右即可，这部分水可倒入容器中继续使用，不会浪费。

1.4.3.2 保水剂技术

保水剂(super absorbent polymers，简称SAP)是一种吸水能力特别强的功能高分子材料。由于它大多数是由低分子物质经聚合反应合成的高聚物或者由高分子化合物经化学反应制成，所以又称吸水性树脂或高吸水性高分子(彩图3)。由于分子结构交联，分子网络所吸水分不能用一般物理方法挤出，故具有很强的保水性。它能迅速吸收比自身重数百倍甚至上千倍的去离子水，数十倍至近百倍的含盐水分，并且具有重复吸水的功能，吸水后膨胀为水凝胶，然后缓慢释放水分供种子发芽和作物生长利用，从而增强土壤保水性能、改良土壤结构、减少水的深层渗漏和土壤养分流失、提高水分利用率。保水剂适合在降水稀少、雨水年季分布不均匀的地区以及缺少灌溉水源的地区使用。

研制和开发使用保水剂最早的国家是美国。20世纪50年代以前人类使用的吸水性材料主要为天然物质和无机物，如天然纤维、天然蛋白质。50年代，美国Goodrich公司开发了交联聚丙烯酸的生产技术，使得吸水性高分子物质应用于增黏剂。超强吸水性树脂的出现在1961年，美国农业部北方研究所采用玉米淀粉与丙烯腈聚合，在通过加水分解而率先研制成功，该吸水性树脂最初在亨克尔股份公司(Henkel Corporation)工业化生产，其商品名为SGP(starch Graft Polymer)，于1974年投放市场。当时美国主要以农业为中心积极推广应用，首先应用在土壤改良、保水抗旱、育种保苗等方面。60年代末至70年代，美国Starch、General Mills Chemical，日本住友化学、三洋化成工业等公司相继成功开发了高吸水性树脂，其中成效最大的是美国、日本、法国和德国等。进入80年代以后，高吸水、高保水材料的研制已成为全球的热点，美国、日本和法国等对此类高分子材料都进行了较为深入的研究，研发了用其他天然化合物衍生物经化学反应制取吸水性物质，合成了超强吸水性树脂，促进了应用研究的开展，取得了令人瞩目的成果(川岛和夫，1984；浅野次郎，1986；B. D. Simpson，1992)。同时，这一时期还产生了吸水性复合材料。由于它能改善超强吸水性树脂的耐盐性、吸水速度、吸水后水凝胶的强度等许多性能，所以发展迅速。近年已开始研究吸水性高分子物的共混技术，这些为发展高吸水性材料提供了更加广阔的前景。受美国应用效果的鼓舞，近 30 多个国家已将其应用于工业、农业、建筑、卫生、园艺等领域（Costigan P. A. &Locascio, S. J. 1982；Parichehr Hemyari & D. L, 1981；Silberbush, M. Adar, E. & De Malach Y. , 1993）。在土壤质地粗糙、水分亏缺的条件下，保水剂黏液团的形成对种子萌发和成苗过程，有明显的促进作用(Young, Evans, 1973；Mott, 1974)。但保水剂也存在不足之处，PAMN 保水剂在一定的中和度下，其酸值的漂移性较为明显，这与 PAMN 单体的弱电离性有关，PAMN 的酸值漂移为 2 ~ 3(Golovoy A, Zinbo M, 1989)。外界压力对 PAMN 聚合物保水性能影响甚小，在高速离心作用下，PAMN 聚合物所持含水量仍然保持不变(Vaidyanathan, Tritalat, 1993)这样植物将很难吸收到保水剂所保持的水分。保水剂能够有效的控制土壤的板结和结皮，从而减少水土流失。Troutetal(1995)等也直接研究了 PAM(Polyacrylamide)与坡地和林地中土壤可蚀性、水土流失量、径流及土壤其他的物理性质之间的关系(GJ. Levy & J. Levin *et al.* , 1992；D. Lentz & Sojka R. E. , 1994；James Teo & Chittaranjan Ray, 2001；Peterson D. C. Flanagan J. K. , Tishmack, 2001；Wallace, 1986；Terry & Nelson, 1986；Shainberg *et al.* , 1994)。目前以保水剂为中心的综合保水技术研究也越来越多，Siberbush M(1993)等人用聚丙烯酰胺类保水剂结合喷灌、滴灌对沙丘区的卷心菜、玉米等作物进行了试验研究。

我国保水剂的开发始于 20 世纪 80 年代初期，1974 年，中国科学院、长春应用化学研究所首先研制成功聚丙烯酰胺高吸水性树脂，但仅作为学术性研究工作而没有形成系列产品(季鸿渐，1997)。1984 ~ 1985 年保水剂的研制进入高峰时期，我国保水剂的研制单位多为化学化工相关行业的科研院所。从 20 世纪 80 年代初相继出现了实验室样品，其保水剂类型以聚丙烯酸钠为主，也有少量的聚丙烯酸胺型和聚乙烯醇型(王九龄，孙健，2002)。其中相当一部分通过技术鉴定，小部分转让技术扩大中试，虽投产，但产量不大，产品质量也不够稳定，价格偏高，生产难以形成规模。同时由于重视不够、宣传力度不足、推广经验缺乏等诸多原因，我国保水剂的研发从高潮跌入低谷，最早参与的 20 多家研制单位和生产厂家难以为继(王九龄，智信，苏海联，2002)。进入 90 年代，保水剂进入了稳定发展的阶段，陆续应用于农林生产领域(顾智章，吴雄志，黄美玉等，1984；胡芬，姜雁北，1994；陈宝玉，黄选瑞，邢海福等，2004)。研究均表明，保水剂对土壤物理性质以及土壤保水能力有较大影响(吕广霞等，2005)。保水剂施于土壤后能够减少坡地径流，降低土壤蒸发，改善土壤透气性、透水性和稳定地温，起到抗旱增产作用。保水剂对增产有良好的效果(邓西平，1990)。近些年来，有许多研究报道，在旱区土壤中施加保水剂，对土壤水库的调控和植物的生长有显著的影响(栗时金等，1983；于育英等，1983；浅野次郎，1986；张秉刚等，1986；李长荣等，1989)。

(1)保水剂的品种分类

目前国内外的保水剂共分为两大类：一类是丙烯酰胺—丙烯酸盐交联共聚物(聚丙烯酸胺)，另一类是淀粉接枝丙烯酸盐交联共聚物(聚丙烯酸钠、聚丙烯酸甲、聚丙烯酸胺、淀粉接枝丙烯酸盐等)(王斌瑞，贺康宁，史常青，2000)。

①聚丙烯酞肢型。聚丙烯酰胺呈白色颗粒晶体状，主要成分为：丙烯酰胺65%~66%+丙烯酸钾23%~24%+水8%~10%+交联剂0.5%~1.0%。在国际上，法国、德国、日本、美国和比利时等国家所生产的保水剂大多属于这类成分的产品。该产品的特点是：使用周期和寿命较长，在土壤中的蓄水保墒能力可维持4年左右，但其吸水能力会逐年降低。据黄土区造林试验观察，使用该类保水剂造林后的当年，其吸水倍率维持在100~120倍，第二年吸水倍率降低20%~30%，第3年降低约40%~50%，第4年降低更多。德国产的SUP型保水剂在浓度为0.1%~0.3%时处理效果显著(冯金朝等，1993)。这种具有超高吸水、保水能力的高分子化合物颗粒剂可吸水变为凝结胶体，随着植物生长和根际土壤水分的变化，缓慢地将水释放出来，供植物利用。其溶液可用来浸种、拌种，颗粒可像肥料一样撒在种子周围(刘效瑞等，1993)。美国产的BP保水剂为天蓝色胶粒状物质，属于有机高分子交联物质，并含有植物所需的N、P、K等营养元素。吸持的有效水占2/3以上(张富仓等，1999)

②淀粉接枝型。聚丙烯酸盐中，如果聚合单体为钠型，长期使用会造成土壤中钠离子含量的递增，使土壤板结，对植物不利，所以林业和农业用保水剂的生产厂家多改为生产聚丙烯酸钾或聚丙烯酞胺。

聚丙烯酸钠为白色或浅灰色颗粒状晶体，主要成分有：聚丙烯酸钠88%(其中含钠24.5%)+水8%~10%+交联剂0.5%~1.0%。国内生产的保水剂大多是这种成分的产品。其主要特点是：吸水倍率高，吸水速度快，但保水性能只能保持2年有效。据造林试验观测，这类产品的吸水能力和吸水速率明显高于聚丙烯酰胺产品，在土壤中如遇充分给水，0.5~1.0小时后便迅速吸收自重的130~140倍的水分；但第2年的吸水倍率要降低约60%左右。由于聚丙烯酸钠会造成土壤中钠离子含量的递增，林业和农业用保水剂的生产厂家大多改为生产聚丙烯酸钾或聚丙烯酸铵。中国科学院化学研究所研制的KH_{841}高吸水剂是一种低交联度的聚丙烯酸钠。由于它的高度溶胀能力，在其网状结构中能贮存大量水分，具有高吸水，保水性能。试验表明，按一定比例掺入盆栽土中或以一定量施入播种沟内，均具有明显的抑蒸保墒效应，提高土壤有效水储量(胡芬，姜雁北，1994)。KH_{841}型高吸水性树脂在沙土、砂壤土、及含盐壤土上单施或与肥料混施对土壤蒸发和团聚作用无显著差异(邢玉芬等，1993)。国产的高吸水性树脂的水性顺序为：IAC_{13}(长春应用化学研究所)>KH_{841}(中国科学院北京化学试剂研究所)>兰州晶体(兰州化学物理所)(华孟等，1989)。

淀粉接枝丙烯酸盐为白色或淡黄色颗粒状晶体，主要成分为：淀粉18%~27%+丙烯酸盐62%~71%+水10%+交联剂0.5%~1.0%。这种产品在用于造林地蓄水保墒时，使用寿命一般只能维持1年多的时间，但吸水倍率和吸水速度等性状极佳。据实验室对黄土浸提液的吸水对比试验，该类保水剂在遇水后的15~20分钟内即可吸收自重150~160倍的水分。这种产品在用于造林地蓄水保墒时，使用寿命一般只能维持1年多的时间，但吸水倍率和吸水速度等性状极佳，且成本较低（杜尧东，王丽娟，刘作新，2000；甘肃省科学技术厅，2001）。

（2）保水剂作用原理

吸水保水剂，英文简称SAP，是一种具有优质吸水性、保水性、释水性、无毒无味的功能性高分子材料。这种高分子材料含有大量结构特异的强吸水基团，在树脂内部可产生高渗透缔合作用并通过其网孔吸水，最大吸水力高达13～14kg/cm，可吸收自身重量的数百倍至千倍的纯水，并且这些被吸收的水不能用一般的物理方法排挤出来，所以它具有很强的保水性。保水剂的溶合性能由吸水倍率、速率和凝胶强度等所决定，并非吸水倍率越高越好。一般来说同样组成的聚合物交联度越低，吸水倍率越高，速率越快，其保水性、稳定性和凝胶强度就越低，反之亦然。所以对于作用周期较长的保水剂自然需要较多的交联度，并不片面追求吸水倍率和速率。凝胶程度高的保水剂吸水后有一定的形状，不易解体，吸放水的可逆性好，所吸水的80%～95%能够被植物利用，因其吸持和释放水分的胀缩性，可使周围土壤由坚实变为疏松，从而在一定程度上使土壤结构和水热状况得到改善。国际上现在更强调加压下的吸水倍率，聚丙稀酰胺型加压下吸纯水倍率150～130倍，淀粉接枝型可达600倍。

（3）保水剂技术的应用

保水剂因其吸持和保蓄水分的作用，可在一定程度上减少可溶性养分的淋溶损失。与化肥、农药和生根粉等结合使用，可增效缓释，提高其利用率，一般可节水节肥5%～20%（蔡典雄，赵兴宝，2000）。胡芬等（1984）研究表明，保水剂不仅促进作物生长发育，单株叶面积和干物质重都比对照显著增长，而且可提高穗粒数和粒重，使水分利用效率提高23.1%～25.2%。王斌瑞等（2000）在黄土半干旱区对集水造林果树施用保水剂，其产量与对照相比提高25%～30%。在黄土半干旱区径流林业配套试验中，施用大颗粒饱和保水剂凝胶（凝胶内有孔隙），可使毛细根系穿过凝胶，提高所吸水的利用率，延缓凋萎日期，从而促进根系发育，提高植物抗旱性。王斌瑞等（1995）认为，保水剂对土壤团粒结构有明显的促进作用，能增加土壤水分入渗率，减少土壤流失作用，在水土保持中有重要应用前景。且保水剂不仅能促进作物出苗、成活及存活率，而且能促进作物生长和干物质积累。

保水剂也存在一定缺陷，剂量过大，非但不能促进根系发育，反而抑制根的伸长和降低根的生理机能，降低移栽后成活率和出苗率（陈宝玉，2004；杜太生，2002；川岛和夫，1984）。大颗粒的保水剂在实验的过程中，使用的次数多、寿命长、持效性好，但是它们在达到了一定的次数后，颗粒吸水后的晶体，其凝胶力，以及其抗压力、弹力、吸水稳定性等都要差得多。保水剂只能保水而不能造水，首次使用时一定要浇透水，气候特别干旱时，还要补水才能发挥保水的作用，如果施入保水剂后没有充分的降水或灌水，保水剂的作用就不能充分发挥。所以施用时要注意施用时间和土壤水分条件（汪淑娟，2006；陈宝玉，黄选瑞，邢海福，2004）。

近年来，用种子包衣和旱地作物保水剂拌种技术在改善播种质量、促进抗旱成苗、提高成苗数等方面也有明显的效果(邓西平，1990)。保水剂处理的种子能在其外围形成一层包膜，播种之后，种子外层的保水剂能够快速吸收土壤水分，在种子周围形成相当体积的水分黏液团。水分黏液团的形成，不仅改善了种子萌发时的水分条件，而且增大了种子与土壤的接触面积，降低了种子与土壤界面之间的水分传导力，促进种子萌发，改善了出土时的土壤微环境，对种子萌发和成苗有显著的促进作用。

1.4.3.3 固体水技术

固体水种植技术是20世纪90年代末国际上最新研制成功的一种新技术。固体水(solid water)，又称干水(dry water)，是一种用高新技术将普通水固化，使水的物理性质发生巨大变化，变成不流动、不挥发、0℃不结冰，100℃不融化的固态物质。这种固态物质具有生物降解性能，降解后无残留，不污染土壤，可用作植物的长效水源。固体水的供水理念完全不同于常用的保水剂，因为固体水是用普通水固化而成，98%的成分为水，在土壤微生物的作用下缓慢释水，供植物长期吸收利用。

20世纪90年代末，美国、英国、法国等发达国家相继投入较大的人力物力进行固体水的研制开发和推广利用，使固体水逐步走向世界(彩图4)。固体水技术广泛适用于干旱地区恶劣条件下的植树造林、园林绿化、节水农业等生态环境建设和农业生产。1998年，美国采用固体水技术在撒哈拉沙漠中气候条件极其严酷的中心地带种植了200万株树苗，取得了苗木成活率高达93%的巨大成功。中东许多国家纷纷引进了固体水技术，1999年该技术产品在北非的销售额超过了1亿美元。

1998年以来，我国深圳艾德迈尔科技有限公司运用全新的理念率先在中国成功地开发出具有自己知识产权的新一代固体水——“春之霖”固体水(彩图5)，并与北京林业大学合作进行了固体水释水特性、作用机理及抗旱造林应用的研究(杨理庆等，2001；周平，李吉跃，杨庆理，2002a，2002b；招礼军，李吉跃，周平等，2002；招礼军，李吉跃，朱栗琼，2004；招礼军，李吉跃，于界芬等，2007；王玉涛，李吉跃，2006)。随后，这种被冠以“东方魔水”、“中国水晶”、“长效水”的固体水越来越多地被应用在干旱地区和防沙治沙的抗旱造林之中，已成为解决干旱半干旱地区造林成活率、促进苗木生长的有效途径之一(彩图6)。

周平、李吉跃、杨庆理等人(2001，2002a)的研究表明，影响固体水释放的因素与固体水接触的微生物和固体水切口横截面积有关，与固体水接触的微生物越多，固体水降解得越快，两者之间呈良好的对数关系；在土壤条件一致的情况下，固体水释水量与横截面积为线性关系，切口的横截面积越大，固体水释水量越多。而且固体水释放速率除了与截面积有关外，同时，在一定程度上也受植物需水状况的调节，在干旱条件下使用固体水可明显改善植物的水分状况，提高叶含水量，维持叶绿素含量的相对稳定，是一种与植物吸水过程同步供水的方式。包玉荣(2005)在研究固体水释放规律的报告中指出，固体水的释水规律与土壤中是否有苗木无关，但与环境因子空气相对湿度和空气温度显著相关。固体水有助于改善植物的根系生长状况，使用固体水后，虽然侧柏和油松苗木新根的数量比正常水分的苗木少，却远多于干旱苗木，其中侧柏新根有24~116根，油松有40~95根，而且其新根均集中在埋有固体水的部位(约占根系范围的1/4)，说明固体水具有明显的增加新根数量的作用(周平，李吉跃，杨庆理，2002b)。从树木成活率方面研究，固体水对树木成活率及后期生长的影响与树种有关，树木越抗旱，成活率越高，树木速生性越好，其地径与胸径生长变化越显著(潘占兵，蒋齐，温学飞等，2005)。而李文林等(2005)研究表明，在造林立地条件相同，造林技术措施相同的情况下，进行不同树种的对比，发现利用固体水造林各树种的成活率没有明显的差异。招礼军(2002)以毛乌素为典型代表的半干旱沙地类型区，以库布齐为典型代表的干旱沙漠类型区和以准噶尔丘陵沟壑为典型代表的半干旱水土流失区等地区共涉及367.33hm^2使用固体水造林。试验结果表明，固体水造林可以显著地提高苗木成活率，无论在干旱半干旱沙漠地区，还是在干旱半干旱沟壑丘陵地区，使用固体水的造林成活率均在90%以上。

(1)固体水的释水原理及灌溉特性

固体水是一种集微生物、化学技术为一体的生态环保产品，普通水被固化后，变成了固体水。这种不流动、难挥发的固体水分，由于分子的组成排列结构方式较普通水均发生了巨大变化，从而也在使用性能上发生了质的改变。它可在常温、低温下长期保存或使用的固体束缚水，其含水量高达95%~98%，导电性为普通水的20%。1 kg“春之霖”固体水=450kg常态水，它具有高效的灌溉特性，创造了一种全新的灌溉方式。

固体水在使用时通过与植物根系接触，在土壤微生物的作用下发生生物降解，束缚水重新还原为自由水，直接和不间断地释放。它可根据不同种类植物(喜水、耐旱等特点)，不同地区的气候条件，为植物提供30天、60天、90天或更长时间生长所需的水分，以有效的、极少量的水分保证植物正常存活生长。

固体水作为一种技术领先的全新灌溉方式，其释水原理及抗旱节水造林技术特点主要有3点(以“春之霖”固体水为例)：

①缓释性。固体水在使用时，通过与植物根系接触，在土壤微生物的作用下发生生物降解，根据植物对水分的需要，不间断缓释水分。固体水释水的定向性和可控性，使释水过程与植物吸收水分过程恰当匹配，既避免了释水浪费现象的发生，同时又满足了植物生长的需要。

②长效性。与高分子树脂的保水剂不同的是，固体水的释水时间和运输、存放过程不受温度和湿度的影响，其适应不同地域的气候条件，可满足各种干旱缺水地区树苗生长的需要，良好的释水可控性使固体水可根据不同应用环境和条件，选择30~90天或更长时间的释水规格，帮助树苗顺利度过旱季进入雨季，直至存活。试验结果表明，春之霖固体水在西北地区的内蒙古、甘肃、宁夏等地的应用试验中使当地的树木成活率由20%~30%提高至90%以上(周平，2002；招礼军，2003；王

玉涛，2005)，在四川省干热河谷地区的固体水抗旱节水造林试验中也达到了同样的效果(周平，2002；招礼军，李吉跃，周平等，2002；招礼军，2003)。

③高效性。大量试验结果表明，固体水的供水过程与植物的吸收水分过程同步，因此，极少蒸发或渗漏，使水的利用率接近100%，既满足了植物生长需水，还节约了几十倍、上百倍的用水量。在四川省干热河谷地区的固体水抗旱节水造林试验表明，一支1kg的固体水的功效相当于450~500kg普通方式的用水量(招礼军，李吉跃，周平等，2002；招礼军，2003)。

(2)固体水在抗旱节水造林中的应用

我国在固体水的抗旱节水造林应用上取得了显著效果。本节以“春之霖”固体水为例介绍了其在抗旱节水造林中的实践应用效果。2001年4月，甘肃省首次将“春之霖”固体水用于兰州市七里河区果园的柠条种子播种造林试验和陇西、古浪、静宁三县的植树造林试验，结果表明，使用固体水后，树木成活率达90%，而未使用固体水的种子在当地的土壤水分状况和湿温度下没有1例发芽。同年4~6月，我们应用“春之霖”固体水在青海浅山干旱河谷地区、内蒙古锡林浩特市和阿巴嘎旗造林，结果表明，沙棘的成活率高达97.9%，枸杞为91.3%，云杉为96.6%，沙地榆为90.3%，同时，青海浅山地区10年造林未能成功的难题得到了很好的解决。同年7月，科技部组织了由中国工程院副院长沈国舫院士为组长的专家组对“春之霖”固体水的作用效应及推广应用研究进行了鉴定。与会专家在审议审核了相关技术资料后，在充分讨论的基础上认为：“春之霖固体水产品填补了国内空白，居国内领先地位，达到了国际先进水平。它的研究应用成功，解决了干旱半干旱地区植树造林供水这一关键性难题。对植树造林形成了强有力的技术支撑，对改造我国生态环境有重大意义。‘春之霖’固体水是一项技术成熟、经济可行、市场前景广阔、生态环境效益显著、社会效益良好的实用高新技术项目”。“春之霖”固体水良好的应用效果引起各方关注。

同年7月，中央电视台《科技博览》和《星火科技30分》两个栏目组随同以中国工程院院士关君蔚教授为首的专家组，实地检查了内蒙古锡林浩特市和阿巴嘎旗两个应用固体水造林试验点。8月，中央电视台《科技博览》以内蒙古“春之霖”固体水造林试验为背景制作播出了科技专题片《奇异的固体水》，对认识、推广和应用固体水造林起到了很大的推动作用。

2002年，我们在我国率先进行了固体水释水机理与作用效应的研究，同时，固体水抗旱节水造林应用研究也获得了科技部农业科技成果转化资金项目“防沙治沙固体水抗旱造林技术”(02EFN217101282)的支持，极大地推动了固体水在我国干旱半干旱地区抗旱节水造林的应用与推广。同年底，我国批准深圳市艾德迈尔科技有限公司生物降解固体水高技术产业化示范工程项目立项，并指定了青海、宁夏、新疆、甘肃、内蒙古、陕西和深圳等地建设“春之霖”固体水示范厂，以加快项目产业化进程，加大推广应用力度。

1.4.3.4 蓄水渗膜技术

蓄水渗膜是中国矿业大学生态功能材料研究所开发的，用于干旱地区植树造林、解决干旱地区植物所需水分，对植物科学供水的一种新材料，被列入国家“863”项目。蓄水渗膜是解决干旱半干旱地区植物生长所需水分的有效途径，是在荒漠化地区、交错带、荒山，乃至一切需要绿化地区进行植树造林、生态综合治理的一种新方法。蓄水渗膜是高分子复合材料功能薄膜，将该薄膜设计成具有一定速度、对环境缓慢渗水，用该薄膜制成的各种型膜(包装膜)装水构成“包装水”后，按一定技术规范埋入树苗根部，构成地下“小水库”，以实现对树苗定时间、定量、稳速地科学供水。蓄水渗膜材料是功能导水纤维与可降解友好树脂复合而成的实现科学释水的薄膜材料；将蓄水渗膜直接包装水置于树苗根部进行造林；通过分子渗水、自调节渗水、抑制蒸发、免浇水和直接作用实现有效的节水造林；按树苗成活期的需要一次性蓄存足量水，蓄水渗膜通过分子渗水释放湿气，在有效期内始终保持土壤的合理湿度；按照苗木的生长规律，蓄水渗膜提供合理的释水速度，当土壤干旱或升温时，导水纤维自调节渗水速度加快渗水，当土壤过湿(如雨水)或降温(如夜间、秋季)时，导水纤维自调节渗水速度减慢或停止渗水。

张增志等(2006 年)针对适宜沙漠生长的不同种灌木、树木按植物生长要求进行材料设计。针对不同水文、土壤等环境条件进行科学规划，最终通过植被恢复从根本上遏制荒漠化的蔓延。李根柱等(2003)研究了蓄水渗膜在干旱半干旱地区的造林应用，分别对苗木成活率、生长量等各方面的影响，提出了蓄水渗膜技术优于其他技术的地方：如蓄水时间长，能够保证植物扎根存活；成本低、操作方便并且可根据当地气候、土壤、环境等条件，协同土壤改良剂、速生根剂、抗生素、肥料等材料进行综合整治。由于试验时间较短，对苗期后期生长情况还有待继续观测。他的研究结果表明：

①使用蓄水渗膜材料造林，提高造林的成活率，不同地区的处理组与对照组均有极显著差异或显著差异。无论是荒山、沙漠，还是干旱、半干旱沙地，越是水分条件差的地区，效果越明显，在沙漠地区，杨树成活率达 85% 以上。

②使用蓄水渗膜材料造林，促进生长量的生长。包装水量越大，效果越明显。按照释水速度不同可分为 1、3、6 个月，可根据旱期需要，搭配使用。

③成本低，每亩蓄水渗膜成本 50～150 元，可推广性强；可在现场直接包装当地水，可操作性强；现场破损率低，工艺性好，适宜在于旱、半干旱区大面积推广。刘正立等(2007)在太行山干旱丘陵区进行抗旱造林试验，试验结果表明，栽植核桃应用蓄水渗膜比应用截干深栽、保水剂、地膜覆盖造林成活率分别提高 26%、6% 和 8%。栽植山杏应用蓄水渗膜比应用截干深栽植、保水剂、地膜覆盖造林成活率分别提高 16%、5% 和 6%。从试验结果看，该技术与传统技术相比具有以下特点：一是蓄水时间长，可提高水的利用率，能保证植物扎根存活，从而提高造林成活率和树木生长量。二是易操作，可在植树现场直接包装当地水进行造林，可操作

性强，易大面积推广。三是可协同土壤改良剂、抗生素、生长素等材料进行综合整治。由于蓄水材料不与环境介质发生作用，因此可在蓄水中很方便地设置添加剂，实现科学供水，改良土壤、抵抗病变产生良好的生态效应。四是蓄水渗膜可降解，对环境无污染。五是大大降低了人工浇水产生的水资源浪费和造林成本。

1.4.3.5 集水技术

为了在干旱、半干旱及荒漠地区抗旱造林，必须想方设法合理利用必不可少但又十分紧缺的水资源(Mayer L. E.，1975；Back W.，1981)，由此产生了集水技术。早在4000多年前，中东涅杰夫沙漠地区的农民就利用微小型集水技术进行农业生产(Evenari M.，Shanan L.，Tadmor N. H.，1971)。集水技术就是利用水分的重力效应和土壤的水库效应，通过合理的人工调控措施，使降雨就地拦蓄入渗，从时空上对降水进行再分配，延长土壤水分的有效供应时间，提高林木成活率的方法(党宏忠，赵雨森，2003)。集雨灌溉已有2000多年的历史，特别是近几十年来集水技术在全世界范围内普遍用于解决生活及农林业生产的缺水问题。国外注重雨水的汇集措施，特别是集水系统的设计、地表处理材料、提高汇集效率方面及成套的集水设备和措施方面的研究。除美国、澳大利亚和中国外，还有以以色列为典范的中东地区(Hardan A.，1975；Agarwal A.，1977)、印度(Ryan J. G.，Sarin R.，Pererira M.，1979)、墨西哥(Smith G. L.，1978；Cluff C. B.，1979)及非洲撒哈拉南部诸国都采用了各种集水技术用于人畜饮水、抗旱造林、盐碱地改造及城市生活和工业用水等(Schreiber H. A.，Frasier G. W.，1978；Kowsar A.，1982；Fink D. H.，Ehrler W. L.，1983；Tabor J. A.，1995)。集水系统的成功与否在很大程度上决定于雨水的收集效果，尽管所集径流量的大小在前提上取决于降雨量、降雨强度、土壤前期含水量和入渗能力，但集流率的大小还与集水区表面状况关系密切，为了增加径流量，提高径流率，降低地表的贮存和入渗能力，采用了一些新的技术进行集水系统的表面处理来更好地集水造林(Sharma P. N.，Silva A. D. S.，1987；Maheshwari B. L.，Turner A. K.，1986)。集水系统的设计会直接影响到水利用效率、作物产量、土壤侵蚀、施工量和农林业生产(Vittal K. P. R.，Vijayalakshni K.，RaoU. M. B.，1988)。随着科学技术的发展，在集水系统的设计中采用了新的方法，主要表现在遥感技术和数学模型的应用上。Tauer(1991)应用遥感技术进行集水系统的设计和评价，用地面调查、航空照片判别分析和卫星处理相结合的方法对径流农场的潜力进行分析，从收集的资料估测可利用径流的数量、作物对水的需求和土壤对水的贮存能力。在设计过程中通过对一系列强度—历时关系曲线的确定，建立沙漠条件下的降雨模型(Button B. J.，Ben－Asher J.，1983)，根据降雨量、降雨强度和历时及分配情况，考虑到影响入渗的坡度和土壤表面的不均一性，可建立确定性径流预测模型，并根据采取的集水系统，用不同的方法建立产流模型。

集水系统主要用于具有间歇性径流的干旱半干旱地区农林业生产。美国在亚利桑那州的半干旱地区采用径流耕作成功地种植了圣诞树奎达松(*Pinus eldarica*)和绿干柏(*Cupressus artionica*)，并且证实集流坡长为穴面宽的6倍时，树木的存活和生长都明显高于集流坡长为穴面2倍的树木(Fint D. H. 等，1986)。在亚利桑那州的谷地利用汇集雨水种植地中海白松(*Pinus halepenis*)和土耳其松(*Pinus brutia*)容器苗，在巴基斯坦平均降水只有180~200mm的Thal荒漠中用两边各1m的斜坡集流种植微白金合欢(*Acacia tortilis*)(Shanan M. I.，1987)，在伊朗利用在等高线上修筑集水梯田植树造林建设防护林带都取得了成功。采用微型集水法，Shrama K. D. 等人(1986)种植骆驼刺也取得了成功。除了利用自然坡面汇集径流造林之外，国外还采用各种措施通过减少坡面水分入渗来更好地集水造林，利比亚用9份合成橡胶乳液和1份油的浓缩状水溶液，喷在干旱沙漠表面，使栽种的160hm^2桉树苗全部成活；在澳大利亚西部，用石油树脂喷洒在金合欢、松树和桉树等小树苗周围集水，使22$hm^2$1.5万株树苗长势良好，而未做处理者均未成活；在印度沙漠地区，通过集流蓄水保墒，使林木高生长增加70%，根量增加4.5倍(Gupta G. N.，1994)。其他国家如西班牙、意大利和希腊等一些少雨地区也都采用了多种汇集坡面径流造林的方法(Shrama K. D.，Pareek O. P.，Singh H. P.，1986)。

我国很早以前就采用了一系列的措施利用和管理缺乏的水资源，以求达到水资源的供需平衡，发展到现在，已有一套较完善的集水蓄水保墒措施用于农林业。20世纪40年代初，在我国甘肃天水开展的坡耕地集水及防止水土流失的试验，是我国现代集水技术研究的开端。70年代末，丁学儒(1989)在兰州南北两山开展了通过收集径流来育苗造林的工作，拉开了我国集水技术对比研究的序幕，提出了径流林业的概念。之后甘肃省干旱造林研究中心等单位广泛开展了集水径流造林技术的试验研究，积累了较为丰富的经验，为径流林业理论技术体系的形成与完善奠定了基础。进入90年代，我国在干旱地区发展了由人工引起并拦蓄地表径流的方法对极其有限的降水在时间和空间上再行分配的汇集径流集水抗旱造林技术，在干旱的环境中形成局部湿润的土壤水环境，从而增加林木的有效水分供应量延长供应时间。在集水工程的设计中可用各种数学模型、遥感技术和计算机技术等新的理论和方法。同时，还可用新型的化学材料对集水系统集水区和蓄水池的表面处理，以提高了产流率(王克勤，孟菁玲，1996)。王斌瑞等(1997a)、王百田等(1993，1997)、邝立刚(2001)在生态环境极其脆弱的干旱半干旱区做了大量的集水造林试验，结果表明集水造林能增加植树带径流收获量，提高土壤含水量，使更多的降水渗入到根际区以下的深层土壤，防止土壤水分长时间持续严重亏缺。朱强等(2004)论述了雨水利用在水资源开发中的作用，通过雨水集蓄利用与传统旱作农业相结合，能显著提高降水利用效率实现旱作农业的大发展。集水技术也存在一些问题，如雨水集蓄利用工程的材料结构，要对集流面采取防渗措施，急需研制价格低廉而集流效率又较高的防渗材料。且为保证饮用雨水人群的身体健康，水质也是一个普遍性的问题。怎样研究和开发适合于广大农村的、廉价而有效的集雨水质处理技术已成为急需解决的问题。

汇集径流集水造林的核心是通过人工引起并拦蓄地表径流的方法对极其有限的

降水在时间和空间上再行分配，在干旱的环境中形成局部湿润的土壤水环境，从而增加林木的有效水分供应量延长供应时间。在年降水量不足100mm的地区，可以在植物周围建立微型集水区，从较大面积上收集雨水，供少许植物生长发育所需(蔡焕杰，王健等，1998)。在集水工程的设计中可用各种数学模型、遥感技术和计算机技术等新的理论和方法。可用新型的化学材料对集水系统集水区和蓄水池的表面处理，以提高了产流率(王克勤，孟菁玲，1996)。王斌瑞，王百田等(1993，1996，1997)在生态环境极其脆弱的干旱半干旱区做了大量的集水造林试验，结果表明集水造林能增加植树带径流收获量，提高土壤含水量，使更多的降水渗入到根际区以下的深层土壤，防止土壤水分长时间持续严重亏缺(彩图7)。

微型集水系统(Micro Catchment Water Harvesting，MCWH)和径流农场集水系统(Runoff Farming Water Harvesting，RFWH)是广泛使用的两个集水系统。在我国通常采取小区集水造林。集水小区的形状通常根据地形特点、降雨强度和风向等选择，常见的有单坡式、双坡式、漏斗式、扇形、V形、菱形等。集水小区的面积与降水量的大小、一年中降水的分布、土壤、所种植的植物、保水技术等诸多因素有关。在确定了栽植区面积、集流区面积并且设计总容积之后，根据造林地的立地条件选择适当的方式进行蓄水工程设计(王百田，1993)。蓄水型整地方式有反坡梯田、水平沟、鱼鳞坑等方式。聂瑞林等(1998)对回字漏斗型聚流畦、水平沟、鱼鳞坑进行了具体的设计。通过水平阶加大坑和鱼鳞坑2种整地方式的观测，证明前者较后者有更显著的效果，其蓄水量一般是鱼鳞坑的1.35倍(李永芳等，1996)。MCWH系统和RFWH系统的蓄水设备表面处理在防止蒸发方面有相似之处，但有一个重要方面是截然相反的。那就是MCWH系统的入渗处理要加速水的入渗，能使尽量多的水分进入并保持在土壤层内；而RFWH系统中蓄水池或小型水库的处理要防止入渗，以减少水的损失。在MCWH系统中一般采用植物秸秆覆盖或塑料薄膜覆盖等措施防止土壤蒸发，为了加速水分入渗，王斌瑞等用植物秸秆导流技术有效地解决了覆盖塑料薄膜之后水分入渗太慢的问题。RFWH系统，控制入渗的一些传统有用黏土、柔性薄膜、沥青、土壤分散剂和土壤水泥混合物进行表面处理。

采取不同的集水区表面处理措施会有不同的集水效果，林木所处的土壤水环境也就不同。在分别进行YJG-1号地表防渗、人工夯实地表和保持自然坡面的处理中，呈现出地表防渗性能越好，地表产流率越高，林木蒸腾水分利用率越高的趋势。在拍光处理和自然坡面两种情况下，集水面积越大，则土壤蒸发所占的比例也越高，林木蒸腾利用水分的比例下降(王百田等，1997)。集水面的处理方法主要有：混凝土面、水泥土夯实、原土夯实、塑料薄膜覆砂、三七灰土夯实、化学材料(粗石蜡、沥青)处理等多种。用不同材料制成的或用试剂、措施处理的集水面，由于它们的表面和内部结构的不同，所以它们的透水性、吸水性和持水性不同，从而构成了降水产流和集水效率不同的影响(康绍宗等，1999)。集水技术主要是提高受雨下垫面的抗渗性能(何久安，1998)，在满足强度、抗渗、耐久等要求的情况下，混凝土下垫面效果最好，柏油路较好，水泥土次之，原土夯实最差；塑料膜最好，适应性好，但耐久性差。几种常见集水材料的集水效率，从高到低的排列顺序为：水泥瓦 > 混凝土 > 机瓦 > 塑膜覆砂 > 塑膜覆土 > 青瓦 > 黄土夯实 > 三七灰土夯实 > 自然地面（汪振荣等，2000）。

1.4.3.6 覆盖技术

在干旱缺水地区造林，水分消耗有 1/2 ~ 1/4 是由土壤表面蒸发掉的。为了减少土壤蒸发，有效保蓄土壤水分，使无效的土壤蒸发转化为有效的植物蒸腾利用，通常采用的措施有耕作保墒、覆盖保墒和化学保墒。

在干旱半干旱地区播种造林时，种子萌发、出土和成苗是植物受水分亏缺影响较大的时期，由于幼苗幼小弱嫩，逆境条件下很容易对幼苗生长发育产生不良影响，地面的覆盖有助于改善土壤水分、温度和通气状况，减少表土蒸发，从而促进种子的萌发、出土和成苗（Ungor，1982）。一些研究表明，秸秆和地膜覆盖可以保持土壤表层较好的水分状况，促进种子成苗，特别是对小粒种子的促进作用更为明显（Papendick，1973；Anderson，Russwll，1964）。除了秸秆和地膜外，还对其他的覆盖材料，如，砾石、石头、青砂、矿质沥青及其他的颗粒物质和厩肥等也进行了广泛的研究和应用（Dancer，1964；Adams，1966；Lyford，Qashu，1969；Ungor，1971）。

覆盖的首要作用是蓄保降水，降低地表蒸发。同时，地表覆盖在促进种子的发芽出苗、抑制杂草生长、稳定和改良土壤结构、改善土壤微生物活动、增强对土壤养分的吸收等方面有显著的作用（邓西平，1999）。使用秸秆及地膜覆盖，能提高黄土高原半干旱区柠条、山桃和沙棘造林成活率、越冬率及土壤养分（程积民，1995）。经济林缠膜覆膜抗旱造林采用 80cm × 80cm 地膜覆盖，苗茎从顶部到地面全部用地膜条缠绕扎紧。覆盖膜到雨季揭去，缠绕膜按叶片长出先后分批剪破，可明显提高干旱区当年造林成活率（杨天义等，1996）。覆膜可以起到保温、增温的作用，可以减少树盘内杂草横生，同时避免杂草与苗木抢夺水分的现象；也能尽快恢复植被，为防止水土流失、改善生态环境等方面发挥着重要的作用（曹仲福，1998；李根柱，2004；汪锁劳，2005）。同时覆膜促进了土壤中微生物的活动、有机质的分解和养分的释放，从而有利于根系的生长、吸收及营养物质的合成和转化，保证苗木的成活和生长并可以防止苗木因干旱造成生理缺水而死亡。国内外普遍使用的几种农田覆盖材料有地膜、草纤维膜、秸秆覆盖等，秸秆覆盖是指利用农业副产品如茎秆、落叶、糠皮等或绿肥为材料进行的地面覆盖，一般用麦秸和玉米秸，秸秆覆盖可调节地温，减少病害，改善农田水分状况，秸秆覆盖量不宜过大或过小，覆盖量过小，起不到节水、保墒、增产的作用，覆盖量过大，会造成土壤温度过高、通气不良、分蘖减少、贪青晚熟，且秸秆不易腐烂，影响下茬播种。地膜覆盖主要用于栽培棉花、蔬菜、玉米、瓜类等作物。近年来我国小麦也正在大力推广覆膜穴播技术。与前述秸秆覆盖相比，不仅保墒效果明显，对土壤水的抑制力达 80% 以上，而且克服了秸秆覆盖所引起的地温下降等不足，但地膜覆盖不及秸秆覆盖那样能改善土壤性状，增进肥力(苗慧英，2001)。王进鑫等人(2004)对4种地面覆盖材料、50%覆盖度条件下，土壤水分蒸发与移动性能进行了研究，结果表明，在持续干旱时段，覆盖不仅改善了覆盖土壤水分状况，而且提高了相邻非覆盖区下层土壤水分状况，有利于减轻持续干旱对造林成活和幼林生长的威胁。马宏荣、安永鹏、马春瑛等(2006)通过对旱柳覆盖地膜扦插育苗，结果证明采用覆盖地膜扦插，平均地温比对照提高2~3℃，缩小了昼夜温差，能较长时间保持土壤湿润疏松，能避免因灌溉和降雨而引起的土壤板结和肥料流失，促进苗木生根、生长。覆膜育苗成活率为92% ，比对照提高20%，每公顷提高产苗量比对照多产18900株，平均苗高比对照提高179cm，当年苗木出圃率为76%。总的来说，各种覆膜技术改变了土壤表面蒸发，有利于提高土壤含水量，提高林木成活率。

1.4.3.7 土壤结构改良技术

土壤结构改良剂的研究开始于19世纪末，距今已有100多年的历史。土壤结构改良剂是根据团粒结构形成的原理，利用植物残体、泥炭、褐煤等为原料，从中抽取腐殖酸、纤维素、木质素、多糖羧酸类等物质，作为团聚土粒的胶结剂，或模拟天然团粒胶结剂的分子结构和性质所合成的高分子聚合物。前一类制剂为天然土壤结构改良剂，后一类则称为合成土壤结构改良剂(窦玉清，许立峰，1993)。目前，土壤结构改良剂主要应用于美国、前苏联、利比亚、科威特、比利时等石油产品丰富的国家，一些石油化工副产品类的土壤结构改良剂已大面积应用于固沙造林。比利时在土壤结构改良剂的研究和应用方面处于领先地位，应用较多的为聚丙烯酰胺、聚乙烯醇和沥青乳剂等，应用范围除农作物外，主要用于海港固沙、菜地和观赏植物。国内过去有些单位曾研究过聚丙烯腈、聚丙烯醇等，后来由于种种原因在很长一段时间停止了这项研究。最近几年，随着有机化学工业的发展和国外土壤结构改良剂的研究和应用，国内许多单位也开始了这项研究和小范围的生产应用。1982年，农牧渔业部从比利时引进聚丙烯酰胺和沥青乳剂，应用于渠道防渗、盐渍地改良、造林、种草、防止水土流失、旱地增温、保墒等方面。施用土壤结构改良剂可以促使分散的土壤颗粒团聚，形成团粒，增加土壤中水稳性团粒的含量和稳定性，并改善通气透水性，提高水分入渗率，增加饱和导水率，降低土壤侵蚀，减少水土流失，土壤经改良剂处理，在地表形成一层薄膜或碎块隔离层，使土壤水分蒸发强度减弱以及浅层土壤结构得到改善，使盐分上升的趋势减弱而向下淋洗的效果增强(朱咏莉等，2001，赵西萍，2001)。田福平等(2006)选用了4种土壤改良剂(YNEC、康乐、圃园和绿能)并以此作为改土措施，通过田间小区试验，研究了4种土壤改良剂对多年生黑麦草生长特性的影响。试验证明4种改良剂均能促进分蘖，降低根冠比。若土壤结构改良剂用量过少，改良效果不明显，甚至无改土效果，用量太大，成本提高，造成浪费。根据土壤和土壤改良剂的性质选择适当用量是很重要的。许多人的试验证明，固态改良剂施入土壤后虽可吸水膨胀，但很难溶解进入土壤溶液，未进入土壤溶液的膨胀性改良剂几乎无改土效果。因此，目前使用较多的为水溶性土壤结构改良剂，并多采用喷施、灌施的技术方法。但对于大片沙漠和荒漠的绿化和改良，由于水分等条件的限制，喷、灌施用的技术则难以适用。

1.4.4 配置合理的空间密度

造林密度问题是林业生产上的核心问题之一，林分密度的管理直接影响着林分的生产力和稳定性。在我国，目前大部分林业生产依靠的仍然是自然生产力，提高生产力的途径不是靠浇水、施肥来改变环境，而主要是通过合理密度管理来充分利用环境。

所谓林分密度控制，就是人为调控林分结构，充分发挥林木生长潜力，在实现速生、丰产、优质的同时发挥最大的生态效益。在一定立地条件下，密度是影响林分产量和质量的主要因子。林分生长过程中，由于自然稀疏或人工间伐，各年龄阶段都存在最佳林分密度，它不是常数，是一个随经营目的、造林树种、立地条件和栽培技术等因素变动而变化的数量范围，密度问题是最优控制问题。密度调控技术已成为造林后抚育间伐和森林经营管理的重要依据和关键技术。

传统林分密度理论是在借鉴草本植物密度与重量研究的基础上，通过对天然林、用材林密度与产量关系的研究中发展起来的。其中的C-D效果和3/2幂乘则成为进行林分密度控制管理的理论基础（Long and Smith，1975）。已有的密度理论基本上都是在培育用材林为目的的基础上研究和发展起来的，多把林分郁闭之后的林木分化、自然稀疏、抚育间伐等与林分的产量（蓄积量）与材质的关系等作为量度林分合理密度的主要依据；另外，传统林分密度理论起源于温带湿润地区，那里降雨充分，但光照不足是最主要的环境特征，林分光能利用率的大小常作为量度林分密度合理性的重要标志（张光灿，2000）。而在干旱半干旱地区，传统林分密度理论没有充分考虑到水分这一重要生态因子对植物种类及数量的限制作用，即土壤水分植被承载力问题或者说降水资源环境容量问题。传统林分密度管理理论在指导干旱半干旱地区人工造林时，这一矛盾尤其突出，常因林分密度过大造成人工林分的整体衰退或死亡。

在干旱、半干旱地区，由于土壤水分供应严重不足，使人工造林遇到了极大的困难。一方面是造林成活率、保存率、林木生长量低，林分生长不稳定，在环境条件有较大波动时出现生长衰退、死亡等现象，甚至造成局部土壤干化；另一方面是植被建设的布局缺乏水量平衡的基础，生物量、覆盖率与水资源的承载力不相适应，往往由于过载（密度配置过大）使植被的水量平衡失调而造成植被生长衰退。因此，如何在干旱缺水条件下依据土壤水分植被承载力（或降水资源环境容量）来确定林分的合理空间密度配置已成为亟待解决的关键问题。

1.4.4.1 合理造林密度的确立依据

在降水、地表水和地下水十分亏缺的干旱半干旱地区，土壤水分的多少具有决定性意义。通常来说，在一定的气候及立地条件下，一定时空的土壤水分总量是比较稳定的，其土壤有效水容量也保持在一定范围内。然而，由于不同林木具有不同的需水特征，对土壤水分的消耗和利用存在很大差异，因此，即使在相同的土壤有效水含量条件下，其能够容纳的林木株数(生物量或覆盖率等)是不同的，这就是土壤水分承载能力的问题。我们提出的土壤水分承载量(能力)的概念是一个以林木需水特征(如生态耗水与水分利用效率)为基础的相对概念，其含义是在一定立地条件下，能够容纳最大森林生物量(或覆盖率)的土壤有效水含量，其大小因林木需水特征不同而异，林木生理耗水越少，水分利用效率越高，土壤水分承载量就越大，单位土壤有效水含量容纳的林木株数(或生物量或覆盖率等)也就越多，反之，则容纳的林木株数(生物量或覆盖率等)就越少。土壤水分承载量决定了森林植被的恢复能力、树种组成、空间布局、密度配置、生物量及覆盖率等。因此，在干旱缺水条件下的人工造林密度的确定应当以可供水量和林木生长的水量平衡为依据，一是要考虑不同树种对水分的生理需求，二是要考虑区域降水资源的环境容量。造林密度的大小只有处在降水资源环境之内，林木个体才可能正常地吸收水分，林木群体才可能维持最适的水量平衡状态，否则要么造成降水资源的浪费，要么产生不同程度的水分亏缺，从而抑制林木的正常生长发育。例如，在黄土高原干旱半干旱区林木存活率、生长率很低，单位面积上林木蓄积量很低的情况大都是因为造林密度偏大而致。因此，在该地区林业生产的发展应遵循“量水种植”的原则，使降水资源的承载力合理化，从而形成稳定持续发展的林业生态与产业体系。

按照降水资源环境容量的原则，在降水得到充分利用的条件下，在某一时段内(例如生长季)降水资源的消耗量应小于或等于降水总量：

$$T \times N + E \times A + Q \times A \leqslant P \times A$$

式中：T——林木个体的蒸腾需水量(m^3)；

N——面积为 A 的区域内林木数量(株)；

E——面积为 A 的区域内地表蒸发需水量(mm)；

Q——面积为 A 的区域内地下水补充和地表径流流失引起的降雨损失量(mm)；

P——面积为 A 的区域内降雨量(mm)；

A——确定的区域面积(hm^2)。

如果令 N 为 $1hm^2$ 内的林木数量，则在一定降水资源环境容量制约下的林分密度应为：

$$N \leqslant 10(P - E - Q)/T$$

则 N 即为每 $1hm^2$ 土地上降水资源环境所能容纳的最大林木数量，也是人工造林的最大密度(株/hm^2)。

根据径流林业造林技术，植树带四周三面有围埂，集流全部被拦蓄至植树带内，不会产生地表径流损失。而且由于试区位于黄土高原，土层深厚，林地水分循环不受地下水的影响，也不存在土内径流，所以上式中的降雨损失可忽略不计，上式简化为：$N \leqslant 10(P-E)/T$。

同样，从一个植树带内的水量平衡来分析，最佳的造林密度应该是每一个植树带的蒸散量等于其来水量时的密度。如果植树带在某一个时段内(例如生长季)的蒸散量不超过来水量，那么该造林密度 N 就可被该区域的降水资源环境所容纳，否则就认为该造林密度 N 偏大，应适时调整。本文就是通过对现有侧柏林地的水量平衡进行分析，判断其造林密度是否适宜，以及推断其在该区域的降水资源环境条件下的合理造林密度。

郭忠升等(2003)认为，土壤水分植被承载力为土壤水分承载植物的最大负荷，是指在较长时期内，当根层土壤水分消耗量等于或小于降水补给量时，所能维持特定植物群落健康生长的最大密度。武思宏等(2008)以降水量平衡原理确定了黄土区主要造林树种不同年龄阶段的合理密度，提出了“量水植树”原则，首次比较系统地提出水分因子为基础的人工林合理密度问题。曹军胜等(2008)认为：土壤水分植被承载力是黄土高原地区土壤水分与植物生长关系调控、合理利用水土资源和生态植被建设的核心问题之一，必须优先考虑。王力和邵明安等(2004)认为，黄土高原降水稀少，水资源贫乏，水分承载力处于较低的水平，实际栽植密度超出了水分承载力。

1.4.4.2 基于降水资源环境容量的合理密度调控

水资源包括降水资源、地表水资源、土壤水资源和地下水资源，降水资源直接影响到地表水、土壤水和地下水的存在数量。降水资源环境容量是指在无灌溉条件及地下水源补充土壤水分的干旱半干旱地区，在维持区域生态平衡及水量平衡的前提下，一定的降水资源所能容纳树木的种类及数量，这个数量体现在林分结构上就是某一树种在不同发育阶段的最大林分密度或单位面积林地上所能容纳的最大林木株数(张光灿，2000)。降水资源环境容量的研究是一个复杂的问题，它至少涉及四个方面的内容：①林地土壤水分特征，它包括土壤水分特征曲线、土壤的持水和供水特性等内容；②降水及其再分配的基本规律；它包括林分的林冠截流、透流、干流、枯枝落叶截留等水量平衡参数随降雨量的消长变化等；③植物在特定自然环境下的蒸散耗水特点，这一部分要求应用土壤—植物—大气连续体(SPAC)的基本原理和树木水力结构的基本理论，以土壤、植物、大气水势的变化和林木需水特征为重点，结合环境因子的变化深入系统地分析各因素之间的内在联系和相互关系；④林分合理密度的确定。在降水、地表水和地下水十分亏缺的干旱半干旱或半湿润地区，降水和土壤水分的多少具有决定性意义。通常来说，在一定的气候及立地条件下，一定时空的降水和土壤水分总量是比较稳定的。然而，由于不同林木具有不同的需水特征，对土壤水分的消耗和利用存在很能大差异，因此，即使在相同的降水和土壤有效水含量条件下，其能够容纳的林木株数是不同的。

在干旱半干旱区，满足水量平衡的造林密度和后期适宜的林分密度调控，是保持防护林林分生长稳定的关键。因此，人工林密度调控研究主要围绕水分因子，并集中体现在黄土高原半干旱区刺槐、油松等人工林密度与生物量关系(王百田等，2005)、集水造林不同密度林分生长(王克勤等，2002；王百田，2004)、水分平衡与生产力关系(魏天兴，朱金兆，1999)、径流林业(王斌瑞，王百田，1996)等。陈丽华等(1995)对晋西黄土地造林密度进行了研究，得到刺槐的合理初植密度为2330株/hm^2；油松为3670株/hm^2；根据林木水量平衡分析，得到单株林木水分管理面积的确定公式和合理成林密度的确定公式，据此算出不同径阶刺槐林和油松林合理成林密度表。张建军等(2002)对晋西地区不同密度林地的水土保持作用对比分析认为，利用刺槐和油松营造水土保持林时密度应该以3000株/hm^2为宜。张永涛等(2003)用水量平衡理论研究认为，目前黄土高原10年生侧柏的造林密度不合理，应进行适当调整。武思宏等(2008)也指出：黄土丘陵沟壑区水土保持林合理林分密度的确定须遵循“量水植树”的基本原则。无地表径流，无土壤的深层渗漏，降水资源得以充分利用的情况下，林分在某一生长季内对降水资源的消耗量应小于或等于降水总量，根据上述原理分别计算了晋西黄土区蔡家川流域刺槐和油松林的合理林分密度取值。翟洪波(2002)，徐成立、翟洪波、李吉跃等(2005)在研究树木水力结构与降水资源环境容量的基础上，提出了根据降水环境容量来确定林分的合理密度，即在当前的降水总量和分配条件下，能够使林分在旱季不至于死亡，在其他季节能基本正常生长的密度。其思路是：①首先选择一片基本符合合理密度要求的郁闭林分，在林地水分动态基本平衡的前提下(即在全年或生长季内，林地水分的收入项和支出项基本相等或略有赢余)，求算出林分在一般年分的年标准比导率或生长季标准比导率($mm/d \cdot cm^2$)；②根据气象资料和林分降水再分配的特征，求算出林分在全年或生长季内可用于树木蒸腾的历年平均降水量；③根据树木胸径处边材面积随年龄的生长进程，确定不同年龄林分标准木的边材面积；④由年(或生长季)平均可用降水量、年(或生长季)标准比导率和不同年龄林分标准木的边材面积，反推出在特定降雨环境下林分的合理密度。他们针对北京西部山区的油松和栓皮栎混交林(7油3栓)，根据油松的生长季标准比导率为0.00018$mm/d \cdot cm^2$，栓皮栎的生长季标准比导率为0.00066$mm/d \cdot cm^2$，林分在生长季内可供树木蒸腾的平均降水量为373.02mm(假设林分在非生长季内降水供需平衡)，确定了油松和栓皮栎混交林分郁闭后各龄级合理密度的经验公式为：

$$\rho(0.0001253\, y_{油x} + 0.0001977 y_{栓x}) = 1.45$$

在水分成为林木成活和生长限制因子的干旱半干旱地区(包括湿润地区的周期性或季节性干旱，以及干热河谷地区)，从降水环境容量的角度来确定林分合理密度是森林植被恢复和重建的重要理论依据之一。

1.4.5 “3S”技术在抗旱造林的应用

Wolfram Tauer 等(1991)利用地面调查、地形图、数据库、航空照片和卫星图象处理相结合的方法对径流量、作物需水量、土壤贮水量进行预测分析，并由以上几方面集合成决策模型。通过这种方法特别是遥感(RS)的利用可获得最新、最全面的信息。用于分析集水系统的适应性和影响因子，其中最重要的限制因子是土壤的蓄水能力。

“3S”技术与信息高速公路相结合，就可以精细地指导植物抗旱与灌溉，通过高光谱分辨率的遥感技术（RS）及时提供植物的长势、水肥状况和病虫害状况，绘制征兆图；同地理系统（GIS）中已贮存的土壤背景数据库，灌溉、施肥、种子等数据库进行分析和判断，形成诊断图；并与社会经济相结合提出实施计划，通过全球定位系统（GPS）的控制，完成要解决的问题（上官周平，邵明安，1999）。

1.4.6 与抗旱节水技术有关的模型

土壤水分转化模型（刘昌明等，1999）是以一定深度的土体作为一个整体系统，分析该系统在一定时间内的输入输出以及由此引起的土体贮水量变化的各个分量，以确定整个系统的输入和输出之间的平衡。水量平衡方程如下：

$$P + I + E_g = D + T + E_s + R_f + R_s + \Delta W$$

式中，P、I、E_g、D、T、E_s、R_f、R_s、ΔW 分别为降雨量、灌溉量、潜水蒸发、土壤深层渗漏、作物蒸腾、土壤蒸发、壤中流、地表径流、整个土柱水分变化量。在无降水，无灌溉条件下，蒸散量 ET（$ET = T + E_s$）可简单分解为潜水蒸发与土体水分变化项两项，上式可简化为：

$$E_g = E_T + \Delta W$$

土壤水分转化和平衡的过程同时也是能量转化与平衡的过程，能量平衡方程如下：

$$R_n = H + E + G$$

式中 R_n、H、E、G 分别代表净辐射、显热、潜热、土壤热通量。

张正斌和山仑（1997）针对节水农业的研究需求，系统地介绍了有关作物水分利用效率和蒸发蒸腾的研究方法和估算模型。蒸发蒸腾的估算模型有：农田水分平衡模型，Penman-Motheith 模型，卢振民蒸腾模型，卢振民蒸散模型，康绍忠蒸散模型，康绍忠蒸腾蒸发分摊模型，孙景生蒸腾蒸发模型。其中康绍忠蒸散模型以水量平衡方程为基础建立了估算实际蒸散量模型。即：

$$ET_a = (a \cdot LAI + b) \cdot E_0 \quad (\theta_a > \theta_j)$$

$$ET_a = (a \cdot LAI + b)(\theta_a - \theta_{wp})/(\theta_j - \theta_{wp}) \cdot E_0 \quad (\theta_a < \theta_j)$$

上式中 ET_a 为实际蒸散量，θ 为土壤某时刻的实际含水量，θ_{wp} 为凋萎含水量，θ_j 为蒸散开始受土壤含水量影响时的临界含水量，E_0 为蒸发力（约等于自由水面蒸发量），LAI 为植物叶面积系数，a、b、d 为由实测资料分析所得的经验数据。分别找出了土壤供水充足时（$\theta_a > \theta_j$）和供水受限时（$\theta_a < \theta_j$）田间蒸散量，在干旱区植物蒸散分析中可广泛应用。

通过研究土壤水分承载力、土壤水分转换模型、林木蒸发蒸散模型来指导干旱地区造林的乔灌草优化配置。其中以水量平衡方程为基础建立了估算实际蒸散量的康绍忠蒸散模型，找出了土壤供水充足时（$\theta_a > \theta_j$）和供水受限时（$\theta_a < \theta_j$）田间蒸散

量，在干旱区植物蒸散分析中可广泛应用。区域水量转化关系和水调控理论（康绍宗，1999；康绍宗，马孝义，1999）包括区域降水—入渗—产流的变化规律及定量计算，雨水资源开发利用潜力评价，雨水积蓄利用的可行性和最佳调蓄利用模式，旱地生产力和区域水量的转化关系，区域水资源开发对生态环境的影响，上游雨水和径流蓄积对下游的影响，水源来水与需水的预测，以充分利用当地降水资源。实现区域降水、地面水、地下水、土壤水及作物水间的转化关系和最优调节；区域土壤墒情与作物旱情监测和预报，特别用红外、遥感技术检测大区域土壤墒情；还需从水资源的承载力出发，研究节水技术的最优配置模式，更好地为干旱区造林服务。

第2章

植物生长调节剂抗旱节水造林技术

现在应用的植物生长调节剂主要在于能保护细胞膜结构及功能，提高光合作用，也通过关闭气孔来减少蒸腾失水和增强根系吸水、调节植物的水分平衡，达到抗旱节水的目的。施丰乐叶面肥(高效强力肥)是运用现代生物技术与精细化工技术，将植物生长调节剂、有机质和多种微量元素精制而成的一种高效生物制剂，具有调节和营养双重功效。施丰乐能够有效调节植物体内的物质、能量和生理代谢，促进生长发育，提高净光合效率、抑制营养亏缺，增强抗逆性，提高植物吸肥能力和肥料利用率。GGR－6号作为一种新型绿色植物生长调节剂在农林业上得到了普遍的应用，它能有效促进种子发芽及苗木生长，调节苗木地上、地下部分体的内源激素含量，明显增加生长素、赤霉素和细胞分裂素，调节酚类物质含量，提高苗木体内相关酶的活性和叶内叶绿素的含量。

植物生长调节剂用于抗旱节水造林是林业生产上的一大突破。“施丰乐”是一种新型的植物生长调节剂，它由四川省农业科学院根据植物生长发育的特性，采用无机营养元素和有机营养物质为原料，研制的集营养与调节于一体的新型高效强力肥，具有调节和营养双重功效。其作用机理是：根据植物不同生育阶段的发育特性，从调节植物内部机能入手，有效地促进植物地上部和地下部的协调生长，加速细胞分裂，增加细胞活性和细胞质浓度，提高植物吸水、吸肥能力和光合效能，从而改善农产品品质，增强植物抗旱、抗倒伏、抗寒、抗病等抗灾的综合能力，达到高产、优质、高效的目的(刘东海等，2001；田建新等，2000；金问模等，1998)。从1996~2001年，先后经40余家科研院所和农技推广部门在粮油、果树、蔬菜以及经济作物上进行多生态区全面系统的试验研究，结果表明：“施丰乐”能有效调节植物体内源激素平衡，提高吸水能力和光合效能，促进细胞分裂和生长，增强抗旱、耐旱和抗病抗逆力，从而达到提高产量、改善品质的综合效果。具体表现在以下几个方面：

①显著改善和提高品质。经农业部食品质量监督检验测试中心(成都)检测，喷施过“施丰乐”的油菜，能大幅度降低油菜籽的芥酸、亚麻酸含量，提高油酸、亚油酸和出油率。喷施“施丰乐”的烟草钾含量提高18.99%(相对值)，上等烟比例达75.3%，上中等烟比例达90.9%，而对照未喷施“施丰乐”的烟叶分别为

53.0%、71.4%。

②增产显著，效果稳定。其中水稻、小麦、玉米增产10%以上，油菜12%以上，棉花30%以上，薯类20%以上，蔬菜、水果增产30%以上。

③施用量少，投入产出比高。实践证明，"施丰乐"叶面肥投入产出比多在1：10~300之间，经济效益显著。

④对环境无害、无污染。"施丰乐"每亩用量少、浓度低，采用叶面喷施，植株吸收以后无残留，经西南地区毒理学权威检测机构——华西医科大学公共卫生学院检测表明对环境无污染、无毒害，对人、畜无副作用。

⑤抗灾减灾效果明显。实践证明，喷施"施丰乐"以后的植物，能在促进细胞分裂的同时，提高细胞质的浓度，增加植物细胞壁的厚度，增强保水性能。因此施丰乐对抗御各种自然灾害有着十分明显的减灾、抗灾奇效。1997~1998年，先后四川绵竹、中江等雹灾和旱灾区的水稻、甘薯、油菜、小麦等作物上喷施"施丰乐"为灾区人民挽回了巨大的经济损失。

此外，"施丰乐"抗烟碱的作用也初步显露，由山西农业大学黄土高原作物所所长、国内著名专家苗果园教授在山西大同严重盐碱地区承担的"施丰乐"浸种试验，具有明显的抗烟碱作用，经10mg/L和15mg/L浸种出苗率提高6.37%和8.49%，苗产提高11.97%和13.27%。

⑥应用面广。"施丰乐"叶面肥抓住了植株生长的基本共性，因而能广泛应用于各种植物。

在林业上，王玉涛等(2006)用固体水和"施丰乐"在毛乌素沙地和库布其沙漠进行造林研究表明，使用1 kg固体水和用10mg/kg叶面肥浸根24小时，能使沙柳和杨柴的成活率均达到90%以上，"施丰乐"比固体水效果更明显。何茜等(2007)对国槐的研究表明，在相同水分条件下，对照苗木的耗水速率比经施丰乐处理过的高10.2%~82.7%。随着干旱胁迫的发生，对照苗木的叶水势急剧下降，而处理的苗木则维持着较高的叶水势，从而得出植物生长调节剂"施丰乐"的喷施对减少苗木耗水，延缓苗木干旱起着重要的作用。何茜等(2005)选择月季作为研究结果表明，"施丰乐"不仅对月季的生长有较大的促进作用，对受损植株恢复生长也有明显效果，但对茎和叶的促进效果不同。经10ml溶液喷施受损植株茎的增长幅度是对照的2.44倍，经20ml溶液处理的未损植株叶的增长幅度为对照的4.41倍，其中前10天的作用效果最为明显，未损植株叶的增长幅度较对照高113.7%。姜枫等(2007)研究植物生长调节剂对栓皮栎的生长生理影响，发现经处理后的栓皮栎，地径较对照增加了11.56%~245.07%，苗高增加了58.01%~434.66%，叶面积增加了28.52%~432.13%。同时，研究还表明"施丰乐"能有效维持苗木叶水势，减少蒸腾耗水，延缓苗木干旱，这在薛康等(2007)的研究中也得到了很好的证明。

绿色植物生长调节剂(双吉尔-GGR)系列是中国林业科学研究院王涛院士继ABT生根粉系列之后新研制出的高科技继代产品。它是一类无公害非激素型的植物生理活性物质，易溶于水，可常温贮藏，无污染，使用方法简便。与ABT生根粉比较，其优点是不需要低温贮藏，无污染，更具广谱性，能直接溶于水、使用简单方便。它的开发与应用为提高林木育苗和造林成活率及增加农作物产量开辟了一个新的途径。经全国31个省市区1322个县市在879种(品种)上试验应用都取得了明显效益。目前应用面积达353.7万hm^2，林业育苗15.3亿株，获得巨大的经济效益。2000年列入国家科技部科技成果重点推广计划，2002年荣获国家科技进步二等奖。作为一种新型绿色植物生长调节剂在农林业上得到了普遍的应用，它能有效促进种子发芽及苗木生长，调节苗木地上、地下部分体的内源激素含量，明显增加生长素、赤霉素和细胞分裂素，调节酚类物质含量，提高苗木体内相关酶的活性和叶内叶绿素的含量，因此，提高苗木成活率方面也起着重要的作用。

研究“施丰乐”这一生长调节剂对苗木生长、受损植被恢复、不同水分胁迫条件下苗木的水分需求机理的影响，将使我们更好的探索该生长调节剂在林业上的作用，为解决干旱半干旱地区水资源亏缺问题提供有效途径，为提高育苗、造林成活率提供有力依据，从而建立干旱半干旱地区林业高产稳产新模式及植被恢复新理念。

2.1 植物生长调节剂对种子发芽的作用效应

种子休眠是植物适应逆境和保护物种延续的一种策略，而实际生产和科研中经常需要破除休眠。对破除种子休眠的方法较多，除了常规的温度、机械等处理方法，研究中多用植物生长激素一类的化学药剂来打破种子休眠，促使其发芽。康冰等(2001)研究了不同浓度的GA_3、6-BA、IAA对香椿种子发芽的影响，得出用1500mg/L GA_3、50mg/L 6-BA和100mg/L IAA对香椿种子发芽的促进作用最大，发芽率较对照提高80%~85%。宋丽华等(2004，2005)分别用双氧水和聚乙二醇(PEG)对臭椿种子进行处理，发现2%的双氧水浸种对臭椿发芽作用最大，随着PEG处理浓度的提高，种子发芽率、发芽势、发芽速度和活力指数均呈下降趋势，其中2.5%的PEG渗透处理对发芽效果最佳。

2.1.1 对种子发芽率的影响

不同浓度“施丰乐”溶液浸种对9个树种种子发芽率有着不同的影响(图2-1)。不同时树种的种子发芽率是小差异很大，其中，白蜡的发芽率最高，各处理都超过了92%，香椿其次，发芽率在77%~87%，油松、国槐、臭椿、杜梨的发芽率处于中等水平，在60%~70%，侧柏、刺槐各处理的发芽率较小，平均为56.9%和48.6%，合欢的发芽率最小，各处理平均仅33.3%。正因为不同树种的种子发芽能力不一致，因此我们应该在播种前采取不同的催芽方式打破休眠，本试验使用植物生长调节剂“施丰乐”浸种也是其中一种有效方式。

对大多数树种，“施丰乐”浸种处理对种子发芽有一定的促进作用，但不同浓度的作用效果不一致。其中，用10mg/L“施丰乐”处理对油松、侧柏、合欢的发芽率提高较大，发芽率分别为78.6%、63.6%和43.1%，分别较对照提高了8.2%、

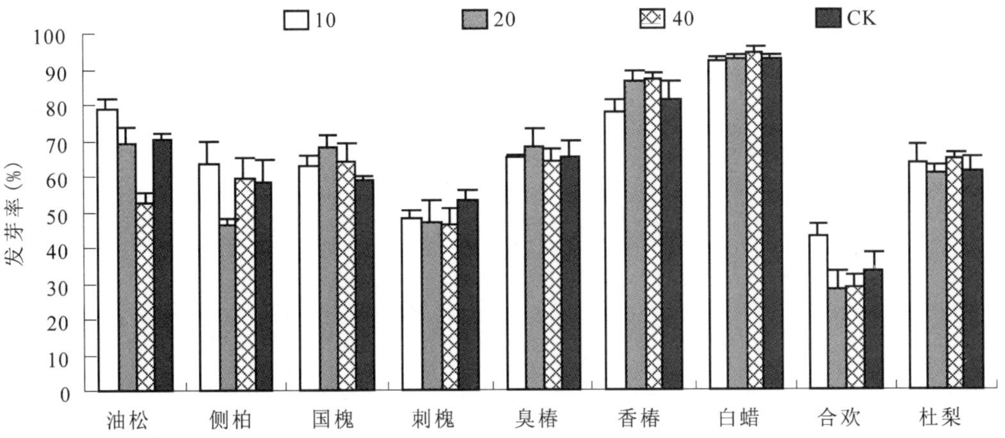

图2-1　不同浸种处理下9个树种种子发芽率比较

5.4%和10.0%；用20mg/L“施丰乐”处理对国槐和臭椿发芽的促进作用较大，发芽率都为68.0%，分别较对照提高了9.0%、3.0%；而香椿、白蜡和杜梨，用40mg/L“施丰乐”处理对其发芽率的提高有较大的作用，发芽率分别为86.8%、94.5%和64.6%，分别较对照提高了5.7%、2.0%和3.4%；比较特殊的为刺槐，“施丰乐”浸种对其发芽有一定的抑制作用。

2.1.2　对种子发芽势的影响

不同树种的发芽势也各不相同(图2-2)。各树种不同处理的发芽势为发芽率的50%左右，说明发芽势作为潜在发芽率是衡量种子发芽能力的重要指标。“施丰乐”对发芽势的影响与发芽率基本一致，对油松、侧柏、合欢，10mg/L浸种处理最佳，发芽高峰期的发芽数分别为总发芽数的36.1%、31.8%和46.5%，较对照高出7.5%、0.7%和6.9%；对臭椿，仍是20mg/L浸种处理对其作用效果最大，发芽势(46.5%)较对照(29.5%)高17.0%；对国槐、香椿、白蜡和杜梨，发芽势和发芽

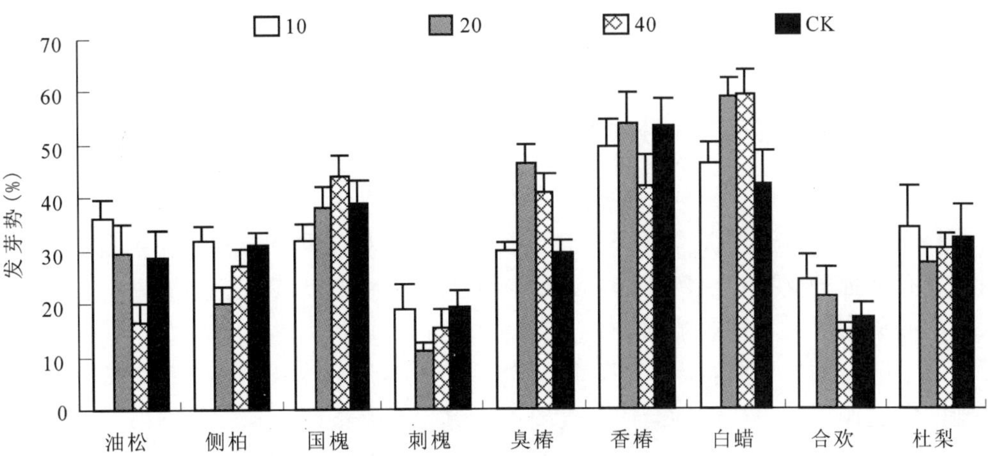

图2-2　不同浸种处理下9个树种种子发芽势比较

率在不同处理上的表现不一致，最优处理的发芽势分别为 44.0%（40mg/L）、53.9%（20mg/L）、59.5%（40mg/L）和 34.4%（10mg/L），分别较对照提高了 5.0%、0.3%、17.0%和2.2%。

2.1.3 对种子平均发芽时间的影响

从平均发芽时间来看（图 2-3），臭椿的平均发芽时间最长，为 17~18 天，油松、侧柏其次，分别为 10 和 13 天，国槐、刺槐、香椿、白蜡和杜梨居中，为 6~8 天，合欢最小，仅 5 天，由此可见，对发芽时间较短的树种，播种后更需加强浇水、透气等管理，已保证较高的成活率。就不同处理而言，除 40mg/L 浸种处理对油松、40mg/L 浸种对杜梨、10mg/L 和 20mg/L 浸种对国槐和合欢、40mg/L 浸种对杜梨、各处理对臭椿外的平均发芽时间有所延长外，其余各处理均能有效缩短种子平均发芽时间，但差异并不显著。说明，不同浓度“施丰乐”浸种对供试 9 个树种种子平均发芽时间的影响较小。

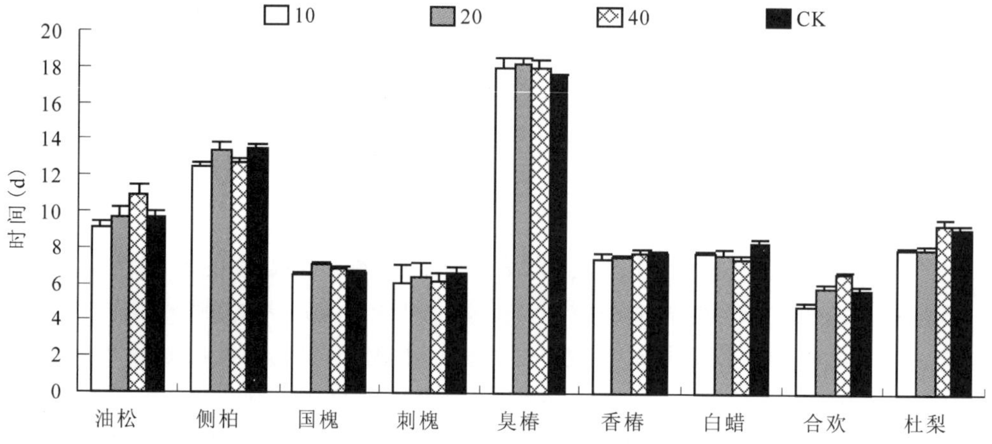

图 2-3 不同浸种处理下 9 个树种种子平均发芽时间比较

2.2 植物生长调节剂对苗木生长及结实能力的作用效应

2.2.1 对苗木地径生长的影响

在苗木所有的形质指标中，地径是反映苗木质量最好的指标之一。地径不仅与苗木根系大小和抗逆性关系紧密，也与根体积、苗木鲜重、干重等关系紧密。地径粗壮具有更强的支撑和抗弯曲能力，并且在虫害、生物破坏以及高温损害方面，粗壮苗木的耐力要大于细弱苗木。

就不同作用方式而言（图 2-4、图 2-5），浸根对地径生长的促进作用较大，叶面喷施的促进作用较小，但不同树种表现不一致。对茶条槭，到试验结束时，两种浸根处理后地径分别为 0.984cm 和 0.953cm，分别较试验前增加了 12.84% 和

14.96%，是对照的1.39和1.62倍。对垂丝丁香，经GGR和“施丰乐”浸苗后的地径分别较试验前增加了17.46%和22.99%，是对照的1.53和1.99倍；而生长初期喷施“施丰乐”溶液的反而不如对照好，说明在苗木生长初期进行“施丰乐”溶液的喷施对苗木地径生长并无促进作用。对欧洲丁香来说，各喷施方式对苗木地径的生长均有一定的促进作用。苗木地径增长幅度从大到小为：G(21.52%)>F(16.87%)>B(13.75%)>D(13.42%)>C(11.70%)>A=E=CK(7.93%)。经方差分析和多重比较得，G处理与A、E、CK处理有极显著差异，与B、C、D处理有显著差异，F处理与A、E处理也有差异显著。充分表明喷施两次比一次对欧洲丁香地径的生长有明显的促进效果，其中20mg/L施用浓度为最佳。从银杏来看，浸根处理比喷施处理对苗木地径的生长作用效果更明显。经10mg/L GGR和“施丰乐”溶液浸苗，苗木地径分别比喷施前增加了20.06%和20.70%，由方差分析和多重比较得出，两种浸根处理与CK处理均达到了极显著差异，肯定了该处理在茶条槭和垂丝丁香苗木地径生长上的促进作用；从喷施处理来看，C、D、E处理效果较好，地径分别比喷施前增加了15.70%、15.18%和9.40%，说明速生期喷施对银杏地径的生长有良好的促进作用。

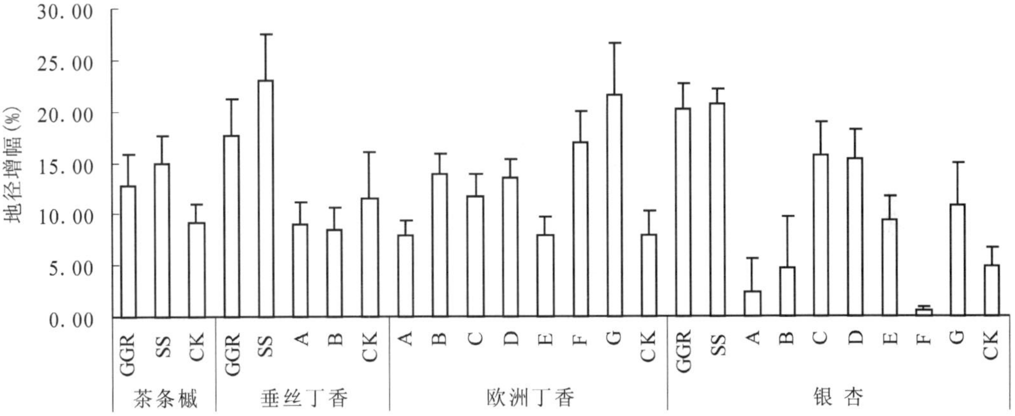

图2-4 不同处理4个树种苗木地径增幅比较

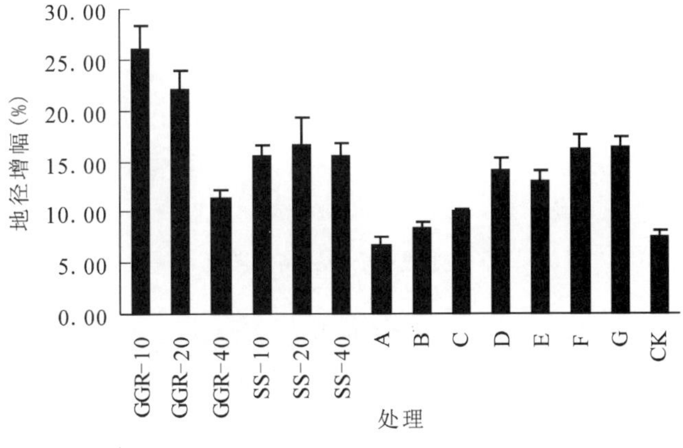

图2-5 不同处理栓皮栎的地径生长

各处理方式对栓皮栎苗木的地径生长也有不同程度的促进作用。其中，浸根处理比喷施处理对苗木地径的促进作用更明显，且 GGR 比“施丰乐”的作用大。按作用大小排序为：GGR-10（26.09%）> GGR-20（22.04%）> SS-20（16.67%）> G（16.39%）> F（16.06%）> SS-40（15.53%）> SS-10（15.46%）> D（14.01%）> E（13.03%）> GGR-40（11.36%）> C（9.97%）> B（8.43%）> A（6.82%）> CK（7.56%）。其中，用 10mg/L 和 20mg/L GGR 溶液浸根后，苗木地径的增长量分别是对照的 2.45 和 1.92 倍。经方差分析和多重比较得出，GGR-10 和 GGR-20 处理与其他处理均有显著差异，而与对照达到极显著差异，SS-20、F、G、SS-40、SS-10、D、E、GGR-40 也与对照 CK 有显著差异，说明“施丰乐”溶液的施用和 GGR 6 号溶液浸根均对栓皮栎地径的生长有较大的促进作用，特别是用 10mg/L 和 20mg/L GGR 溶液浸根对栓皮栎地径生长的作用效果最为明显。

2.2.2 对苗木高生长的影响

苗高是苗木生长状况和苗木质量最直接的反映，它能从一定程度上反映叶量的多少，进而体现光合能力和蒸腾面积的大小。不同的处理方式对苗木高生长的作用效果与地径不一致(图 2-6)。从茶条槭来看，两种溶液浸根对苗木高生长均有促进作用，以“施丰乐”的作用更大，浸根后苗高生长量较对照增加了 16.76%（GGR）和 45.73%（施丰乐）。与对地径的作用效果相一致。同时，浸根也很大程度地促使了侧枝的生长（表 2-1），GGR 和“施丰乐”处理后，侧枝数分别为 7 和 10(对照为 4)，最高侧枝高分别为 76.2cm、74.6cm，分别较对照增加了 70.47% 和 66.89%。就垂丝丁香而言，10mg/L“施丰乐”溶液浸根对苗木高生长的促进作用最大，试验前后苗高增幅为 16.69%，其次是 A 处理，苗高增幅为 14.57%，但作用效果不是特别明显。

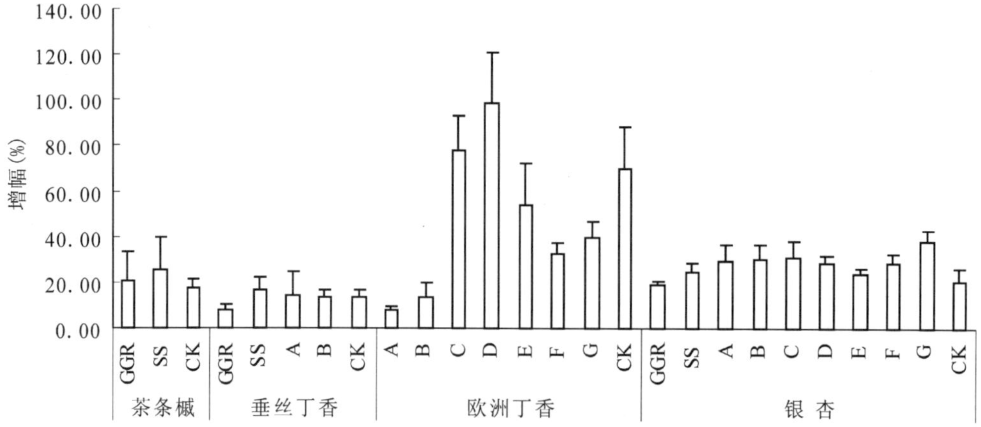

图 2-6 不同处理 4 个树种苗木苗高增幅比较

就栓皮栎而言，不同处理间的作用大小与地径不一致(图 2-7)。就浸根而言，处理后苗高增幅由大到小为：GGR-20（12.78%）> SS-20（10.98%）> SS-40（10.90%）> SS-10(9.17%）> GGR-40(8.68%）> GGR-10(6.02%）；但对叶面喷施

来说，各处理苗高增幅分别为 A(7.19%)、B(9.24%)、C(16.95%)、D(14.83%)、E(16.02%)、F(15.29%)、G(20.37%)，而对照仅为 3.81%。经方差分析和多重比较得出，G、C、E、F、D 五个处理均与对照有极显著差异，充分说明各喷施处理对栓皮栎的高生长有明显的促进作用。其中在栓皮栎生长初期和速生期用 20mg/L“施丰乐”溶液进行叶面喷施效果最佳，处理后苗高增加了 2.75cm，是对照增长量(0.55cm)的 5 倍。

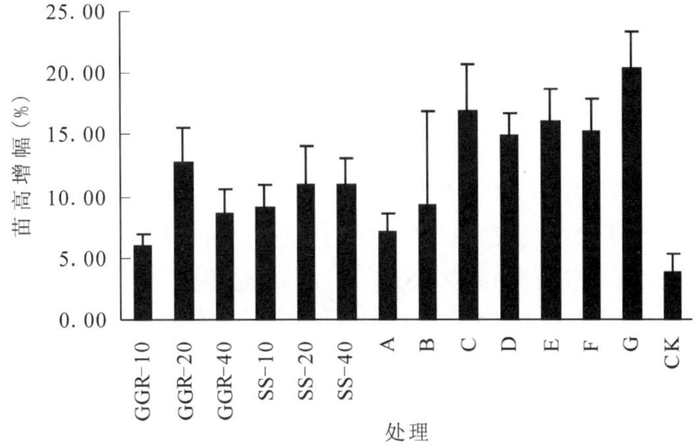

图 2-7　不同处理栓皮栎的高生长

尽管如此，浸根和喷施对其侧根的发育却有着良好的促进作用(表 2-1)。处理后，侧根数分别为 3(GGR)、3(SS)、2(A)、3(B)，最高侧枝高分别为 31.8cm(GGR)、36.9cm(SS)、21.0cm(A)、25.0cm(B)，而对照苗木则没有萌发出新的侧枝。对欧洲丁香来说，C、D 处理对苗高的促进作用较明显，分别较喷施前增加了 77.68% 和 98.28%，比对照增长了 11.28% 和 40.78%，经方差分析和多重比较得出，他们和对照呈极显著差异，充分说明在速生期喷施 10mg/L 和 20mg/L 的“施丰乐”溶液对欧洲丁香幼苗的高生长有很大的作用，其中又以 20mg/L 的作用较大。值得注意的是，尽管其余 5 种处理在一定程度上抑制了欧洲丁香主枝的高生长，但却促进了侧枝的发育，喷施后苗木侧枝数分别为 3(A)、4(B)、3(E)、3(F)、3(G)，对应的最高侧枝高分别为 31.8cm、48.1cm、26.4cm、52.4cm、47.0cm(对照

表 2-1　不同处理苗木侧枝高及侧枝数量

种名	处理	最高侧枝高	侧枝数	种名	处理	最高侧枝高	侧枝数
茶条槭	GGR	76.2	7	欧洲丁香	A	38.1	3
	SS	74.6	10		B	48.1	4
	CK	44.7	4		C	52.6	2
垂丝丁香	GGR	31.8	3.3		D	42.5	2
	SS	36.9	2.9		E	26.4	3
	A	21	2.3		F	52.4	3
	B	25	3		G	47.0	3
	CK	0	0		CK	36.0	1

只有唯一侧枝高为36.0cm，表2-1）。这说明“施丰乐”溶液的喷施还有利于欧洲丁香幼苗的侧枝发育。对银杏，除GGR浸苗对高生长的有抑制作用，其余处理均促进了苗木高生长。其中以G处理的作用最大，喷施后，苗高增加了38.24%，为对照的1.88倍。

2.2.3 对苗木叶片生长的影响

叶片是苗木进行光合和蒸腾作用的主要器官，其面积的大小，在生理生化、遗传育种和苗木栽培等方面都有重要的作用。经浸根和喷施处理后各苗木固定叶面积的大小如图2-8、图2-9所示。就垂丝丁香而言，各处理方式都对苗木叶面积有较大的促进作用。按照叶面积的增幅由大到小为：B(30.56%)>SS(25.86%)>GGR(24.84)>A(23.52%)>CK(17.55%)。对欧洲丁香来说，除A处理外，其余处理对苗木的叶生长均有较大的促进作用，特别是速生期喷施20mg/L“施丰乐”溶液的苗木叶生长状况最佳，增加幅度为262.32%，为对照的2.73倍；其次是E、F、G三个处理，叶面积增长量分别较对照高109.89%、117.85%以及129.80%。经方差分析和多重比较得出，G、F、D三个处理都与对照有极显著差异，充分说明喷施两次以及在速生期施用20mg/L浓度的“施丰乐”溶液对欧洲丁香的也生长有很大的促进作用。从银杏来看，对叶生长作用效果最大是10mg/L“施丰乐”溶液浸根，叶面积生长幅度为63.55%，较对照增加了44.10%，经方差分析和多重比较得出，该处理与对照和G并无显著差异，与其他各处理都有显著差异，表明用10mg/L“施丰乐”溶液浸根对银杏幼苗也生长的促进作用并不是很明显，但与其他处理方式相比有较大的优势。

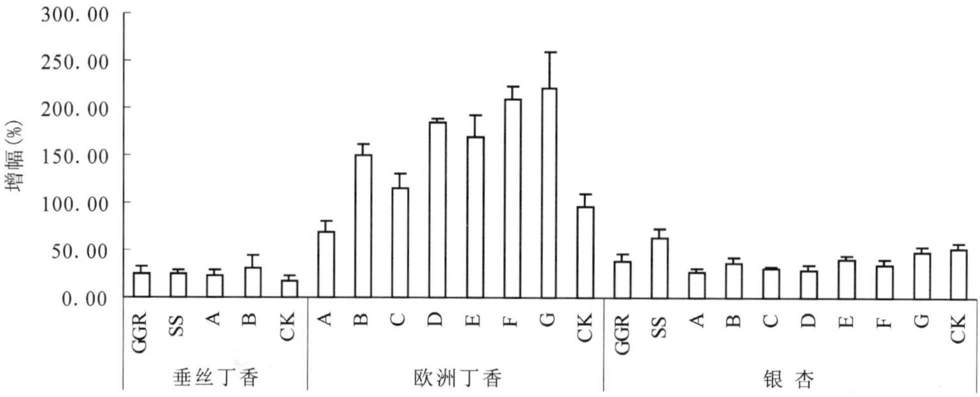

图2-8 不同处理苗木叶面积增幅比较

不论是浸根还是喷施处理都对其幼苗的叶生长有促进作用，但作用大小不同。总的来说，浸根处理比喷施处理的作用效果明显。从浸根处理来看，苗木叶面积增幅由大到小为GGR-40(52.23%)>SS-10(46.54%)>GGR-20(38.42%)>SS-20(30.80%)

>GGR-10(30.79%)>SS-40(23.28%)，其中40mg/L浸根的比对照增加了432.13%；就“施丰乐”喷施处理而言，作用最大的是G处理，苗木叶面积增幅为23.74%，比对照增加了161.73%。经方差分析和多重比较，GGR-40、SS-10、GGR-20、SS-20和GGR-10五个处理均与对照有显著差异，前三个处理与对照存在极显著差异，充分证明不同浓度的浸根处理对栓皮栎幼苗叶生长有很大的促进作用。

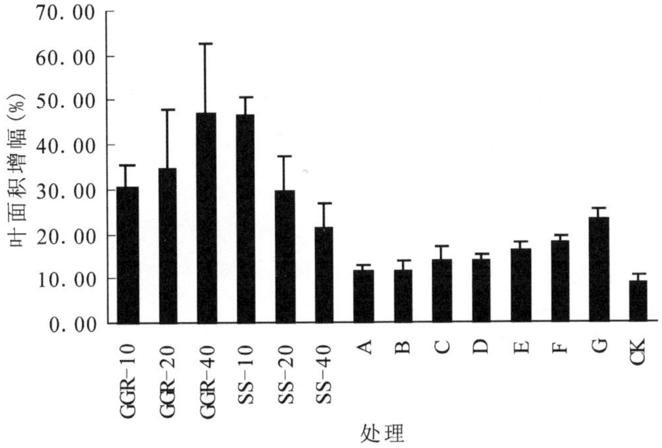

图2-9 不同处理栓皮栎的叶生长

祈永会等(2001)在对茶条槭的研究中表明，使用激素类的叶面积肥能大大提高茶条槭的苗高、地径、叶的生长量70%~90%，从而肯定了激素类叶面肥在经济林培育中的作用。王玉涛等(2006)在对沙柳无性系的研究得出，使用“施丰乐”叶面肥浸根，造林成活率提高18.2%，高生长和冠幅生长有很大的促进作用。充分证明，植物生长调节剂对苗木的生长有一定的促进作用，作用大小因树种和处理方式的不同而异。

2.2.4 对苗木生物量的影响

经不同的浸根和喷施处理，各树种苗木的地上和地下部分生物量均有不同程度的提高(图2-10)。

从地上部分生物量来看，对茶条槭和垂丝丁香，浸根后苗木干物质总量明显。其中，茶条槭用GGR和“施丰乐”浸根后，地上部分干物质总量分别为37.04g和67.64g，而对照仅16.70g。经方差分析和多重比较得出，SS处理与CK差异显著($F_{上}=8.78>F_{0.05}=5.14$)，充分说明用“施丰乐”浸根对茶条槭地上部分干物质的积累有重要的作用。垂丝丁香处理后，地上部分干物质总量分别为GGR(23.26g)、SS(38.28g)、A(14.76g)、B(14.58g)，以SS处理最佳，干物质重量比对照增加了345.08%。就欧洲丁香而言，A、C、D、F、G处理都能有效增加地上部分干物质总量，其中以F处理的作用最大，干物质重量为137.79g，其次为D处理(129.87g)，再次G处理(113.04g)，分别较对照增长了56.07%、47.10%和28.03%。对银杏来说，所有处理均对地上部分干物质的积累有较好的促进效果。

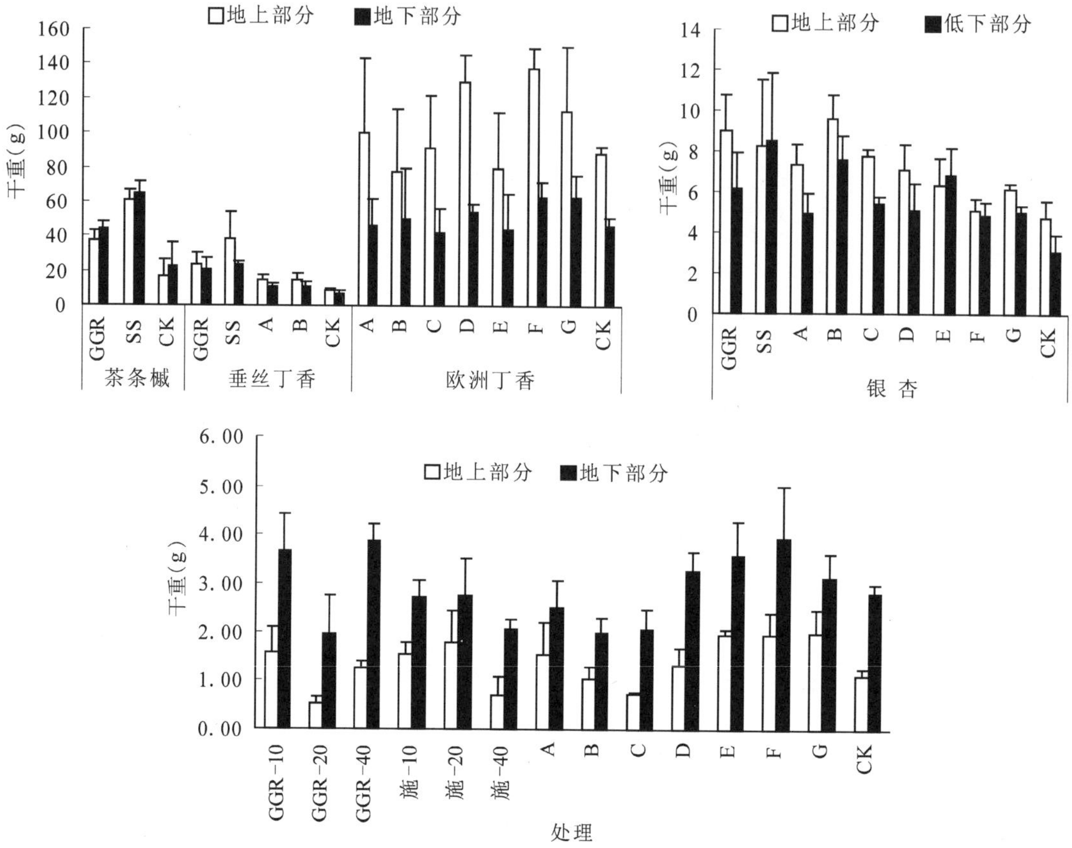

图 2-10 不同处理苗木地上及地下部分生物量比较

总体而言，浸根比喷施处理作用更大。GGR 和“施丰乐”浸根后，干物质重量分别为 9.02g 和 8.22g，较对照(4.76g)增加了 89.50% 和 72.62%；喷施处理中又以 B 处理效果最佳，干物质重量为 9.56g，说明生长初期喷施 20mg/L 的“施丰乐”溶液对银杏茎、叶干物质的积累有很大的促进作用。就栓皮栎而言，各处理作用效果不一致。对浸根来说，效果最佳的属 SS-20 处理(1.76g)，其次为 GGR-10 处理(1.59g)，而对照只有 1.12g。从喷施来看，以 G、F 作用最大，干物质重量分别为 2.00g 和 1.94g，分别较对照增加了 78.27% 和 73.21%。

地下部分干物质重量主要表现在根的干重。总的来说，浸根处理比喷施处理对根系生长的促进作用更大。就茶条槭和垂丝丁香而言，各处理方式对其根干物质的积累有很大的作用，其中，“施丰乐”浸根比 GGR 浸根作用效果更加明显。茶条槭经处理后，根干重分别为 GGR(44.63g)、SS(64.76g)，较对照高 99.40% 和 189.37%。经方差分析和多重比较得出，SS 处理与对照呈极显著差异，说明“施丰乐”浸根对茶条槭根系的生长有明显的促进作用。就垂丝丁香而言，地下部分干物质量按大小排序为：SS(23.11g) > GGR(20.94g) > B(11.15g) > A(10.43g) > CK(6.98g)。经方查分析和多重比较得出，GGR 和 SS 均与对照有显著差异，表明浸根较喷施对苗木地下部分干物质的积累有更明显的促进效果。对欧洲丁香来说，效果最佳的属 F 和 G 处理，根干重分别为 63.01g 和 62.42g，而对照为 46.16g。表明喷施两次比喷施一次作用更大。就银杏而言，不论是浸根还是喷施处理有能有促进根系干物质的积累。其中，作用最大的是“施丰乐”浸根，根干物质量为 8.54g，较对照(3.09g)增加了 176.27%，其次为 B 处理(7.60g)，再次为 E 处理(6.82g)，其余处理也均有不同程度的促进效果。对栓皮栎来说，结果与地上部分很不一致。其中，GGR-10、GGR-40、D、E、F 和 G 处理对根干物质的积累有促进作用，其他处理则效果不佳。作用最大的为 F 处理(3.95g)，比对照(2.81g)增加了 40.45%，其次是 GGR-40 和 GGR-10 处理，干物质量分别为 3.86g 和 3.67g，而“施丰乐”的作用效果则不佳。其原因之一是因为栓皮栎本身很难生根；其二，GGR6 号是继 ABT 生根粉后的新一代产品，主要是针对苗木生根而研制，所以比“施丰乐”的浸根作用明显。另外“施丰乐”作为一种叶面肥，主要的作用方式侧重于喷施，所以喷施两次比一次对根系生长的促进作用更明显。

2.2.5 对林木生长恢复的影响

在我国许多北方城市，由于冬季降雪频繁，雪后交通不便的问题随之出现。环保融雪剂的研制成功和使用，虽然在短期内可以解决交通不便的问题，但同时也带来了不良后果。2003 年入春以来，北京在上一年喷洒融雪剂较多的路段两侧的行道树、绿篱出现了新叶变小、叶尖卷曲、叶缘焦枯、枝条萎缩、枯死等盐害症状，可能是由于融雪剂中可溶性盐的含量高，增加了土壤中的盐类含量，使植物受到伤害。这严重影响了城市绿化景观和效果。为此，我们应用“施丰乐”植物生长调节对受损月季的生长恢复状况进行了研究，为解决受损植物恢复问题提供了一条有效途径。

2.2.5.1 茎生长

喷施不同浓度的“施丰乐”溶液对月季茎生长有较大的促进作用(表 2-2)。其中，10mg/L 浓度的作用较 20mg/L 大，且两种浓度对受损植株的促进作用均大于未损植株。对未损月季，喷 10mg/L 和 20mg/L 浓度在一个月内茎高分别较对照增长了 2.29% 和 1.47%；对受损月季增长幅度则较大，两种浓度溶液处理后一个月内茎高分别较对照增长了 4.99% 和 4.76%。由于受融雪剂影响的植株本身就比正常植株矮小，更充分说明了“施丰乐”对受损月季的恢复生长有很大的作用。

从不同阶段来看，喷施“施丰乐”后，供试月季茎生长在前 10 天的增幅最大，10 天后，植株的生长速度减缓，前 10 天、第 10～20 天、第 20～30 天三个阶段基本呈递减趋势，而未喷施的植株长势较为平缓。特别对受损植株，无论哪个阶段，喷施“施丰乐”后茎生长幅度都为对照的 2 倍。

比较不同的浓度，在供试的不同阶段两种浓度对植株茎生长的作用效果不一致。前 10 天，10mg/L 浓度对茎生长的促进作用较 20mg/L 大，而第 10～20 天则相反，为20mg/L的促进作用较大。经方差分析和多重比较(表2-2)，对未损月季在前10天内，10mg/L的喷施浓度对植株茎生长较20mg/L达显著差异。说明该浓度的"施丰乐"溶液对受损月季的短期生长比20mg/L浓度具有明显的优势。

表2-2　不同喷施浓度对月季茎生长的影响

处理方式	生长状况	7月22日	7月31日		8月1日		8月19日	
		喷施前(cm)	喷后10天(cm)	增幅(%)	喷后20天(cm)	增幅(%)	喷后30天(cm)	增幅(%)
10mg/L	未损	86.4±6.3	89.8±6.3	3.98±0.46	92.1±6.7	6.59±0.46	92.2±6.7	6.69±0.55
	受损	53.7±3.7	56.3±3.3	5.34±1.46	57.7±3.2	7.99±1.99	57.9±3.2	8.45±2.04
20mg/L	未损	87.0±4.6	88.3±5.0	2.25±1.02	91.8±5.3	5.52±1.86	92.2±5.5	5.87±1.77
	受损	51.5±7.5	54.0±7.0	5.10±1.71	55.5±6.5	8.22±3.14	67.7±2.5	8.22±3.27
未喷	未损	74.5±10.5	76.0±11.0	1.96±0.40	77.5±10.5	4.11±0.58	51.8±10.75	4.40±0.28
	受损	62.7±18.8	64.0±18.7	2.52±0.81	64.5±18.6	3.46±1.65	64.5±18.6	3.46±1.65

比较"施丰乐"农作物上的应用效果，用该溶液喷施作物分别使棉花株高增加11.40%，烤烟增高3.54%，甘蔗增高10.94%，苦瓜增高11%~33%(四川省农业科学院作物所，1997；1998；黄继梅，王明钰，罗以贵，1998；张跃彬，王斌，赵志强，1999)，约为供试月季的1.05~9.77倍。尽管对农作物来说，使用"施丰乐"较对供试月季茎生长的促进作用大，但苗木生长较农作物生长而言毕竟是一个长期而有规律的过程，只有经过长时间的研究才能对"施丰乐"在林木上的作用效果有较准确而深入的了解。

2.2.5.2　叶生长

喷施不同浓度的"施丰乐"溶液对供试月季叶生长也有很大的促进作用(表2-3)，但其作用效果恰好与茎生长相反。从植株生长状况上看，该溶液对未损植株的叶生长的作用效果比受损植株大很多。供试期内，喷施浓度为10mg/L的未损植株叶面积增幅为受损植株的1.87倍，20mg/L的喷施浓度对未损植株叶面积增幅是受损植株的3.15倍，而对照则未损植株是受损植株叶面积增幅的1.37倍。特别地，对未损植株，喷前面积较小的叶比面积较大的叶增加幅度更大，由此可推测出"施丰乐"对月季叶潜在生长力的作用值得挖掘。

从不同阶段来看，喷施"施丰乐"后，供试月季叶生长在前10天的增幅最大，其中，用20mg/L处理的未损植株叶增加幅度达最大值，为119.88%。10天后，植株的生长速度逐渐减慢，前10天、第10~20天、第20~30天三个阶段基本呈递减趋势，而未喷施的植株长势较为平缓，到30天，供试月季叶除个别植株外叶生长均停止。

就不同浓度而言，20mg/L浓度的"施丰乐"溶液对供试月季叶生长的作用效果较10mg/L好，且对任何一个生长阶段中不同生长状况的植株都是如此。经方差分析和多重比较(表2-3)，20mg/L浓度对未损月季植株叶生长的促进效果最为明显，在三个阶段都是最大的，特别是前10天未损月季叶面积增加量最大，为对照的10.15倍。且两种浓度与对照之间两两差异均显著。

表2-3 不同喷施浓度对月季叶生长的影响

处理方式	生长状况	7月22日	7月31日		8月1日		8月19日	
		喷施前(cm)	喷后10天(cm)	增幅(%)	喷后20天(cm)	增幅(%)	喷后30天(cm)	增幅(%)
10mg/L	未损	17.89±1.25	30.90±2.43	73.58±11.39	35.02±3.22	98.72±20.52	35.02±3.22	98.72±20.52
	受损	19.63±1.77	25.22±2.45	29.82±9.75	29.01±2.09	51.42±11.82	29.29±1.95	52.93±11.38
20mg/L	未损	11.70±3.12	24.68±5.57	119.88±27.85	27.88±4.01	161.62±44.20	28.30±3.60	168.68±50.28
	受损	15.66±2.54	20.27±3.27	11.82±0.14	22.49±4.16	43.07±3.36	23.88±2.78	53.63±7.20
未喷	未损	20.97±2.85	23.07±2.13	11.82±7.44	27.59±0.60	38.29±24.74	27.59±0.60	38.29±24.74
	受损	16.60±3.83	17.70±4.30	6.18±3.12	20.80±4.38	26.41±3.17	20.99±4.28	27.94±4.66

从而可以看出，融雪剂的影响对月季叶生长的抑制作用是较明显的，受盐害的植株经“施丰乐”处理后虽在一定程度上恢复了叶的生长，但较生长良好的植株而言其作用效果并不理想。

2.2.6 对林木结实能力的影响

我们的研究结果发现，喷施“施丰乐”能增加板栗的座果率。喷施10mg/L、20mg/L和30mg/L“施丰乐”后板栗的坐果率分别为95.51%、96.89%和91.09%，都较对照90.06%高，其中20mg/L比对照提高了将近7%，效果更为明显。在采收期，喷施10mg/L、20mg/L和30mg/L的“施丰乐”后板栗的千粒重分别为：6591.30g、6956.60g和4648.58g，对照的千粒重为4799.42g(图2-11)。表明10mg/L、20mg/L的喷施浓度可以提高板栗千粒重，是对照的1.37倍和1.45倍，而高浓度30mg/L的千粒重与对照相差不大。由此可见，喷施适宜浓度的“施丰乐”(以20mg/L较为合适)可以提高板栗的坐果率和千粒重。“施丰乐”植物生长调节剂的可以提高林果产量，其原因是“施丰乐”根据植物不同生育阶段的发育特性从调节植物内部机能入手，能有效地促进植物地上部和地下部的协调生长，加速细胞分裂，增加细胞活性和细胞质浓度，提高植物吸水、吸肥能力和光合效能，从而改善农产品品质，增强植物抗旱、抗倒伏、抗寒、抗病等抗灾的综合能力，达到高产、

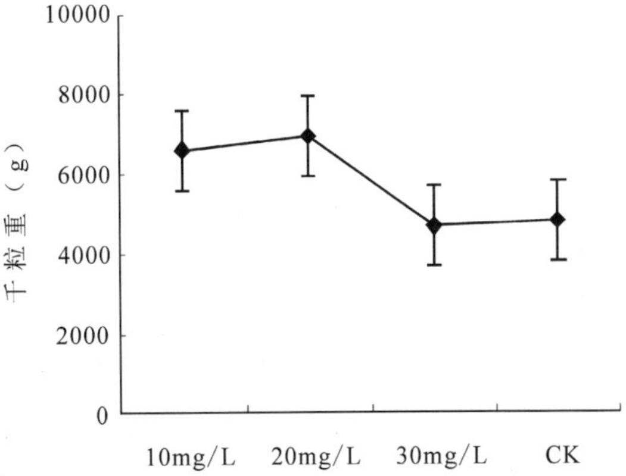

图2-11 不同浓度“施丰乐”对板栗产量的影响

优质、高效的目的(刘东海，马仁彪，谢国豫，2001)。因此，应用“施丰乐”植物生长调节剂是实现板栗抗旱丰产的一项行之有效的技术措施。

2.3 植物生长调节剂对苗木水分生理及蒸腾耗水的作用效应

2.3.1 对苗木水分生理的影响

2.3.1.1 对叶水势的影响

在测定初期，由于供水良好，供试国槐、盐肤木和火炬树的苗木叶水势都处于正常范围(图 2-12)，分别为 -0.80 ~ -0.71MPa、-1.13 ~ -1.03MPa 和 -0.82 ~ -0.67MPa。随着蒸腾耗水的发生，苗木开始遭受干旱胁迫而叶水势逐渐降低。但是由于对照与各处理苗木的蒸腾耗水量不同，因而在同一时间段受到的干旱胁迫程度也不同，叶水势下降的幅度也有差异。

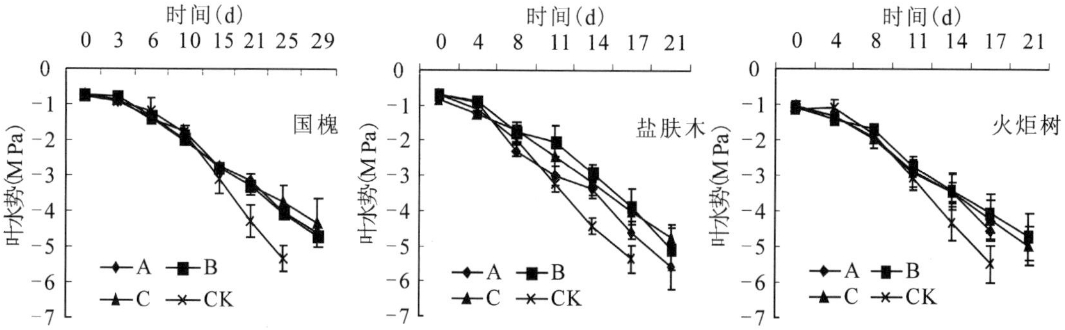

图 2-12 不同时间各处理苗木叶水势

对国槐来说，到干旱第 6 天，各处理苗木均达到轻度干旱，其中，对照苗木的叶水势较高(-1.19MPa)，处理苗木的叶水势较低(-1.41 ~ -1.32MPa)。而就盐肤木和火炬树来看，干旱第 4 天，各处理苗木都达到轻度干旱胁迫，其中，盐肤木 A、B 处理的叶水势较高，分别为 -0.94MPa、-0.85MPa，C 处理和对照的叶水势较低，分别为 -1.24MPa、-1.10MPa，火炬树各处理叶水势相差不大，都维持在 -1.13 ~ -1.03MPa。随着干旱胁迫的进一步发生，不同树种处理与对照的苗木叶水势差距逐渐增大，各处理叶水势也不一致。对国槐来说，到试验结束时，对照苗木的叶水势均降至 -6.00MPa 以下，大部分叶子卷曲甚至脱落，而经过“施丰乐”喷施处理的苗木叶水势则维持在较高的水平，分别为 -4.70 ~ -4.32MPa。根据方差分析得出从 22 天开始，国槐 3 种喷施处理的苗木水势与对照的差异均显著(F = 7.07(22 天)，10.10(26 天) > $F_{0.05}$ = 5.41)，试验结束时(第 30 天)各处理的苗木水势和对照存在极显著差异(F = 26.42 > $F_{0.01}$ = 12.06)，其中 40mg/L 的作用效果最佳。就盐肤木而言，当苗木进入中度干旱胁迫时期，对照苗木的叶水势开始急剧下降，为(-3.24±0.21)MPa，而其他处理苗木均能维持较高的水势(-2.99～-2.00MPa)；当苗木遭受严重干旱胁迫时，处理苗木均能维持较高的水势，按作用大小排序为40mg/L(-4.76±0.36MPa)>20mg/L(-5.07±0.80MPa)>10mg/L(-5.58±0.62MPa)，而对照苗木逐渐变红甚至开始落叶，水势值无法测定。对火炬树，总体趋势与前两个树种相似，当苗木进入重度干旱胁迫时期，对照苗木水势已很低，为-5.47±0.21MPa，而处理的苗木仍能维持较高的水势(-4.53～-4.05MPa)，经方差分析和多重比较得各处理与对照的差异极显著($F=13.51>F_{0.01}=4.07$)；当苗木遭受严重干旱胁迫时，10mg/L处理的苗木水势已无法测出(<-6MPa)，对照苗木叶片变红甚至落叶，而其他两种处理的均能维持较高的水势(-4.94～-4.70MPa)，其中，又以20mg/L浓度喷施的作用较大。这充分说明植物生长调节剂“施丰乐”喷施对维持苗木叶水势，延缓苗木干旱起着重要的作用，其中的对国槐和盐肤木40mg/L的“施丰乐”效果最佳，对火炬树20mg/L浓度作用较大。

2.3.1.2 叶水势与土壤含水量的关系

关于叶水势和土壤含水量的关系，郭连生等(1992)、李吉跃(1993)、张建国等(2000)都有过研究，表明两者用双曲线或指数方程拟合都能取得满意的效果。何茜等(2007)在对国槐的研究中发现叶水势和土壤含水量的关系在不同水分状况和不同处理下表现不一致：当土壤含水量小于20%时，即当供试苗木处于正常水分和轻

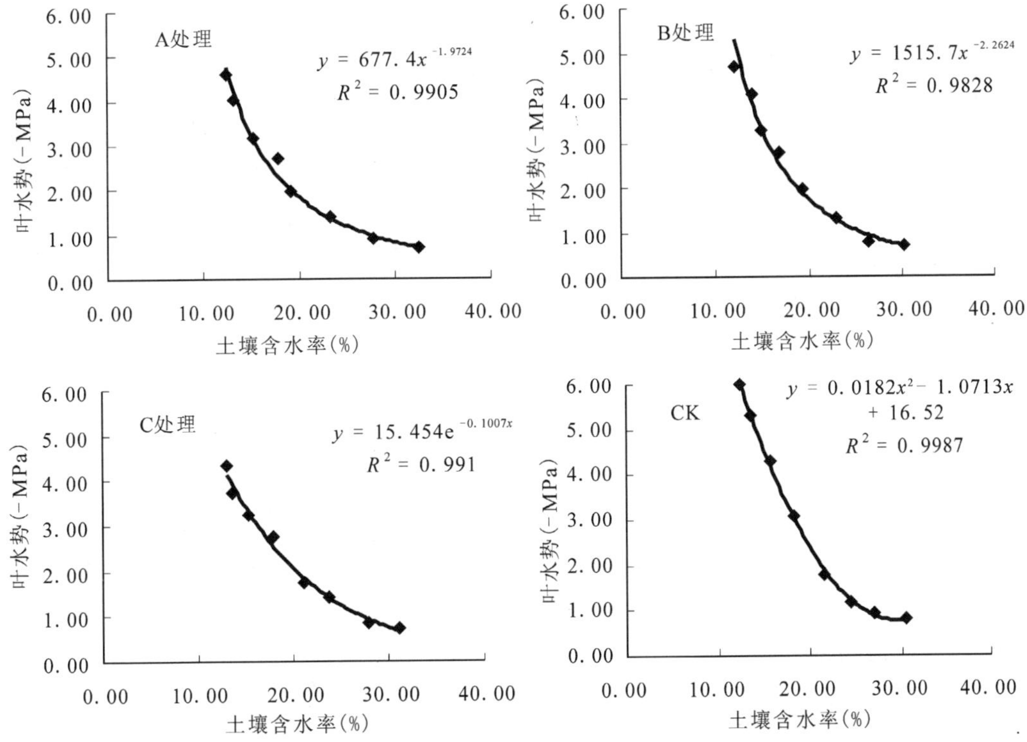

图2-13 不同处理苗木叶水势与土壤含水量的相关关系

度干旱胁迫时期，3 种喷施浓度处理和对照苗木叶水势与土壤含水量的关系基本符合线性方程；当土壤含水量大于20%，即当供试苗木进入中度干旱胁迫时期，对照苗木叶水势与土壤含水量的关系表现为 3 种情况：40mg/L 处理的苗木叶水势和土壤含水量的关系用指数方程拟合仍为最佳(图 2-13C)；10mg/L 和 20mg/L 处理的苗木叶水势与土壤含水量更符合乘幂关系(图 2-13A、图 2-13B)；对照的苗木叶水势与土壤含水量则用二项式拟合最佳(图 2-13CK)。

将国槐、盐肤木和火炬树 4 个处理的叶水势与土壤含水量进行综合拟合得出(图 2-14)，不管经过什么处理，国槐、盐肤木和火炬树的土壤含水量的方程都符合指数和乘幂函数。

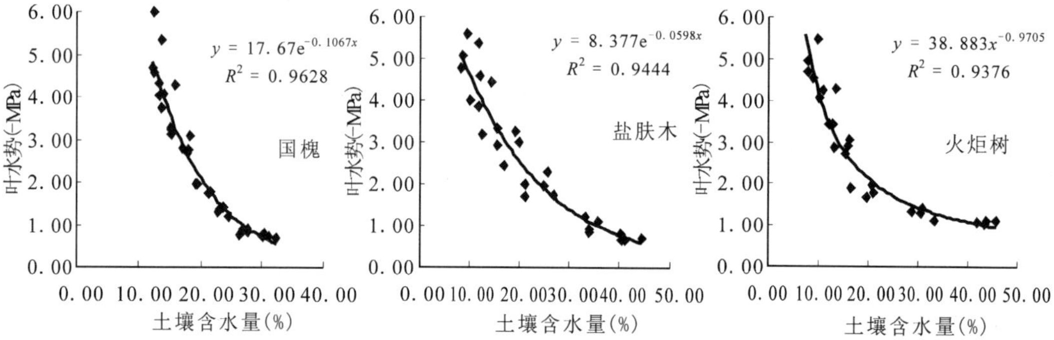

图 2-14　3 个树种苗木叶水势与土壤含水量的相关关系

2.3.1.3　耐旱机理模型判别

关于植物对干旱胁迫的反应和适应方式(或途径)很早人们就给予了高度的重视。根据植物耐旱性及其机理的详细评述和理论模型的建立(李吉跃，1991，1992；张建国等，2000)，将苗木的耐旱模型进行了详细的分类，得出火炬树属于亚高水势延迟脱水耐旱树种。通过上述国槐和盐肤木土壤含水量的关系方程判断得出国槐和盐肤木均属于低水势忍耐脱水耐旱树种。

2.3.2　对苗木耗水特性的影响

关于植物生长调节剂对林木蒸腾耗水的影响研究较少，王勇等(2006)研究了有机抗旱剂 BGA 处理后大叶黄杨的蒸腾耗水特性，发现有机抗旱剂具有减少大叶黄杨单位叶面积蒸腾速率的作用，施用后其日蒸散量明显小于对照，但较对照的减小程度因不同生长季节而异，且随着 GBA 施用浓度的增加耗水量减少较多。何茜等(2006，2007)也对植物生长调节剂“施丰乐”处理下的国槐、盐肤木和火炬树的蒸腾耗水特性进行研究，现将研究结果总结如下。

2.3.2.1　水势的划分标准

目前对不同水分胁迫程度的划分还不能定量地给出具体的标准，一般都是以植物的水势值和土壤含水量状况进行划分。根据以往研究的成果(李吉跃等，1991，2002)，并结合本次试验苗木叶水势变化的情况和对应耗水量的大小，以水势为条件将国槐、盐肤木和火炬树遭受的水分状况划分为4种情况：水分正常(水势值 > -1MPa)，轻度干旱胁迫(水势值在 -2 ~ -1MPa 之间)，中度干旱胁迫(水势值在 -4 ~ -2MPa 之间)，严重干旱胁迫(水势低于 -4MPa)。

2.3.2.2 不同研究时期环境因子变化

从温度和相对湿度的日变化趋势来看(图2-15和图2-16)，不论2003年还是2004年，不同干旱胁迫时期的外部环境是基本一致的，经方差分析无显著差异[$F(T) = 0.003$，$F(RH) = 0.025 < F_{0.05} = 3.009$，2003；$F(T) = 2.264$，$F(RH) = 0.751 < F_{0.05} = 3.009$，2004]，表明在不同干旱胁迫时期和不同年份对苗木进行的耗水量研究具有可比性。

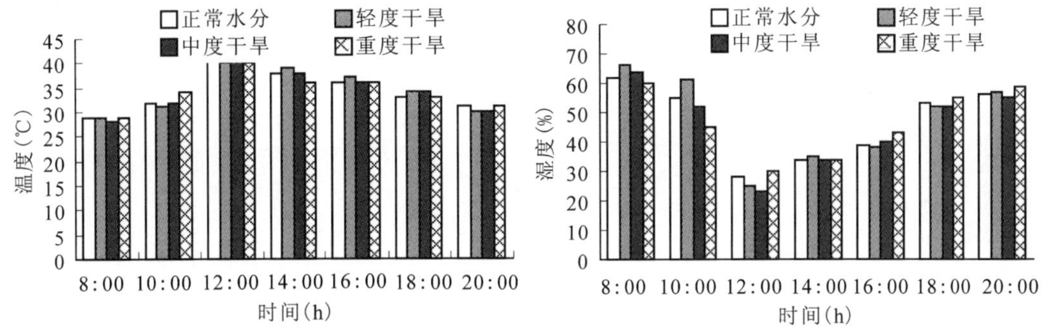

图2-15 不同干旱胁迫时期空气温度和相对湿度(2003)

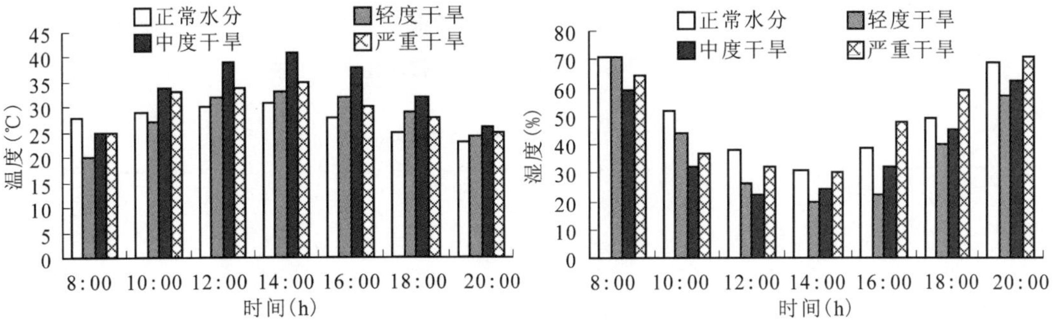

图2-16 不同干旱胁迫时期空气温度和相对湿度(2004)

2.3.2.3 日平均耗水量

盆栽土壤经覆膜密封处理后，蒸腾耗水是供试苗木向外界失水的唯一途径，并由此使供试苗木遭受到不同程度的干旱胁迫。随着供试苗木不断的蒸腾耗水及土壤干旱胁迫的持续发展，苗木蒸腾耗水量大幅度下降且差异越来越小，特别是在后期各处理的单株蒸腾耗水量相当接近(图2-17)。

对不同树种来说，国槐的日耗水量小于盐肤木和火炬树，这可能与供试苗木的总叶面积有关(表2-4)，因为我们在对国槐的研究中就发现苗木的耗水量与总叶面积基本呈对应关系(何茜等，2007)。在正常水分条件下，各树种耗水量差异较大，国槐各处理的苗木耗水量从大到小为A(71.0 ± 14.1g/d)、B(61.4 ± 8.3g/d)、C(52.9 ±2.4g/d)、CK(44.3 ±4.3g/d)；盐肤木CK苗木的耗水量最大，为182.9 ± 28.7g/d，B处理苗木的耗水量最小，为93.1 ±16.2g/d；火炬树各处理苗木的耗水量差异不大，变化在167.8 ~ 190.3g/d。到了轻度干旱胁迫时期，不同树种各处理苗木的耗水量大幅下降，其中国槐、盐肤木和火炬树分别下降至原来的50%左右，其中火炬树B处理苗木耗水量的下降幅度最大，为54.5%。当苗木处于中度干旱胁迫时期，耗水量进一步下降，降至正常水分条件下的18.5%~29.6%，其中国槐A处理和火炬树B处理苗木耗水量的下降幅度最大，较正常水分时下降了81.5%。到了重度干旱胁迫时期，各处理耗水量十分接近，此时国槐、盐肤木和火炬树的耗水量分别为2.45 ~5.33g/d、16.9 ~22.6g/d、11.0 ~17.5g/d，分别只有正常水分条件下的5%~15%。

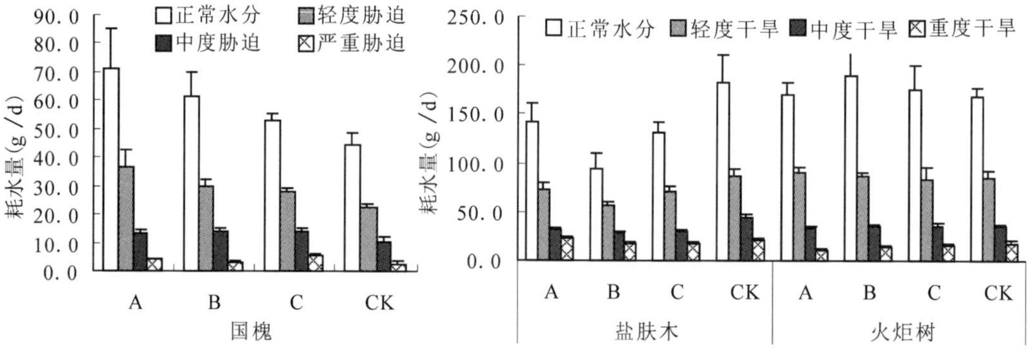

图2-17　不同干旱胁迫时期各处理苗木耗水量比较

表2-4　3个树种总叶面积比较

处理 / 种名	叶面积(cm^2)				
	A	B	C	CK	均值
国槐	1431.06	1354.36	1337.98	862.24	1246.41
盐肤木	2038.45	1910.43	2624.21	2634.49	2301.89
火炬树	2153.76	2494.23	2124.56	1918.75	2172.82

2.3.2.4　白天耗水速率

由于单株蒸腾耗水量的大小取决于两个因素，即蒸腾耗水速率和单株叶面积，用蒸腾耗水速率及单位面积的耗水量来比较不同树种各处理间的耗水特性更具有可比性。国槐和火炬树的耗水速率较盐肤木大，且不论哪个干旱胁迫时期，对照苗木的白天耗水速率都比处理苗木的大(图2-18)。就国槐而言，在正常水分条件下，对照与各处理苗木白天的耗水速率由大到小依次为CK(961.172±207.041g/m^2·d)>10mg/L(872.513±258.601g/m^2·d)>20mg/L(825.151±192.461g/m^2·d)>40mg/L(703.810±125.035g/m^2·d)，其中，对照苗木的耗水速率比40mg/L处理苗木高36.6%；在轻度干旱胁迫时期，供试苗木的耗水速率有着同样的趋势；到了中度干旱胁迫时期，对照苗木耗水速率仍为最大(236.295±113.127g/m^2·d)，3种处理苗木的耗水速率差异减小；进入严重干旱胁迫时期，各处理间苗木耗水速率的大小为依次为CK(79.374±49.306g/m^2·d)>40mg/L(69.475±12.400g/m^2·d)>10mg/L(51.674±11.908g/m^2·d)>20mg/L(43.437±12.365g/m^2·d)，对照苗木的耗水速率比20mg/L处理苗木高82.7%。

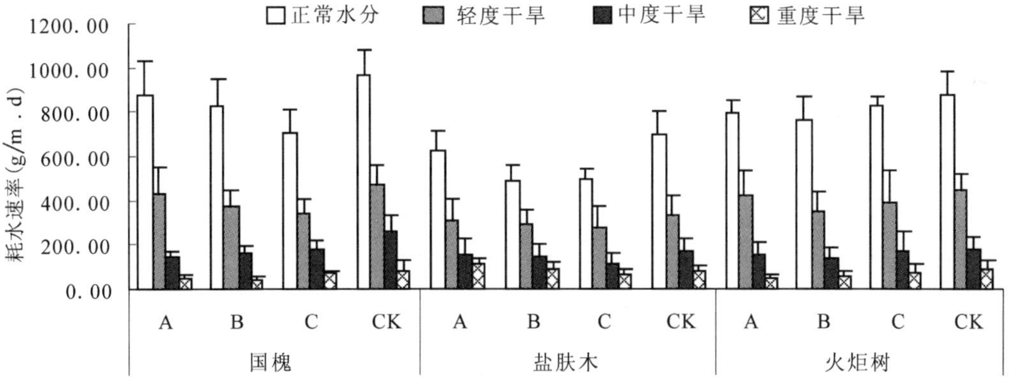

图2-18 不同干旱胁迫时期各处理苗木耗水量比较

对盐肤木来说，在正常水分条件下，白天耗水速率从大到小排序为：CK(694.38±109.30g/m^2·d)>10mg/L(626.61±85.10g/m^2·d)>40mg/L(496.91±48.70g/m^2·d)>20mg/L(487.50±75.735g/m^2·d)，其中，对照苗木的耗水速率比20mg/L处理苗木高42.4%；在轻度干旱胁迫时期，供试苗木的耗水速率有着同样的趋势；到了中度干旱胁迫时期，对照苗木耗水速率仍为最大(171.23±51.92g/m^2·d)，3种处理苗木的耗水速率差异减小；进入严重干旱胁迫时期，各处理盐肤木耗水速率的大小为依次为10mg/L(110.88±24.19g/m^2·d)>20mg/L(88.65±31.81g/m^2·d)>CK(82.77±22.79g/m^2·d)>40mg/L(67.04±25.77g/m^2·d)，高浓度的“施丰乐”溶液对苗木的效果较好。

从火炬树来看，“施丰乐”溶液喷施的作用效果与国槐一样，均比盐肤木明显，不论哪个时期，对照苗木的耗水速率都高于处理苗木，并且20mg·L处理的苗木耗水速率都为最小。在正常水分下，对照苗木的耗水速率分别较其他处理高10.1%(10mg/L)、14.6%(20mg/L)、5.6%(40mg/L)；进入轻度干旱胁迫时期，各处理耗水速率从大到小依次为CK(444.43±74.63g/m^2·d)>10mg/L(418.92±113.95g/m^2·d)>40mg/L(391.56±103.42g/m^2·d)>20mg/L(347.42±65.22g/m^2·d)；

进入中度干旱胁迫时期，对照苗木的耗水速率比其他处理高 11.8%~47.6%；而当苗木遭受严重干旱胁迫时，各处理苗木的耗水速率降为正常水分的 6.4%~10.5%，处理间差异不再明显。

总的来说，40mg/L 的"施丰乐"喷施对减少国槐和盐肤木苗木耗水速率作用最大，20mg/L 浓度的处理液对火炬树效果最佳，这与前面对叶水势的作用效果相一致。

2.3.2.5 耗水量及耗水速率日变化

就国槐就总体趋势而言(图 2-19)，在轻度干旱胁迫和中度干旱胁迫时期，各处理苗木耗水量和耗水速率日变化规律呈明显的"单峰型"变化，峰值出现在 12：00

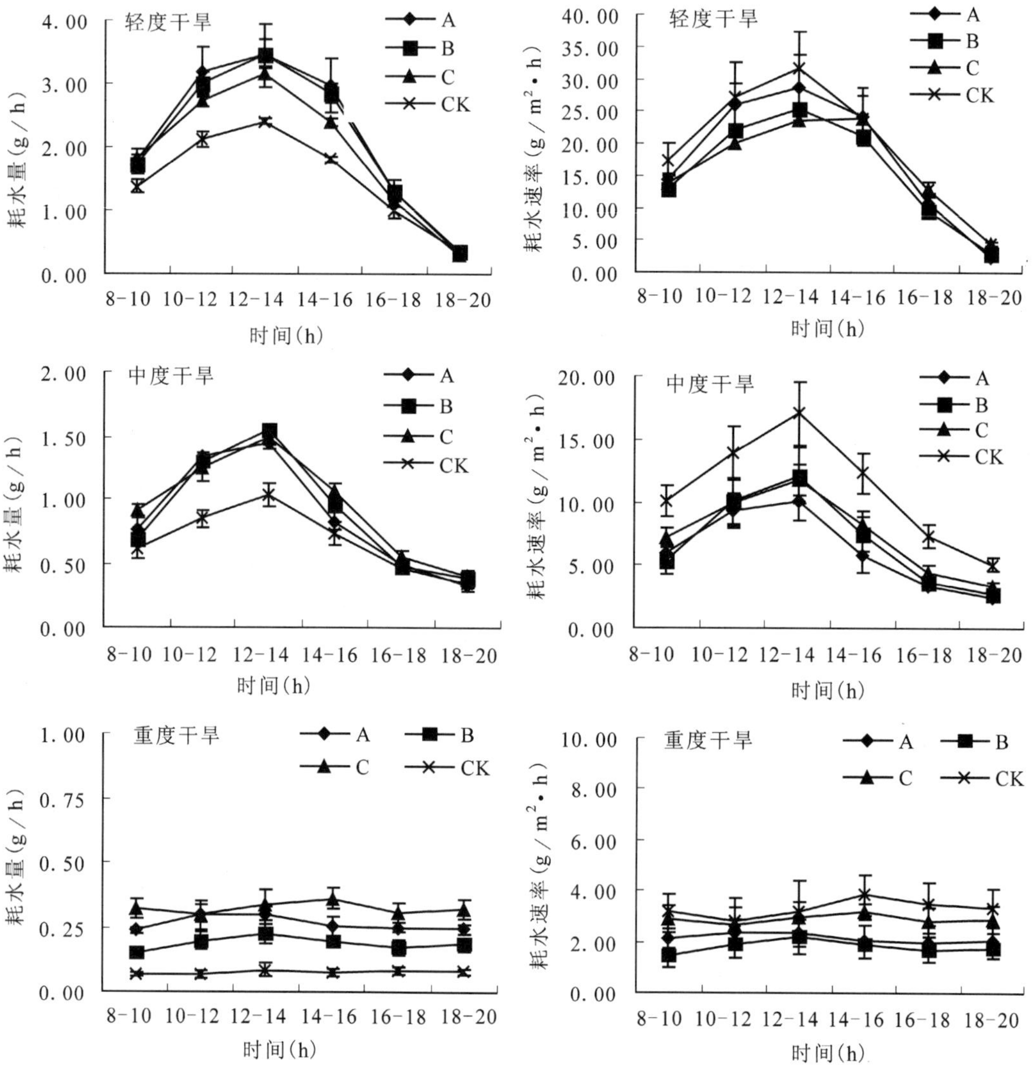

图 2-19 不同干旱胁迫时期各处理国槐苗木耗水量及耗水速率日变化

~14：00之间；在严重干旱胁迫时期，各处理苗木的耗水量和耗水速率的日变化幅度十分平缓，最大值的出现时间有所改变，其中10mg/L浓度处理的苗木耗水量和耗水速率的最大值有所提前，出现在10：00~12：00之间，40mg/L浓度处理的苗木耗水速率的最大值有所推后，出现在14：00~16：00之间。从耗水量来看，在轻度干旱胁迫时期，4个处理苗木的耗水量的最大值分别为3.44g/h(10mg/L)、3.46g/h(20mg/L)、3.16g/h(40mg/L)和2.41g/h(CK)，以20mg/L处理的为最大；进入中度干旱胁迫时期，苗木的耗水量大幅度下降，4个处理的峰值较轻度胁迫时期分别下降了58%(10mg/L)、55%(20mg/L)、53%(40mg/L)和57%(CK)；随着干旱胁迫的进一步发展，到了严重干旱胁迫时期，各处理日变化的峰值较轻度胁迫时期分别下降了91%(10mg/L)、94%(20mg/L)、89%(40mg/L)和96%(CK)，此时，苗木耗水量的峰值从大到小依次为20mg/L>40mg/L>10mg/L>CK。

由于每一树种及其不同生长期其生物量之间(主要是叶面积)有很大差异(表2-4)，在评价树种之间的耗水能力大小上就不能完全用总量来衡量，应该用单位面积上的耗水量(即耗水速率)来衡量不同树种的蒸腾耗水能力。在轻度干旱胁迫时期，4个处理苗木的耗水速率的最大值分别为28.68g/m^2·h(10mg/L)、25.50g/m^2·h(20mg/L)、23.70g/m^2·h(40mg/L)和31.65g/m^2·h(CK)，以对照苗木的为最大，40mg/L浓度处理的为最小；进入中度干旱胁迫时期，苗木的耗水速率大幅度下降，4个处理的峰值较轻度胁迫时期分别下降了62%(10mg/L)、52%(20mg/L)、50%(40mg/L)和51%(CK)；随着干旱胁迫的进一步发展，到了严重干旱胁迫时期，各处理日变化的峰值较轻度胁迫时期分别下降了91%(10mg/L)、91%(20mg/L)、87%(40mg/L)和92%(CK)，此时，苗木耗水速率的峰值从大到小依次为CK>40mg/L>10mg/L>20mg/L。与这与前面所得苗木白天耗水速率的结论一致。

就盐肤木和火炬树的总体趋势而言(表2-5)，在正常水分、轻度干旱胁迫，各处理的耗水量日变化规律也呈明显的“单峰型”变化，峰值出现在12：00~14：00之间，这与2003年对国槐的研究结果一致；到了中度干旱胁迫和严重干旱胁迫时期，各处理苗木的耗水量的日变化幅度十分平缓，但最大值的出现时间并未发生改变，而在对国槐的研究中得出的10mg/L浓度处理的苗木耗水量和耗水速率的最大值有所提前，出现在10：00~12：00之间，40mg/L浓度处理的苗木耗水速率的最大值有所推后，出现在14：00~16：00之间不一致，这可能与苗木本身的耗水特性有关。

在正常水分时期，盐肤木4个处理苗木耗水量的最大值分别为17.47g/h(10mg/L)、13.23g/h(20mg/L)、17.33g/h(40mg/L)和19.83g/h(CK)，以20mg/L处理的为最小；火炬树分别为25.53g/h(10mg/L)、23.93g/h(20mg/L)、24.43g/h(40mg/L)和20.33g/h(CK)，以对照为最小。在轻度干旱胁迫时期，两种苗木耗水量的最大值分别下降为正常水分时的67.1%~86.7%(盐肤木)、51.2%~69.4%(火炬树)，其中盐肤木以对照的下降幅度最大，火炬树以10mg/L处理的下降幅度最大，随着干旱胁迫的进一步发展，到了严重干旱胁迫时期，盐肤木和火炬树耗水量日变化的峰值分别下降为正常水分时期的16.6%~28.0%，6.5%~14.1%，其中，盐肤木以10mg/L处理的耗水量最小，为2.88g/h，火炬树以20mg/L处理的日最大耗水量为最小，仅1.56g/h。

表2-5　不同干旱胁迫时期各处理耗水量

种名	水分状况	处理	耗水量(g/h)					
			8：00～10：00	10：00～12：00	12：00～14：00	14：00～16：00	16：00～18：00	18：00～20：00
盐肤木	正常水分	A	12.67±3.75	13.70±1.33	17.47±1.79	8.90±0.87	4.57±1.54	2.76±1.04
		B	7.30±1.31	9.67±1.59	13.23±1.91	7.34±0.88	4.44±1.66	2.22±1.22
		C	7.57±1.52	14.07±1.10	17.34±1.85	11.03±0.61	5.50±0.61	3.26±0.36
		CK	14.37±3.32	18.90±4.00	19.83±2.70	10.93±1.55	5.40±1.04	2.68±0.52
	轻度干旱	A	2.69±0.47	4.83±0.48	14.26±0.93	5.81±1.24	2.54±0.29	1.07±0.12
		B	1.83±0.43	3.70±0.36	11.46±1.03	5.24±0.61	1.94±0.24	0.98±0.12
		C	2.61±0.35	5.90±0.41	14.33±1.39	7.40±0.83	2.70±0.24	1.61±0.14
		CK	2.82±0.19	5.97±0.83	13.31±1.05	7.16±0.92	2.48±0.27	1.25±0.14
	中度干旱	A	1.64±0.19	3.22±0.48	3.49±0.29	3.32±0.46	1.83±0.26	0.45±0.06
		B	1.46±0.18	2.61±0.22	3.25±0.35	2.97±0.21	1.67±0.14	0.37±0.08
		C	1.89±0.19	3.24±0.31	3.85±0.28	3.37±0.22	1.62±0.07	0.60±0.03
		CK	1.71±0.17	3.67±0.37	4.17±0.31	3.59±0.30	1.92±0.17	0.34±0.06
	严重干旱	A	2.01±0.28	2.28±0.16	3.81±0.43	1.56±0.16	0.88±0.06	0.42±0.04
		B	1.91±0.14	2.19±0.29	3.70±0.57	1.77±0.23	0.94±0.08	0.49±0.04
		C	1.94±0.25	1.54±0.24	2.88±0.38	1.53±0.19	1.01±0.10	0.66±0.02
		CK	2.20±0.15	2.23±0.23	3.79±0.47	1.43±0.17	1.00±0.08	0.58±0.09
火炬树	正常水分	A	16.60±1.11	16.29±1.47	25.53±2.05	12.60±2.21	5.27±0.60	3.58±0.26
		B	13.79±1.87	18.34±2.21	23.93±3.23	14.86±2.00	8.80±0.81	6.50±0.35
		C	10.80±1.05	16.80±2.07	24.43±3.56	14.14±2.39	6.94±1.02	2.96±0.42
		CK	12.14±0.85	13.83±1.24	20.33±1.32	12.52±0.85	8.00±0.33	2.56±0.16
	轻度干旱	A	3.59±0.15	6.23±0.36	13.08±1.55	12.88±1.85	4.47±0.24	1.50±0.08
		B	3.61±0.23	7.07±0.43	13.72±0.52	10.33±0.57	4.35±0.32	1.38±0.10
		C	3.99±0.49	6.40±0.51	13.07±2.23	10.05±1.53	4.39±0.42	1.33±0.15
		CK	3.42±0.18	5.65±0.39	14.12±1.02	10.42±0.97	4.08±0.30	1.62±0.14
	中度干旱	A	2.29±0.13	3.69±0.20	3.88±0.30	3.39±0.33	1.83±0.11	0.35±0.01
		B	2.17±0.05	3.75±0.18	4.21±0.28	3.52±0.32	4.03±0.14	0.53±0.05
		C	2.65±0.16	3.49±0.32	4.42±0.51	3.42±0.39	1.92±0.16	0.51±0.06
		CK	2.07±0.15	3.63±0.26	7.13±0.36	3.71±0.28	1.85±0.13	0.37±0.04
	严重干旱	A	0.75±0.11	1.07±0.18	2.32±0.15	1.76±0.08	0.91±0.05	0.34±0.02
		B	0.96±0.14	1.44±0.09	1.57±0.26	0.99±0.07	0.58±0.08	0.53±0.02
		C	1.36±0.14	1.75±0.27	2.66±0.35	1.23±0.16	0.81±0.05	0.72±0.05
		CK	1.63±0.18	1.55±0.21	2.87±0.47	1.54±0.16	0.67±0.06	0.45±0.05

表 2-6 不同干旱胁迫时期各处理耗水速率

种名	水分状况	处理	耗水速率(g/m² · h)					
			8：00～10：00	10：00～12：00	12：00～14：00	14：00～16：00	16：00～18：00	18：00～20：00
盐肤木	正常水分	A	62.14±5.68	67.20±5.31	85.68±8.07	43.66±4.26	22.40±3.52	13.53±2.11
		B	38.21±2.28	50.59±5.56	69.26±6.34	38.38±4.31	23.20±4.12	11.62±1.99
		C	28.83±2.49	53.60±5.08	66.05±9.06	42.04±2.99	20.95±3.00	12.42±1.45
		CK	54.53±4.19	71.74±4.84	75.28±8.98	41.5±4.43	20.49±2.99	10.17±1.48
	轻度干旱	A	13.20±1.45	23.69±3.46	69.94±4.46	28.51±2.95	12.47±1.41	5.25±0.59
		B	9.57±1.41	19.39±3.35	60.02±5.99	27.44±2.93	10.16±1.18	5.13±0.59
		C	9.97±1.34	22.49±3.39	54.61±4.34	28.2±3.99	10.28±1.14	6.12±0.68
		CK	10.70±1.34	22.66±3.81	50.50±5.03	27.18±3.52	9.42±1.32	4.73±0.67
	中度干旱	A	8.03±1.19	15.79±3.47	17.11±2.40	16.31±2.27	8.98±1.26	2.22±0.28
		B	7.65±0.98	13.65±2.22	17.01±1.74	15.55±1.05	8.72±0.71	1.93±0.38
		C	7.21±0.89	12.36±2.30	14.66±1.35	12.86±1.09	6.19±0.63	2.29±0.16
		CK	6.48±0.86	13.93±2.35	15.83±1.47	13.65±1.39	7.30±0.78	1.29±0.26
	严重干旱	A	9.87±1.26	11.19±2.15	18.66±2.02	7.65±0.76	4.31±0.28	2.04±0.21
		B	10.01±1.14	11.43±1.27	19.38±2.70	9.28±1.10	4.91±0.37	2.56±0.21
		C	7.40±1.03	5.87±0.63	10.98±1.80	5.82±0.88	3.83±0.46	2.52±0.09
		CK	8.36±0.75	8.45±0.73	14.36±2.28	5.43±0.84	3.79±0.40	2.19±0.45
火炬树	正常水分	A	53.85±3.09	75.68±4.44	118.5±10.02	53.85±6.83	24.45±4.02	16.62±2.56
		B	55.32±3.83	73.50±4.17	95.95±12.82	59.6±7.78	35.28±5.45	26.06±3.49
		C	50.83±3.06	79.07±4.01	115.00±17.42	66.52±9.71	32.63±3.84	13.93±2.07
		CK	63.23±4.08	72.09±5.00	105.90±6.44	60.28±4.18	41.69±2.62	26.68±2.88
	轻度干旱	A	16.68±2.28	28.93±2.64	60.73±7.46	59.82±8.87	20.78±1.13	6.96±1.08
		B	14.46±2.43	28.35±2.41	55.02±2.58	41.4±2.72	17.44±1.54	5.55±0.49
		C	18.78±1.94	30.11±2.98	61.53±10.71	47.09±5.33	20.68±3.03	6.24±1.22
		CK	17.82±1.17	29.47±2.47	73.56±4.91	54.33±4.66	21.30±2.86	8.44±1.13
	中度干旱	A	10.65±1.13	17.15±2.19	18.00±1.47	15.77±1.64	8.48±1.56	1.61±0.07
		B	8.69±0.95	15.06±1.18	16.88±1.38	14.12±1.56	8.08±1.67	2.13±0.26
		C	12.45±1.64	16.39±1.31	20.83±2.49	16.09±1.91	9.06±0.78	2.37±0.29
		CK	10.82±0.30	18.92±1.56	21.53±1.84	19.30±1.45	9.63±0.65	1.96±0.22
	严重干旱	A	3.45±0.42	4.99±0.19	10.79±0.76	8.16±1.41	4.23±0.77	1.55±0.12
		B	3.89±0.37	5.77±0.28	6.27±1.27	3.99±0.69	2.32±0.39	2.13±0.12
		C	6.40±0.57	8.21±1.46	12.52±3.19	5.79±1.08	3.81±0.54	3.35±0.48
		CK	8.46±1.36	7.84±0.41	14.95±2.79	8.03±1.63	3.52±0.59	2.34±0.24

对耗水速率日变化来说，大体趋势与耗水量相同(表2-6)。就盐肤木而言，在正常水分时期，4个处理苗木的耗水速率的最大值分别为85.69g/m^2·h(10mg/L)、69.27g/m^2·h(20mg·L)、66.05g/m^2·h(40mg·L)和75.28g/m^2·h(CK)，其中，20mg/L和40mg/L两个处理的苗木在每个时间段的耗水量都较对照小；而对火炬树，仅20mg/L处理的耗水树速率较对照小。随着苗木的蒸腾耗水，“施丰乐”的作用效果逐渐明显．特别是进入轻度干旱胁迫时期，火炬树各处理的每个时间段的耗水速率均较对照小，且4个处理苗木的耗水速率的从大到小排序为CK(73.56g/m^2·h)>40mg/L(61.53g/m^2·h)>10mg/L(60.73g/m^2·h)>20mg/L(55.03g/m^2·h)，其中以20mg/L的作用最大．进入中度和重度干旱胁迫时期，各处理苗木的耗水速率差异逐渐减小，对盐肤木，40mg/L浓度的处理液的作用越来越明显，而对火炬树，仍然是20mg/L的处理液对减少苗木耗水速率的作用最大。

在此，值得提出的是，在不同研究时期，不论是国槐、盐肤木还是火炬树，各处理的苗木1天的最大耗水量(12：00~14：00)与白天耗水量的比值都稳定在14%~16%，苗木最大耗水速率均为白天平均耗水速率的1.6倍，这与招礼军(2003)、朱妍(2005)、王玉涛的(2005)以及我们前面研究毛白杨所得出的结论一致。说明这一稳定的关系不论是对不同树种，还是不同水分条件、不同处理或不同栽植密度下的同一树种都存在，因此对精确测算苗木耗水量及耗水速率特别是野外试验有着重大的意义，我们只需要通过测定苗木瞬时的最大耗水量和最大耗水速率便可以得出白天耗水量及白天平均耗水速率，从而可以有效地减少实际工作量，使耗水量的测算更为便捷。

2.4 植物生长调节剂对苗木气体交换及光合特性的影响

光合作用的研究在理论和生产实践上都具有重大的意义。各种耕作和栽培措施，都是为了更大限度地进行光合作用，从而获得更多的光合产物。净光合速率则是衡量光合作用强弱的一个重要指标。水分利用效率是净光合速率与蒸腾速率的比值，单叶水分利用效率(WUE)用叶片通过蒸腾消耗一定量的水(mmol)所同化的CO_2的量(μmol)来表示。$WUE = Pn/Tr$，即WUE与Pn成正比，与Tr成反比，蒸腾速率越大，消耗的水分越多，水分利用效率越小。植物水分利用效率的提高，是其适应土壤水分减少的一条重要途径(李吉跃，1991)，这对于干旱半干旱地区提高造林成活率有重要的意义。

“施丰乐”作为一种新型植物生长调节剂在林木幼苗生理生化方面开展了一些研究。郭二果等(2005)对沙柳进行柴草覆盖、“施丰乐”浸根和固体水处理后研究发现，“施丰乐”浸根对沙柳苗木生长的促进作用最大，表现为苗木生长旺盛、净光合速率日变化峰值较大。林利等(2005、2006)对板栗实生苗进行不同浓度“施丰乐”溶液的喷施，对光合特性、水分利用效率及保护酶活性进行研究表明，低浓度(10mg/L和20mg/L)的“施丰乐”喷施处理不仅能提高板栗叶片净光合速率，降低蒸腾速率，也能提高叶片 SOD、POD 和 CAT 的活性，最终使板栗座果率得到有效的提高。姜枫等(2007)研究了不同浓度“施丰乐”浸根和喷施对栓皮栎幼苗生长及光合特性的影响得出，10mg/L GGR 和 20mg/L“施丰乐”浸根处理效果最佳，栓皮栎的叶片净光合速率较对照增加 38.01%、33.42%，而水分利用效率增加 9.57% 和 10.26%。

2.4.1 对净光合速率的影响

不同苗木的净光合速率大小各不相同，各处理间差异也十分明显(图 2-20 和图 2-21)。就垂丝丁香而言，浸根可以有效提高苗木的净光合速率，而喷施的作用则相对较小。用 GGR 和“施丰乐”浸根后苗木净光合速率分别为 12.32μmol/m^2·s 和 12.80μmol/m^2·s，分别比对照(11.42μmol/m^2·s)增加了 7.91% 和 12.05%，而生长初期喷施“施丰乐”作用效果不明显。从欧洲丁香来看，G 处理对增强幼苗光合能力有较好的效果。处理后，幼苗的净光合速率为 17.84μmol/m^2·s，比对照(14.92μmol/m^2·s)增加了 19.54%，而其他处理作用效果不是很明显。经方差分析和多重比较得出，该处理与对照和其他各处理存在极显著差异，充分说明在欧洲丁香苗木生长初期和速生期喷施 20mg/L 浓度的“施丰乐”溶液对其苗木的光合能力有明显的促进作用。对银杏来说，浸根和喷施处理对苗木净光合速率的提高均有较好的效果，其中喷施两次比喷施一次的作用大。各处理按作用大小排序为：G(8.86μmol/m^2·s) > SS(8.84μmol/m^2·s) > GGR(8.25μmol/m^2·s) > F(8.09μmol/m^2·s) > B(7.11μmol/m^2·s) > CK(6.98μmol/m^2·s) > A(6.85μmol/m^2·s)。经方差分析和多重比较得出，G、SS、GGR 和 F 处理均与对照和 A、B 处理有极显著差异。充分说明浸根和喷施两次能有效增强银杏幼苗的光合能力。但是，从水分利用效率来看，喷施处理的则不如浸根效果好，且大部分处理都有不利的影响。其中，“施丰乐”浸根可有效提高银杏幼苗水分利用效率，处理后较对照增加了 10.70%。

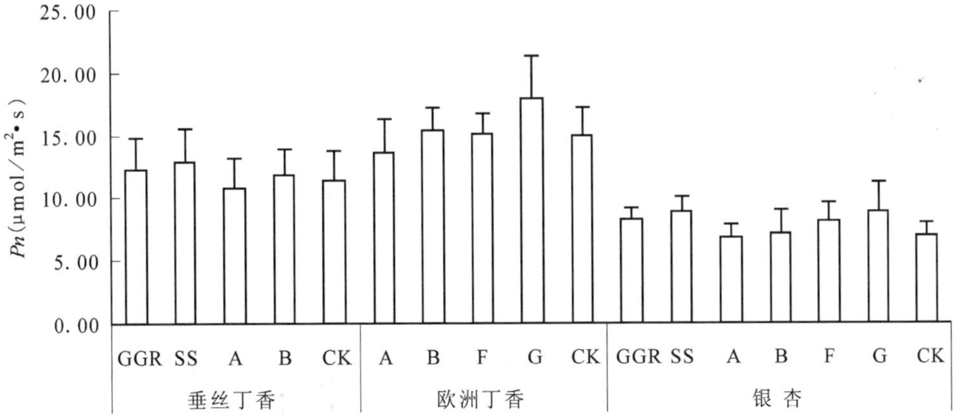

图 2-20 不同处理苗木净光合速率比较

对栓皮栎，浸根处理比叶面喷施处理的作用效果明显。就浸根处理而言，苗木净光合速率由大到小分别为 GGR-10（8.18μmol/m² · s）> SS-20（7.91μmol/m² · s）> SS-40（7.54μmol/m² · s）> GGR-20（7.52μmol/m² · s）> GGR-40（7.34μmol/m² · s）。其中，GGR-10 和 SS-20 两个处理促进作用最大，浸根后净光合速率分别较对照增加了 38.01% 和 33.42%。从“施丰乐”叶面喷施处理来看，作用最大的是 F 处理，苗木净光合速率为 6.84μmol/m² · s，其次是 G 处理，为 6.67μmol/m² · s，这两个处理分别比对照增加了 15.30% 和 12.53%，而 A、B 两个处理效果不很明显。经方差分析和多重比较，GGR-10、SS-20、SS-40、GGR-20、GGR-40 和 F 五个处理均与对照有极显著差异，G 处理与对照存在显著差异。充分证明不同浓度的浸根处理和叶面喷施两次“施丰乐”溶液对增强栓皮栎幼苗的光合能力有良好的效果。

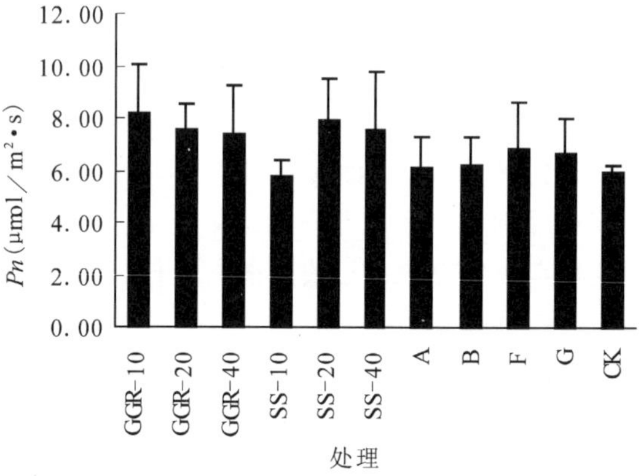

图 2-21　不同处理栓皮栎的净光合速率

2.4.2　对蒸腾速率的影响

植物生长调节剂 GGR 及“施丰乐”处理对苗木蒸腾的抑制作用不如对光合的促进作用明显（图 2-22 和图 2-23）。特别对银杏和欧洲丁香，处理后叶片蒸腾速率分别为 4.48～5.01mmol/m² · s、5.28～6.04mmol/m² · s，分别较对照（3.97mmol/m² · s、5.16mmol/m² · s）提高了 12.8%～26.3% 和 2.4%～2.8%。对欧洲丁香，浸根处理对苗木的蒸腾作用有一定的抑制作用，其中，GGR 的作用效果不如“施丰乐”明显，叶片蒸腾速率分别较对照降低了 3.9% 和 9.1%，而在生长初期喷施对蒸腾作用影响很小。

栓皮栎的蒸腾速率从大到小排序为 SS-40（3.22μmol/m² · s）> GGR-10（2.99μmol/m² · s）> SS-20（2.90μmol/m² · s）> GGR-20（2.65μmol/m² · s）> SS-10（2.62μmol/m² · s）> F（2.58μmol/m² · s）> G（2.56μmol/m² · s）> CK（2.46μmol/m² · s）> GGR-40（2.45μmol/m² · s）> B（2.44μmol/m² · s）。这表明浸根和叶面两次喷施处理加速了栓皮栎幼苗水分的丧失，而 GGR-40 和 B 处理能有效降低苗木蒸腾，减少水分的丧失。

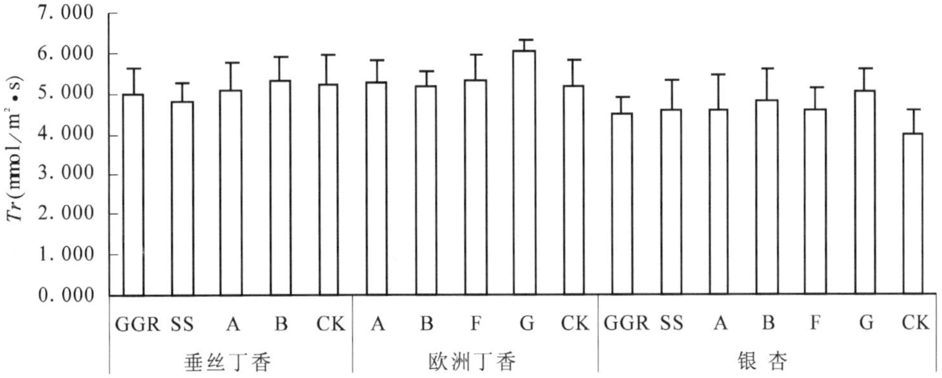

图 2-22　不同处理苗木叶片蒸腾速率比较

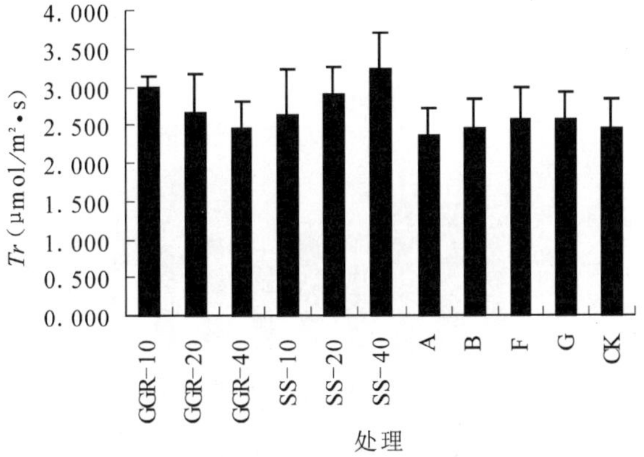

图 2-23　不同处理栓皮栎的蒸腾速率

2.4.3　对瞬时水分利用效率的影响

不同处理对不同苗木瞬时水分利用效率的作用效果不一致(图 2-24 和图 2-25)。就垂丝丁香而言，浸根可以有效苗木的水分利用效率，其中“施丰乐”的效果最佳，浸根后苗木水分利用效率为 2.73 μmolCO_2/mmol H_2O，较对照(2.23 μmolCO_2/mmol H_2O)提高 22.27%，其次为 GGR 浸根，处理后水分利用效率(2.49 μmolCO_2/mmol H_2O)较对照提高 11.57%。从欧洲丁香来看，各处理对幼苗水分利用效率的作用则有所不用。作用较大的为 B 处理(3.03 μmolCO_2/mmol H_2O)，喷施后较对照(2.92 μmolCO_2/mmol H_2O)增加了 3.64%，其次为 G 处理(2.97 μmolCO_2/mmol H_2O)，比对照增加了 1.63%。对银杏来说，喷施处理对水分利用效率的作用不如浸根好，且大部分处理都有不利的影响。其中，10mg/LH_2O“施丰乐”浸根可有效提高银杏幼苗水分利用效率，处理后较对照增加了 10.70%。对栓皮栎而言，效果最佳的属 GGR-40，水分利用效率为 3.08，其次为 GGR-20(2.94)、SS-20(2.75)和 GGR-10(2.73)，分别比对照增加了 23.68%、18.06%、10.26%和 9.57%。另外，“施丰乐”的叶面喷施处理也能在一定程度上提高苗木的水分利用效率，但是作用效果不是很明显。表明要提高栓皮栎幼苗的水分利用效率，浸根处理比叶面喷施更为有效。

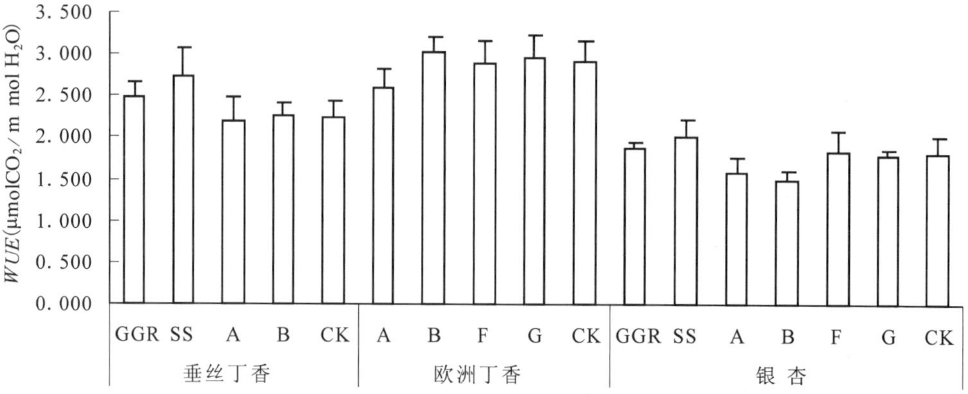

图 2-24　不同处理苗木水分利用效率比较

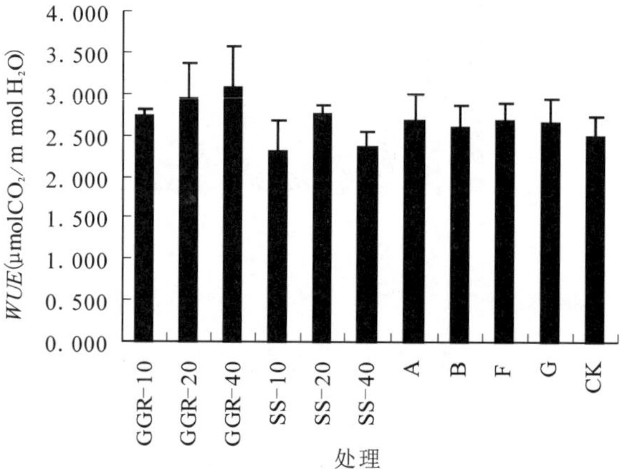

图 2-25　不同处理栓皮栎的水分利用效率

2. 4. 4　对叶片叶绿素含量的影响

2. 4. 4. 1　叶绿素 a、b 总含量

叶片中叶绿素含量是反映植物光合力的一个重要指标，一般叶绿素 a 有利于吸收长波光，叶绿素 b 有利于吸收短波光（韦立秀等，2002）。

对垂丝丁香和欧洲丁香来说（图 2-26），喷施处理对幼苗叶片叶绿素 a、b 的总含量影响不大，经 G、F 处理后，垂丝丁香的叶绿素 a、b 总量分别较对照增加了 4. 93% 和 3. 53%，欧洲丁香分别增加了 2. 35% 和 2. 08%，尽管如此，这与对苗木的净光合速率的作用效果也相一致。就银杏和栓皮栎而言，各处理之间差异则比较明显。用 GGR 和“施丰乐”溶液浸根，银杏叶片叶绿素 a、b 总量分别为 0. 825mg/g 和 1. 271mg/g，较对照（0. 458mg/g）增加了 80. 07% 和 177. 54%，也与对苗木净光合速率的作用效果相一致。从栓皮栎来看，各处理的作用效果不一致。按作用效果大小排序为 G(1.826mg/g) > GGR-20(1.798mg/g) > F(1.661mg/g) > SS-40(1.563mg/g) > GGR-40(1.560mg/g) > CK(1.483mg/g) > SS-10(1.197mg/g) > G-10(1.132mg/g) > SS-20(1.015mg/g)。其中，G 和 GGR-20 两种处理分别较对照增加了 23.10% 和 21.24%，说明无论是浸根还是喷施处理，20mg/L 的浓度都为最佳。这也与对净光合速率的作用效果一致。经方差分析和多重比较得出，银杏和栓皮栎各处理与对照差异均显著，充分说明这些处理对银杏和栓皮栎叶绿素 a、b 总量的积累有较大的促进作用。

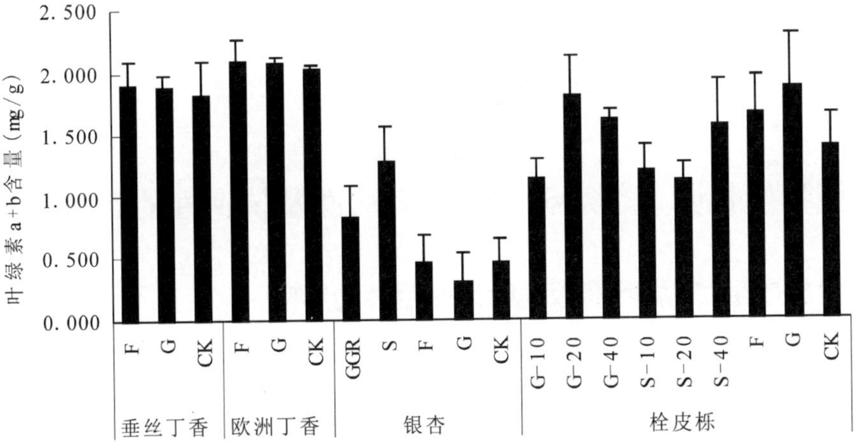

图 2-26 不同处理苗木叶绿素 a、b 总含量

2.4.4.2 叶绿素 a、b 比值

光合作用是植物生长的重要能量来源和物质基础。而叶绿素含量的多寡及 a/b 值对光合速率有直接的影响(李六林等，1999)。许多研究表明，叶绿素 a/b 比值越低，净光合速率越高(潘瑞炽，2004)。

对垂丝丁香和欧洲丁香来说(图 2-27)，各处理间叶绿素 a/b 比值差异很小，而银杏 4 个处理的 a/b 比值都比对照大，但差异不显著，说明这三种苗木各处理对光合作用的调节能力相近。就栓皮栎而言，各处理差异较大。对 a/b 比值从大倒小排序为 GGR-40(7.35) > GGR-10(5.72) > CK(4.10) > SS-40(3.91) > SS-10(3.72) > G(3.67) > G-10(3.21) > F(2.55) > GGR-20(2.49)。其中，以 GGR-20、F、SS-20、G 处理较好，说明用 20mg/L 的处理液浸根以及多次施用能有效提高栓皮栎叶片的光合调节能力。这与前面对净光合速率的影响基本一致。但是有关植物生长条调节剂对苗木叶片叶绿素 a、b 的含量和比值，对净光合速率的影响，以及它们之间的关系还有待进一步探讨。

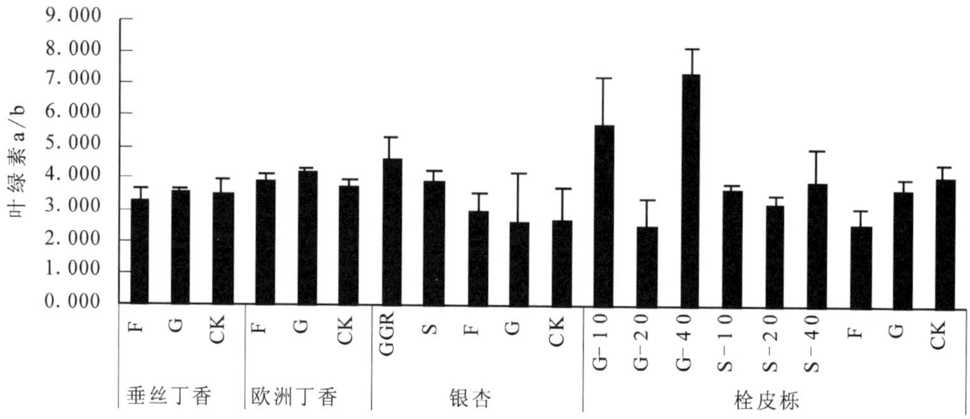

图 2-27　不同处理苗木叶绿素 a、b 总含量

2.5　植物生长调节剂对林木保护酶活性及抗逆性的影响

2.5.1　“施丰乐”对展叶期板栗叶片酶活性的影响

2.5.1.1　SOD 酶活性变化

在板栗展叶期，对板栗用不同浓度“施丰乐”进行处理后，板栗叶片中的 SOD 活性随处理的浓度不同有着相应的变化，总体来说，喷施“施丰乐”后比未喷施“施丰乐”的板栗叶中超氧化物歧化酶活性要强(图 2-28)。喷施 10mg/L 的“施丰乐”平均比对照的 SOD 活性高 1 倍；喷施 20mg/L 的“施丰乐”平均比对照的 SOD 活性高 1.7 倍；喷施 30mg/L 的“施丰乐”平均比对照的 SOD 酶活性高 0.5 倍。这 3 种不同浓度的处理在第 2 天、第 7 天、第 15 天都比相应时间内对照的 SOD 酶活性高。

可见，喷施“施丰乐”对板栗提高 SOD 活性有一定的作用。但并不是喷施越多的“施丰乐”，板栗的 SOD 活性增强越多。就图中来看，喷施 20mg/L 的“施丰乐”对 SOD 的影响效果最好，而喷施 30mg/L 的 SOD 活性较之 20mg/L 的“施丰乐”作用下的酶活性呈现出一定程度的抑制。经方差分析多重比较(表 2-7 中喷后第 2 天)也能得出：20mg/L、10mg/L 与对照差异显著($\alpha = 0.01$)，30mg/L 与对照差异不显著。

另外，从不同时间的 SOD 活性变化趋势来看，不经“施丰乐”处理的板栗叶中超氧化物歧化酶随着叶片的生长及干旱期的延长，活性呈增长趋势(第 2 天、第 7 天、第 15 天依次为 614.10μ/g、933.13μ/g、1006.786μ/g)，但经“施丰乐”处理后，SOD 活性只在 7 天内呈增长趋势，之后随着肥效的减弱活性有所下降，到第 15 天已与对照的酶活性相近，无显著差异。因此，要维持较高的 SOD 活性，需要在 15 天左右再喷施一次“施丰乐”。

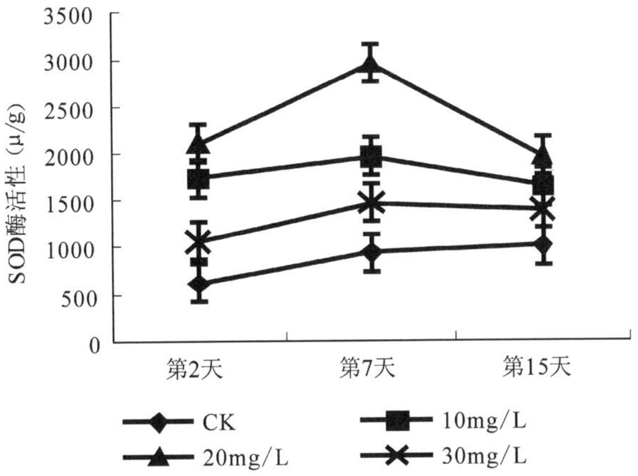

图 2-28　喷“施丰乐”后板栗 SOD 活性的变化趋势

2.5.1.2　POD 酶活性变化

喷施“施丰乐”对板栗过氧化物酶活性也有不同程度的影响，其基本趋势与 SOD 活性变化大致相同(图 2-29)，在喷后第 2 天，3 种喷施“施丰乐”的处理都提高了 POD 的活性，分别为 128.08μ/g、451.69μ/g 和 233.68μ/g，较对照 103.34μ/g 提高了 0.2、3.3 和 1.3 倍。20mg/L 的“施丰乐”对 POD 活性影响最为明显。经方差分析(表 2-7)可看出，在喷后第 2 天，20mg/L“施丰乐”处理后的酶活性与对照的酶活性差异显著($\alpha=0.01$)，10mg/L 和 30mg/L 处理的酶活性与对照差异不显著($\alpha=0.01$)。

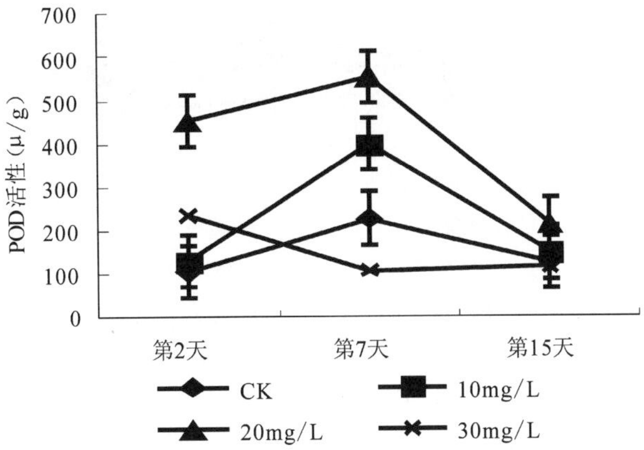

图 2-29　喷“施丰乐”后板栗 POD 活性的变化趋势

从喷施“施丰乐”后板栗 POD 活性随时间变化趋势可看出，在喷后第 2 天，板栗的 POD 活性都有所提高；而到第 7 天，喷施 10mg/L 和 20mg/L 的酶活性继续上升，但 30mg/L“施丰乐”处理的板栗酶活性降低，而且较对照平均降低了 64.96μ/g，这可能是因为此时“施丰乐”已完全被板栗吸收，但由于 30mg/L 浓度过大，对

POD 酶产生抑制；在喷后第 15 天测定的酶活性对比中发现，各种处理下酶活性已近相同，经“施丰乐”处理的板栗酶活性也没有明显的优势。从也可看出在喷后第 7 天、第 15 天 POD 酶活性已无显著差异。

因此可以认为，在板栗展叶期喷施“施丰乐”对板栗 POD 有提高作用，其中以 20mg/L 效果最好，肥效维持在 15 天以内。

2.5.1.3 PPO 酶活性变化

喷施不同浓度的“施丰乐”对板栗 PPO 活性影响与对 SOD、POD 的影响基本相同(图 2-30)，表现为各种浓度“施丰乐”处理下，PPO 活性都有所增强，在盆施后的第 2 天，10mg/L、20mg/L 和 30mg/L 的 PPO 的活性分别为：244.16μ/g、291.01μ/g、233.61μ/g 和 163.28μ/g；喷施后第 7 天，10mg/L、20mg/L 和 30mg/L 的 PPO 的活性分别为：354.87μ/g、668.60μ/g、265.00μ/g 和 155.21μ/g；喷施后第 15 天，10mg/L、20mg/L 和 30mg/L 的 PPO 的活性分别为：197.20μ/g、275.93μ/g、146.19μ/g 和 97.67μ/g。

以浓度为 20mg/L 的效果最佳，10mg/L 和 30mg/L 的效果次之(图 2-30)。经方差分析表明(表 2-7)，在喷后第 7 天，20mg/L 处理的与对照、10mg/L 和 30mg/L 处理的 PPO 活性都有显著性差异($\alpha = 0.05$，$\alpha = 0.01$)。

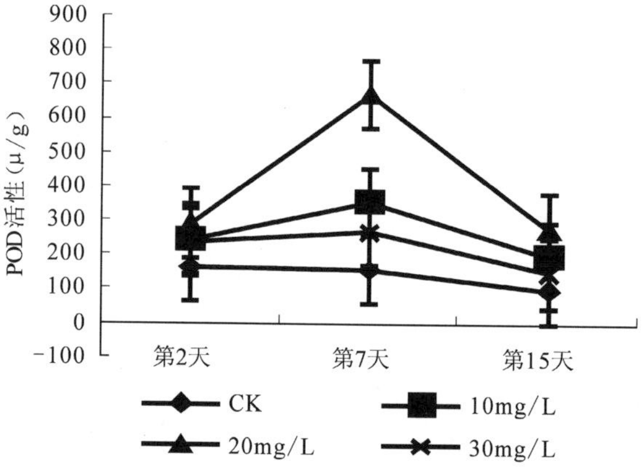

图 2-30　喷“施丰乐”后板栗 PPO 活性的变化趋势

从 PPO 活性变化趋势可看出，在叶面喷肥第 2 天、第 7 天、第 15 天，经“施丰乐”处理的都比相应时间内对照的多酚氧化酶活性高，而且在处理后第 2 天到第 7 天，PPO 活性急剧增高，之后随肥效的减弱逐渐降低。与 SOD、POD 活性变化趋势不同的是，“施丰乐”对 PPO 的影响不是在处理后第 2 天表现明显，而是在第 7 天呈现出极其显著的差异水平，这可能是由于 PPO 的底物存在于液泡中，通常处于潜伏状态，只有当组织损伤引起亚细胞区域化改变时才被激活。在逆境条件下 SOD、POD 活性升高，CAT 活性下降，SOD 代谢产生的 H_2O_2 因不能及时被 CAT 清除，可能对植物造成毒害，这时 PPO 活性被激活，从而表现为 PPO 活性在喷后第 7 天急剧上升。

从以上分析，无论是“施丰乐”对各酶的单独影响，还是综合影响，“施丰乐”都能提高板栗保护酶的活性，增强其对逆境的适应性。

2.5.1.4 CAT酶活性变化

在板栗展叶期喷施“施丰乐”后，板栗叶中的CAT活性差异不显著，但从图2-31可看出在喷“施丰乐”后第2天、第7天与第15天，用“施丰乐”处理的板栗活性都较对照为高，例如在第7天喷施10mg/L、20mg/L和30mg/L“施丰乐”分别比对照提高了45.74μ/g、72.45μ/g和39.69μ/g。因此可认为喷施“施丰乐”对板栗CAT活性有一定的提高作用。

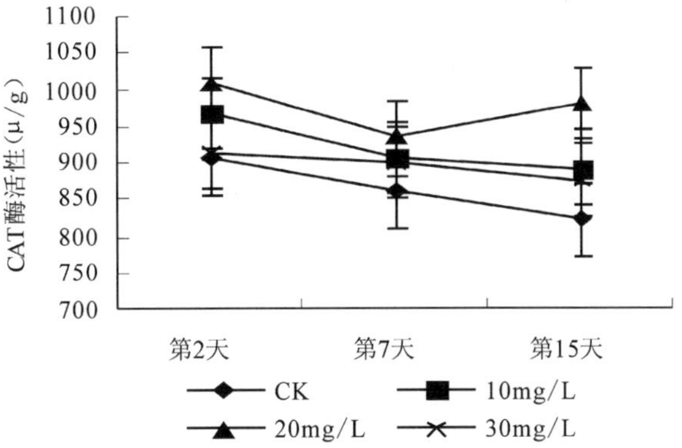

图2-31　喷“施丰乐”后板栗CAT活性的变化趋势

从CAT活性随时间变化的趋势来分析，对照的CAT从喷后第2～15天，活性呈下降趋势，根据吴林等1996年对沙棘叶片中过氧化氢酶在水分逆境下的变化研究，可推测板栗正处于逆境胁迫。虽然此时经“施丰乐”处理的板栗CAT活性也呈一定的下降趋势(第2～7天)，但相比之下活性还是较对照稍高，而且在第7天之后又出现回复现象(第7～15天)，尤以20mg/L处理的酶活性回升较多，从932.44μ/g回复至979.66μ/g。

表2-7　不同浓度“施丰乐”下板栗4种保护性酶活性多重比较

	“施丰乐”浓度（mg/L）	SOD酶活性均值（μ/g）	差异显著性	POD酶活性均值（μ/g）	差异显著性	PPO酶活性均值（μ/g）	差异显著性	CAT酶活性均值（μ/g）	差异显著性
展叶期	0	614.10	BC b	103.34	B bc	163.28	A a	917.61	A a
	10	1735.78	A ac	128.07	AB bc	244.16	B b	975.20	A a
	20	2106.78	A a	451.69	A a	291.01	C c	982.86	A a
	30	1065.48	AB bc	233.67	AB ac	235.62	D d	936.44	A a
初花期	0	956.53	A a	79.85	A a	187.87	A a	821.65	A a
	10	1612.96	B b	153.47	B b	219.72	AB ab	891.07	A a
	20	1622.64	BC bc	213.45	C c	347.06	C c	979.66	B b
	30	1035.67	A a	151.56	D d	65.06	D d	875.67	A ac

（续）

“施丰乐”浓度（mg/L）		SOD 酶活性均值（μ/g）	差异显著性	POD 酶活性均值（μ/g）	差异显著性	PPO 酶活性均值（μ/g）	差异显著性	CAT 酶活性均值（μ/g）	差异显著性
盛花期	0	1119.49	A a	97.5	A a	84.17	A a	869.79	A a
	10	1559.75	A a	157.50	B b	183.33	AB ab	891.57	AB bd
	20	1798.74	B b	280.83	C c	290.00	B b	986.86	C c
	30	1320.76	AC ac	122.50	AD ad	100.00	AC ac	878.84	AD ad
膨大期	0	805.56	B b	333.17	B b	546.09	A a	869.69	A a
	10	1537.08	AB ab	537.74	A a	1389.02	B b	919.28	A a
	20	1537.08	A a	695.97	A a	1895.02	C c	983.13	A a
	30	361.11	B c	323.35	B b	910.57	D d	896.99	A a

注：以上多重比较采用 SPSS 软件中的 LSD 计算方法，大写字母表示在 1% 水平上差异显著，小写字母表示在 5% 水平上差异显著。

2.5.2 对质膜透性的影响

图 2-32 中受害率为叶片煮前电导率与煮后电导率的比值。煮前电导率反映叶片细胞膜受逆境的伤害程度，煮后电导率为细胞膜完全破坏后电解质的量。受害率越低表明细胞膜越不易受到逆境的伤害，即植物的抗逆性越强。

总的来说，喷施“施丰乐”对板栗的抗逆性有增强的作用。喷施 10mg/L、20mg/L 和 30mg/L 的“施丰乐”后，板栗相对电导率分别为：0.055%、0.026% 和 0.056%，都低于对照的电导率 0.086%。即喷施“施丰乐”后，板栗受到逆境的伤害率相对降低，而未经“施丰乐”处理的板栗更易受到逆境的伤害。喷 20mg/L 的情况下，板栗的受害率最低，这说明喷施 20mg/L 的“施丰乐”使板栗的抗逆性增强最为明显。从不同浓度“施丰乐”对板栗抗逆性影响方差分析多重比较（表 2-7）也可看出，20mg/L“施丰乐”处理的板栗抗逆性与对照差异显著（$\alpha = 0.05$）。因而可认为，喷施“施丰乐”能增强板栗的抗逆性，以浓度为 20mg/L 的效果为佳。

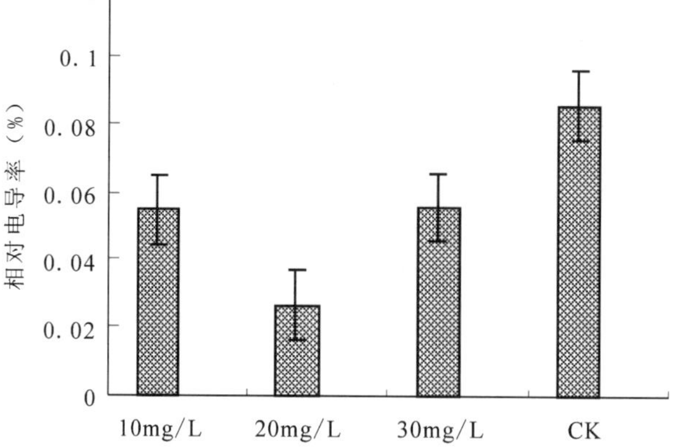

图 2-32 不同浓度施丰乐对板栗质膜透性的影响

研究表明，展叶期喷施“施丰乐”可以降低板栗的电导率，提高板栗叶片中质膜透性，从而提高板栗的抗旱性，使板栗在干旱条件下能较好的生长。比较3种“施丰乐”喷施浓度，在板栗展叶期，20mg/L可以较为显著的降低板栗电导率，提高其抗旱性。

2.6 植物生长调节剂在抗旱节水造林中的应用

2.6.1 对造林成活率及保存率的影响

2.6.1.1 造林成活率

干旱一直以来制约着西北部地区的造林成活率。使用叶面肥浸根后，沙柳成活率高达97.3%，几种苗木成活率平均达79.1%，比对照高18.2%，其中沙柳、杨柴、合作杨和旱柳分别交对照提高了38.6%、9.0%、16.3%和8.9%（表2-8），经方差分析不同处理间差异未达到显著（$F=4.23<F_{0.05}=5.14$）。尤其是叶面肥对提高沙柳的成活率的作用均比其他几种树种的作用效果明显，这可能与沙柳是枝条扦插造林有关，因为只有在良好的土壤水分条件下，枝条才更易生根，苗木才可以成活。叶面肥本身是一种生长调节剂，可以促进其吸收水分，增强生理代谢功能，且在浸泡的过程中枝条本身也可以吸收一定水分，促进苗木生根，从而提高其成活率。

表2-8 毛乌素沙地昌汗淖试验区苗木成活率(%)

措施	沙柳	杨柴	合作杨	旱柳	平均
叶面肥	97.3	92.6	48.2	78.3	79.1
对照	58.7	83.6	31.9	69.4	60.9

注：表格中各树种数据采用随机抽样法调查每隔3行调查1行；每个处理调查株数≥300株(旱柳每个处理60株)。

2.6.1.2 造林保存率

毛乌素沙地昌汗淖试验区各树种的保存率调查如表2-9。不同处理情况下对苗木保存率影响达到极显著水平（$F=34.25>F_{0.01}=5.08$）（表2-10），说明使用“施丰乐”浸根对提高林木的造林保存率有非常明显作用效果。叶面肥处理下几种苗木的平均保存率分别为79.1%，均高于对照的60.9%，其中沙柳、杨柴、合作杨和旱柳的保存率分别为89.8%、58.3%、36.5%和59.8%，比对照高出36.8%、9.6%、11.0%和14.9%。因此，在叶面肥作用下，沙柳和旱柳的保存率最高，其次为杨柴和合作杨。

表 2-9　毛乌素沙地昌汗淖试验区苗木保存率(%)

措施	沙柳	杨柴	合作杨	旱柳	平均
叶面肥	89.8	58.3	36.5	59.8	79.1
对照	53.0	48.7	25.5	34.9	60.9

表 2-10　毛乌素沙地昌汗淖试验区苗木保存率方差分析表(%)

变异源	*SS*	*df*	*F*	F_{crit}
树种	1314.3	3	82.12**	4.22
处理	3654.4	2	34.25**	5.08
误差	2560.7	48		
总计	26207.2	59		

2.6.2　对苗木生长的影响

2.6.2.1　高生长和冠幅生长

叶面肥对沙柳和杨柴高生长和冠幅都有一定促进作用(图 2-33 和图 2-34)。经方差分析(表 2-11)，在昌汗淖试验地，3 种处理方法对沙柳高生长影响达到显著水平($p=0.041<\alpha=0.05$)，对沙柳冠幅的影响也达到显著水平($p=0.019<\alpha=0.05$)，经多重比较叶面肥对高生长作用效果比对照的作用差异显著($\overline{Y}_i-\overline{Y}_j=11.60>LSD=11.50$)，对冠幅的作用效果比对照的作用差异也显著($\overline{Y}_i-\overline{Y}_j=14.53>LSD=10.40$)，而固体水和对照之间，固体水和叶面肥之间差异不显著。叶面肥能够提高苗木的吸水能力，同时它含有多种微量元素，可增强苗木的生理代谢功能，促进细胞分裂和生长的特性。因而比固体水单纯提供水分有利苗木生长。固体水和叶面肥对杨柴的作用未达到显著，可能主要是由于杨柴本身的耐干旱耐风蚀特性决定，杨柴在沙丘的高度2/3 处以下均能生长良好，因此，固体水和叶面肥对它的作用效果不明显。鄂尔多斯造林总场固体水对沙柳高生长的作用达到极显著($p=4.49\times10^{-5}<\alpha=0.01$)，鄂尔多斯造林总场地处库布其沙漠水分条件相对较差，水分对其成活和生长的制约性也就表现比较突出，固体水可以发挥更大作用，效果因而更加明显。

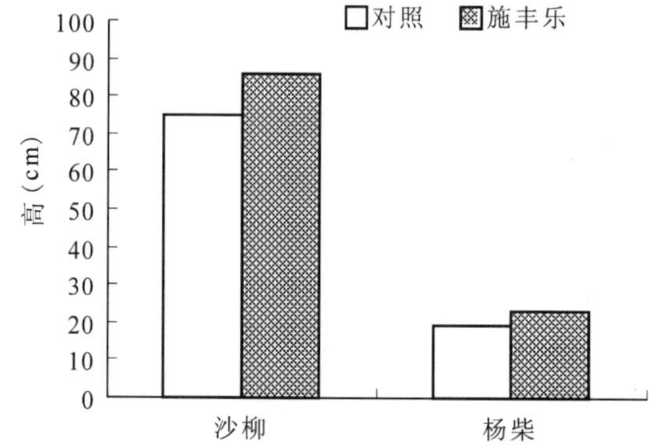

图 2-33　固体水和叶面肥对苗木高生长影响

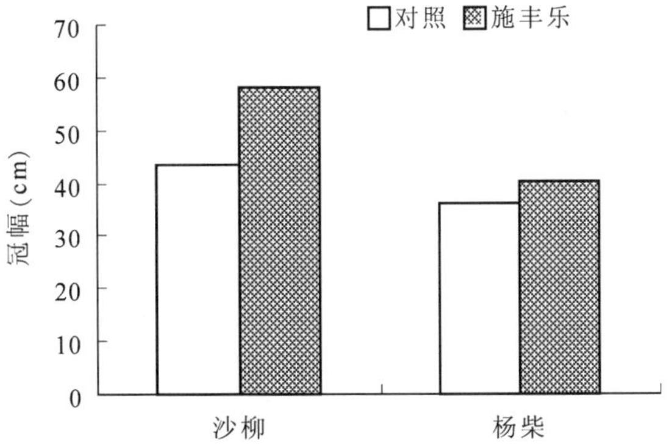

图 2-34 固体水和叶面肥对苗木冠幅的影响

表 2-11 "施丰乐"叶面肥对高生长和冠幅影响的差异显著性检验

地区	树种	生长指标	离差平方和	自由度	均方差	*F* 值	*Pr* > *F*	显著性
昌汗淖	沙柳	高生长	4740.193	2	2370.096	3.248104	0.041974	*
		冠幅	4861.97	2	2430.985	4.07172	0.019234	*
	杨柴	高生长	485.5259	2	242.763	2.424813	0.092427	
		冠幅	846.6815	2	423.3407	1.221366	0.298137	
鄂区	沙柳	高生长	11374.43	1	11374.43	63.49838	4.49×10^{-5}	* *

2.6.2.2 叶面积

在生长旺季，喷施"施丰乐"叶面肥后，沙柳和杨树的叶面积增加幅度不同(表 2-12)，其中沙柳喷施 5mg/kg、10mg/kg、20mg/kg 浓度的叶面肥后叶面积分别增加了 1.16%、1.27%、1.16%，而以清水对照的叶面积只增加了 1.02%，3 个浓度对沙柳叶面积的增加都有明显的作用，尤其以 10mg/kg 时效果最好；杨树使用不同浓度的叶面肥后分别增加了 1.15%、1.03%、1.06%，而对照增加了 1.09%，叶面肥在浓度为 5mg/kg 时，有增加叶面积的效果，而浓度为 10mg/kg 和 20mg/kg 时，叶面积增幅没有对照明显，说明，不同树种对"施丰乐"叶面肥的浓度的要求不同，如果选择不当可能反而抑制叶片的生长。不同树种对"施丰乐"浓度要求不同，还需要进一步试验。

表 2-12 不同浓度叶面肥对叶面积的影响

浓度(mg/kg) / 树种	叶面积增加的比率(%)			
	5	10	20	CK
沙柳	1.16	1.27	1.16	1.02
杨树	1.15	1.03	1.06	1.09

2.6.2.3 生物量

叶面肥对沙柳和杨柴苗木地上部分生物量增加均有促进作用(图2-35)。对沙柳而言，“施丰乐”浸根的生物量较对照高86.1%，对杨柴而言，“施丰乐”浸根的生物量较对照高283.0%，但未达到显著水平(表2-13)。

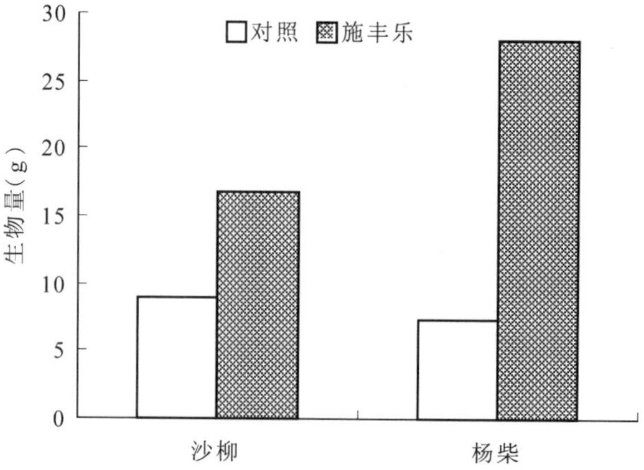

图2-35 固体水和叶面肥对苗木高生长影响

表2-13 固体水和叶面肥对生物量影响的差异显著性检验

树 种	离差平方和	自由度	均方差	F值	$Pr>F$
沙 柳	1124.064	2	562.031	1.750	0.227
杨 柴	134.2055	2	67.102	0.283	0.759

2.6.3 对气体交换能力的影响

2.6.3.1 净光合速率和蒸腾速率日变化

在晴朗的天气，不同处理下的沙柳光合速率日变化较大(图2-36)。没有进行处理的沙柳幼苗光合速率日变化呈现明显的双峰曲线，表现出升高，降低，再升高，再降低的变化趋势。随着光照强度逐渐升高，光合速率逐渐的增加，在12:00达到最大值，光合速率为14.48μmol $CO_2/m^2\cdot s$，之后随着气温升高，土壤蒸发加剧，从而根系供水不足，导致水分亏缺引起气孔关闭。因此在14点出现一个波谷，之后随着气温逐渐下降，空气湿度增加，然后光合速率又开始上升，在下午16:00附近又出现一个波峰光合速率达到12.48μmol $CO_2/m^2\cdot s$。之后一直降低，从18:00以后，光合速率为负值。在叶面肥浸根下的沙柳苗木光合速率日变化呈现明显的单峰型，在16:00达到最大值，为17.85μmol $CO_2/m^2\cdot s$。从光合速率日平均值来看，叶面肥浸根下的为4.93μmol $CO_2/m^2\cdot s$，远高于对照下的0.43μmol $CO_2/m^2\cdot s$。不同处理下沙柳苗木蒸腾速率的日变化也明显不同，从峰型和峰相角度分析，在8:00~20:00，用“施丰乐”叶面肥处理的沙柳幼苗呈单峰型，蒸腾速率从早上8:00

开始逐渐增大，分别在 14:00～16:00 达到最大，以后又逐渐降低。从峰值和曲线走势上看，叶面肥浸根的沙柳蒸腾速率峰值最大，可达 30.95mmol $H_2O/m^2 \cdot s$，且从早上 12:00 开始蒸腾速率的曲线处于其他处理上部，这是由于叶面肥浸根后沙柳幼苗生长旺盛，蒸腾作用强的缘故。从全天的平均蒸腾速率值来看，叶面肥浸根的值为 10.20mmol $H_2O/m^2 \cdot s$，是对照(3.36mmol $H_2O/m^2 \cdot s$)的 3 倍。

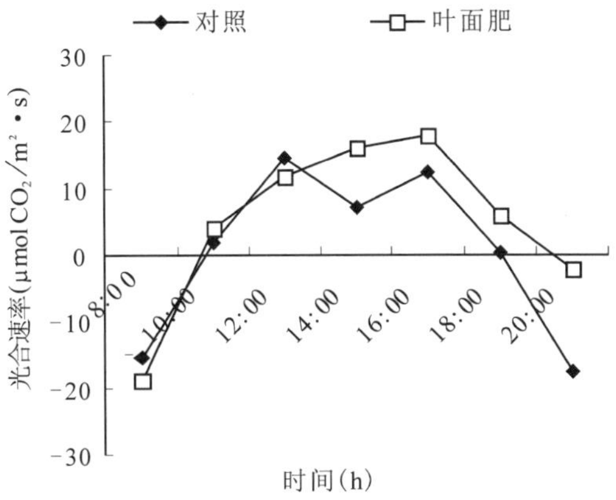

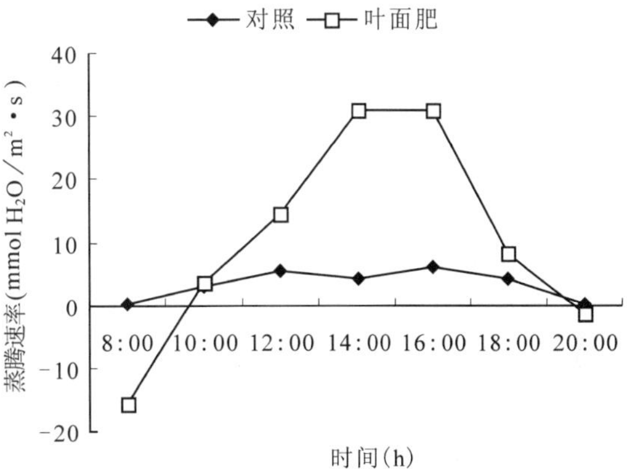

图 2-36 不同处理沙柳苗木的光合和蒸腾速率日变化

2.6.3.2 苗木水分利用效率

叶片水分利用效率(WUE)即叶片的光合速率(Pn)与蒸腾速率(Tr)之比，是植物体消耗水形成有机物质的基本效率，水分利用效率决定于植物光合速率与蒸腾速率作用的比例，它对植被适应半干旱生态环境有重要意义(李荣生等，2003)。试验表明，沙柳在固体水、叶面肥和对照 3 种处理下，水分利用效率的日平均值分别为 0.22μmol/mmol、0.48μmol/mmol 和 0.13μmol/mmol。各处理下沙柳对水分利用效率为叶面肥 > 固体水 > 对照。这主要是由于施用固体水和叶面肥浸根后使土壤结构更趋于合理，水分向植物运移减缓，土壤保水能力增强且湿度增加，土壤温度、pH 值、微生物活动等发生相应变化，从而影响植物本身的生理活动，提高作物水分利用效率。且干湿变化有利于提高植物水分利用效率，土壤水分条件的变化可能增强了植物自身生理功能的主动调节，使某些生理器官或生理活动最优化，从而提高对水分及养分的吸收效率。虽然固体水和叶面肥对沙柳的水分利用效率起到了很大的作用，然而在数学分析上仍然没有达到显著水平(表 2-14)。

表 2-14 沙柳水分利用效率的方差分析表

差异源	SS	df	MS	F	P-value	F_{crit}
组间	1801.903	2	900.9515	2.429569	0.112423	3.4668
组内	7787.381	21	370.8277			
总计	9589.284	23				

第3章 固体水抗旱节水造林技术

固体水抗旱节水造林技术是20世纪90年代末国际上最新研制成功的一种新技术。固体水(solid water)，又称干水(dry water或driwater)，是一种集微生物、化学技术为一体的环保生态产品。它是用高新技术方法将普通水固化，使水的物理性质发生巨大变化，变成不流动、不挥发、0 ℃不结冰，100 ℃不熔化的固态物质。这种固态物质的导电性只有普通水的20%，并能在常温、低湿度下长期保存和使用，同时还具有生物降解性能，降解后无残留，不污染土壤，可用作植物的长效水源。固体水的供水理念完全不同于常用的保水剂(或称吸水剂)，因为固体水是由普通水固化而成，98%的成分为水，与植物根系接触中，在根系周围土壤微生物的作用下发生生物降解，将束缚水重新还原为自由水缓慢释放，供植物长期吸收利用。而保水剂是一类功能性高吸水性树脂，自身并没有水分，而是通过特殊的分子结构从外界吸收水分。由于其分子结构交联，分子网络所吸收的水分不能被简单的物理方法挤出，故具有较强的保水性(王九龄，1991；张富仓等，1999；尹国平等，2001)。固体水在干燥环境中不蒸发，在砂土中不流动、不渗漏，与植物根系接触后，在生物降解作用下才缓慢释放出水分，被植物吸收，缓慢长期地供给植物水分，适于在远离水源、气候干燥、土壤保水性差的荒山、沙地中植树造林使用。尤其是在严重缺水的干旱半干旱地区及季节性干旱地区，应用固体水并配合其他集水蓄水保墒技术，既可以保证长时间地供给植物水分，维持植物的正常生长，又可以减少水分的无效蒸发及渗漏，达到节约用水、水分高效利用的目的。

20世纪90年代末，美国、英国、法国等发达国家相继投入较大的人力物力进行固体水的研制开发与推广应用，使固体水逐渐走向世界。1998年，美国应用固体水技术在撒哈拉沙漠中气候条件极端严酷的中心地带，种植200万株树苗，取得了巨大成功，成活率达93%，使寸草不生的沙漠出现了一片绿荫，震动了非洲。许多阿拉伯国家纷纷开始引进固体水技术，1999年该技术产品在北非的销售额超过了1亿美元。

本书应用研究的固体水是由我国深圳市艾德迈尔科技有限公司生产的“春之霖”固体水。该公司从1998年起率先在国内对固体水种植技术进行研究。经过艰苦努力，先后对固体水的制造方法、固化剂合成、生产工艺及设备、生产过程的自动化控制等进行了系统研究，成功研发出新一代固体水。1999~2000年与北京林业大学合作完成了固体水的小试和鉴定，申报并取得了固体水的发明和实用型专利。2001年"春之霖"固体水的作用效应和推广应用得到了专家论证会的论证，并从2002年开始对固体水的作用机理及其在抗旱节水造林中的应用进行了大量研究(周平，李吉跃，杨庆理，2002a；周平，李吉跃，杨庆理，2002b；招礼军，李吉跃，周平等，2002；招礼军，李吉跃，朱栗琼，2004；包玉荣，常金宝，2005；潘占兵，蒋齐，温学飞等，2005；王玉涛，李吉跃，2006；招礼军，李吉跃，于界芬等，2007；李一为，周心澄，张启生等，2007)。通过固体水抗旱节水造林技术的应用，解决了干旱半干旱地区或恶劣气候条件下植被恢复与节水灌溉等难题，也为干旱半干旱荒漠地区的治理提供了一种新的理念和方式。

3.1 固体水特性及释水机理

本书应用的"春之霖"固体水所用的固化剂是以天然材料为原料经加工制成的，加入普通水后，固体水的线形大分子在水中均匀分散，并将普通水中的自由分子束缚在大分子周围变成束缚水，在一定条件下，线形大分子间相互交联，形成锥体形结构或笼形结构，这样形成的分子笼疏而不漏，使水分子受到三维束缚，并固化成不流动的固态，形成固体水。固体水在使用时，与微生物接触的部分在微生物的作用下，交联点部分首先受到破坏，进而大分子断裂降解成小分子，并作为碳源被微生物消化或被植物吸收。原来被这部分大分子束缚的水变成自由水释放出来，供植物吸收利用。由于生物降解的过程是一个逐渐的、缓慢的过程，所以固体水的供水过程是一个缓释的过程，缓释期的长短可在制作固体水时通过交联度来控制，使缓释过程成为可控过程。

本书盆栽试验研究的树种材料主要包括油松 *Pinus tabulaeformis* Carr.、侧柏 *Platycladus orientalis*（L.）Franco、毛白杨 *Populus tomentosa* Carr.、臭椿 *Ailanthus altissima*（Mill.）Swingle、黄栌 *Cotinus coggygria* Scop. var. *ciner* Engl.、火炬树 *Rhus typhina* L.、沙棘 *Hippopae rhamnoides* L.、枸杞 *Lycium barbarum* L. 和柠条 *Caragana korshinskii* Kom.。在2000年的试验设计中应用了5个固体水处理和3个对照处理，其中，5个固体水处理分别是3个纯固体水处理 s1、s2、s3(固体水截面积分别为 $25cm^2$、$38cm^2$、$50cm^2$)和2个加剂固体水处理 ss2、ss3(固体水截面积分别为 $38cm^2$、$50cm^2$；加剂固体水 = 纯固体水 + 植物生长调节剂，植物生长调节剂为促进植物生长和生根型，浓度为0.02g/L)；3个对照处理分别为 ck1(为无固体水干旱处理)、ck2(为无固体水正常浇水处理)和 cks1、cks2 和 cks3 为固体水无苗对照处理(固体水截面积分别为 $25cm^2$、$38cm^2$、$50cm^2$)。为了进一步科学地验证固体水的作用效应，我们在2001年进行了更为周密的试验设计(表3-1和表3-2、彩图8)。

表 3-1 固体水盆栽试验设计(1)

树种						处理
油松	火炬树	臭椿	沙棘	枸杞	柠条	
YS1	HJ1	CC1	SJ1	GQ1	NT1	干旱对照 CK
YS2	HJ2	CC2	SJ2	GQ2	NT2	截面积 $25cm^2$ 的固体水 500g
YS3	HJ3	CC3	SJ3	GQ3	NT3	截面积 $50cm^2$ 的固体水 1000g
YS4	HJ4	CC4	SJ4	GQ4	NT4	正常浇水处理

表 3-2 固体水盆栽试验设计(2)

树种		处理
侧柏	黄栌	
CB1	HL1	干旱对照 CK
CB2	HL2	0.00125g/L 的诱导剂
CB3	HL3	0.0025g/L 的诱导剂
CB4	HL4	截面积 $25cm^2$ 的固体水 500g
CB5	HL5	0.00125g/L 的诱导剂 + 截面积 $25cm^2$ 的固体水 500g
CB6	HL6	0.0025g/L 的诱导剂 + 截面积 $25cm^2$ 的固体水 500g
CB7	HL7	截面积 $50cm^2$ 的固体水 1000g
CB8	HL8	0.00125g/L 的诱导剂 + 截面积 $50cm^2$ 的固体水 1000g
CB9	HL9	0.0025g/L 的诱导剂 + 截面积 $50cm^2$ 的固体水 1000g
CB10	HL10	正常浇水处理
CB11	HL11	占土重 1/1000 的 PR 保水剂

固体水抗旱节水造林的应用主要进行了固体水播种及植苗造林试验，营造了固体水抗旱造林示范林，试验树种主要有青杨(*Populus cathayana*)、白榆(*Ulmus pumila*)、山杏(*Amygdalus sibirica*)、沙棘(*Hippophae rhamnoides*)、枸杞、火炬树(*Rhus typhina*)、云杉、沙地榆、丁香、沙柳(*Salix psammpphila*)、杨柴(*Hedysarum mongolicum*)、合作杨(*Populus oper*)、旱柳(*Salix matsudana*)、大白柠条(*Caragang korchinskii*)、油松(*Pinus tabeauformis*)等。试验地主要选择在干旱半干旱地区和干热河谷地区，包括青海省大通县朔北乡李家堡村、甘肃省兰州市七里河区、四川省盐塬县博大乡四村、内蒙古自治区的鄂尔多斯、锡林浩特和阿巴噶旗等(彩图 9)。

(1)青海省大通县试验区

在青海省大通县朔北乡李家堡村进行了固体水植苗造林试验，试验选用了 4 个当地常用的造林树种：山杏、白榆、青杨和沙棘。苗木规格为：沙棘、山杏、白榆均是 2 年生苗，青杨是 3 年根 2 年干苗。采用水平条状整地的方法，株行距分别为：青杨 2m×3m，山杏、白榆为 1m×3m，沙棘为 0.8m×3m；采取秸秆覆盖、固体水技术和对照 3 种措施进行造林对比试验。每一树种均布置 3 种措施。秸秆覆盖使用荞麦秆，每株用量 4kg，覆盖厚度 5～10cm，上面覆盖一些土。固体水用量为青杨 2kg/株，沙棘、山杏、白榆 1kg/株；将固体水切口以与地面角度大于 45°形式对准苗木根系，然后覆土进行栽植。造林时间是 2001 年 4 月下旬，试验面积 $1hm^2$。造林后每种处理均进行浇水，浇水量为 5kg/株(彩图 10)。

(2)甘肃省兰州试验区

在甘肃省兰州市七里河区西果园进行了固体水播种造林试验，试验树种为柠条，播种造林时间是 2001 年 5 月底，试验面积 10 亩。播种时把柠条种子包裹在固体水中，然后将固体水与柠条种子覆土并浇水。固体水横截面积 $25cm^2$，长度为 20cm(彩图 11)。

(3)四川省盐塬县试验区

在四川盐源县博大乡四村进行了固体水植苗造林试验，造林树种为火炬树。采用鱼鳞坑整地方法，造林规格为 2m×3m；植苗造林，1 年生苗木，分为截干和不截干两种处理，采用 4 种措施：浇水(10kg/株，每周 1 次)，固体水 1kg/株，固体水 0.5kg/株，对照。固体水横截面积 $25cm^2$，长度为 40cm。于 2001 年 3 月下旬造林，试验面积 $1hm^2$。造林后每种处理均进行浇水，浇水量为 10kg/株(彩图 12)。

(4)内蒙古自治区试验区

在内蒙古昌汗淖实验场进行了固体水抗旱节水造林试验，造林树种为沙柳、杨柴、合作杨(*Populus oper*)和旱柳。穴状整地，株行距 2m×6m。沙柳采用 2～3 年生扦插条；杨柴采用 1 年生实生苗；合作杨为 4～5 年生实生苗，旱柳高干直径约 3cm。每一树种均采用 3 种造林措施：A 为固体水 1kg/株；B 为施丰乐叶面肥 10mg/kg，浸根 24h；C 为对照。固体水横截面积 $25cm^2$，长度为 40cm，将固体水切口与地面角度大于 45°的形式对准苗木根系，然后覆土进行栽植。试验面积 1000 亩，造林时间是 2003 年 4 月中旬(彩图 13)。

在内蒙古鄂尔多斯市造林总场进行的固体水抗旱节水造林试验树种是沙柳、杨柴、大白柠条、合作杨。穴状整地，株行距 2m×6m。沙柳采用 2～3 年生扦插条，合作杨为 4～5 年生实生苗，杨柴和大白柠条为 1 年生实生苗。每一树种均布置固体水和对照 2 种造林措施。固体水用量均为 1kg/株；试验面积 4000 亩，造林时间是 2003 年 4 月中旬。

在内蒙古鄂尔多斯丘陵沟壑水土流失试验区营造了 1000 亩的固体水抗旱节水造林示范林，其中，油松、山杏等乔木水土保持林 570 亩，沙棘、柠条等灌木水土保持林 430 亩。各树种密度配置均按照当地大面积水平沟造林所采用的 2m×4m 的株行距进行配置，每亩地造林 84 株。各树种均采用水平沟造林方式，沟宽 1.5m，深 60cm，沿等高线两端，在沟底挖穴造林。每株施用固体水 1kg，以常规造林为对照。造林时间是 2003 年 4 月中旬。

在内蒙古的锡林浩特和阿巴嘎旗进行了道路绿化的固体水抗旱节水造林试验，造林树种青杨、云杉、沙地榆、丁香。造林时间是 2001 年 4 月，固体水用量为青杨、云杉和沙地榆 2kg/株，丁香 1kg/株(彩图 14)。

3.1.1 固体水释水规律

3.1.1.1 固体水释水量

结果显示，在纯固体水 s1、s2、s3 三个不同横截面积的处理中，固体水释水总量随切口横截面积(固体水与土壤直接接触的面积)的增加而增大，在加剂固体水 ss2 和 ss3 处理中，也出现相同的趋势，这表明固体水释水量的多少与切口横截面积的大小有很大关系，切口横截面积越大，固体水释水量越多(图 3-1 和图 3-2)。在侧柏处理苗中，s2 和 ss2 截面积均为 $38cm^2$，s3 和 ss3 截面积均为 $50cm^2$，但 ss2 和 ss3 固体水释水总量分别大于 s2 和 s3，即在相同时间内，加剂固体水释水量大于纯固体水的释水量(图 3-1)。但在油松处理苗中，情况正好相反，ss2 和 ss3 释水总量分别小于 s2 和 s3，即在相同时间内，加剂固体水释水总重小于纯固体水释水总量(图 3-2)。这表明不同树种对加剂固体水的释水量有不同的影响，这可能与不同树种根际周围的微生物种类和含量有关。而油松和侧柏中使用的加剂固体水在最初的 10 天内释水量均相对较少，侧柏加剂固体水 ss2 和 ss3 释水量分别为纯固体水 s2 和 s3 的 0.58 倍和 0.69 倍，油松加剂固体水 ss2 和 ss3 释水量分别为纯固体水 s2 和 s3 的 0.58 倍和 0.65 倍，说明加剂固体水比纯固体水在使用初期释水更为缓慢，释水量相对比较稳定。

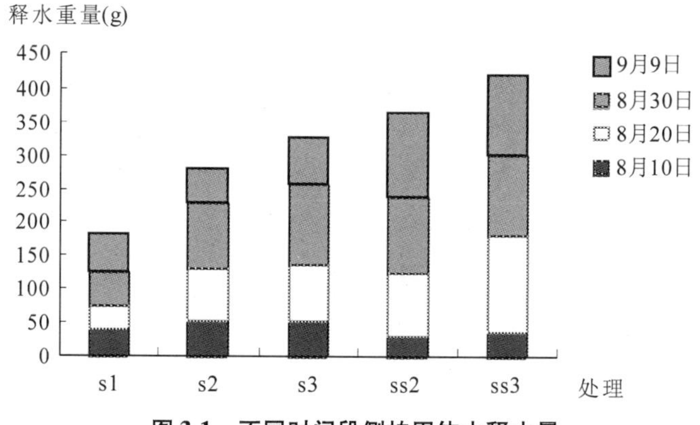

图 3-1 不同时间段侧柏固体水释水量

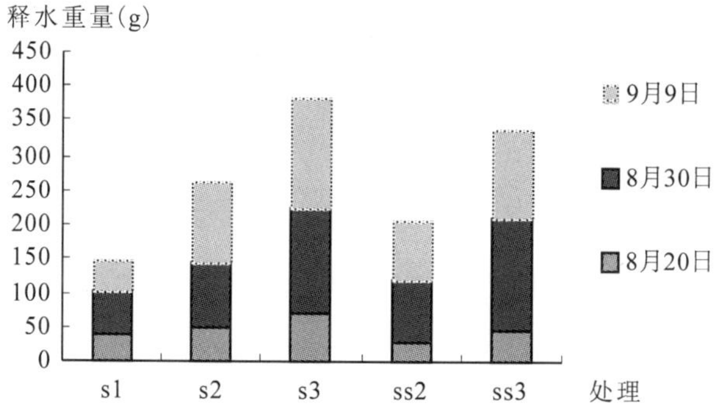

图 3-2 不同时间段油松固体水释水量

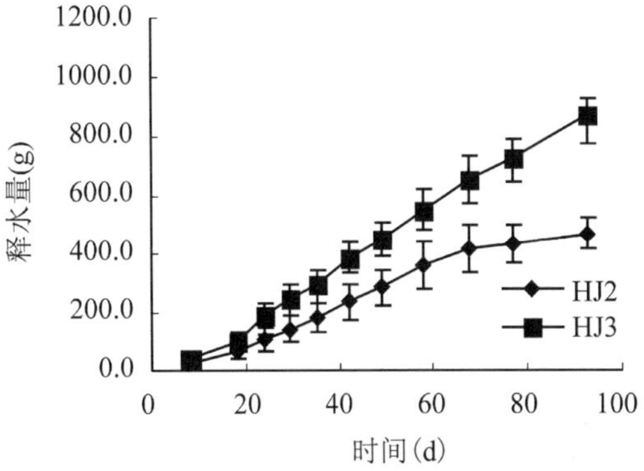
释水量(g)
1200.0
1000.0
800.0
600.0
400.0
200.0
0.0
0
20
40
60
80
100
时间(d)
HJ2
HJ3

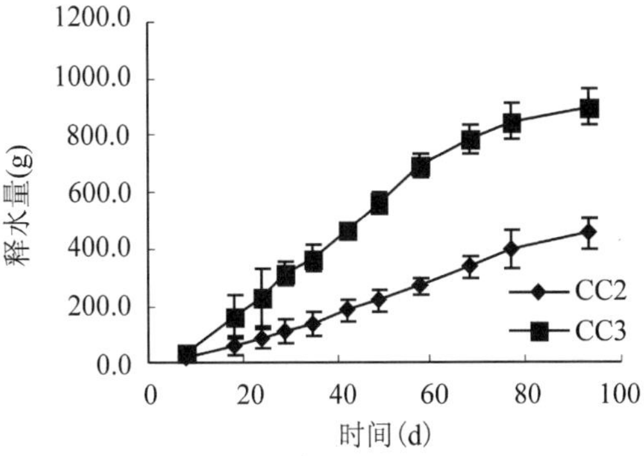
释水量(g)
1200.0
1000.0
800.0
600.0
400.0
200.0
0.0
0
20
40
60
80
100
时间(d)
CC2
CC3

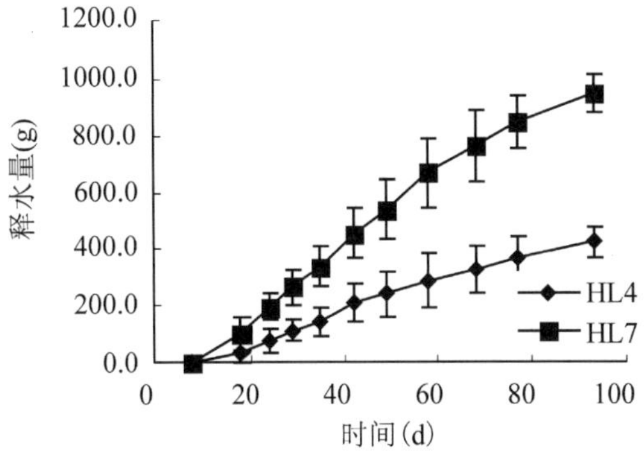
释水量(g)
1200.0
1000.0
800.0
600.0
400.0
200.0
0.0
0
20
40
60
80
100
时间(d)
HL4
HL7

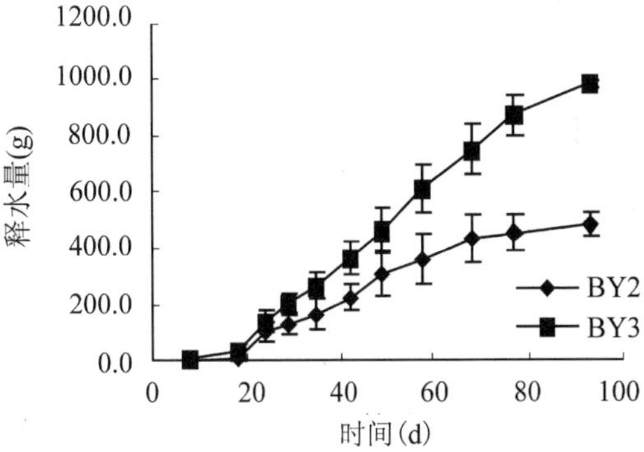
释水量(g)
1200.0
1000.0
800.0
600.0
400.0
200.0
0.0
0
20
40
60
80
100
时间(d)
BY2
BY3

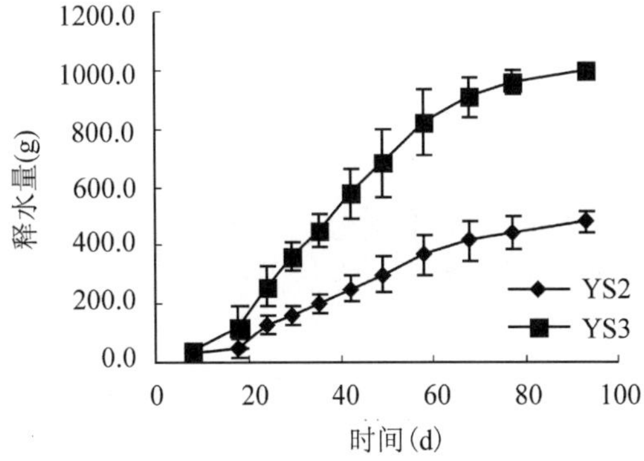
释水量(g)
1200.0
1000.0
800.0
600.0
400.0
200.0
0.0
0
20
40
60
80
100
时间(d)
YS2
YS3

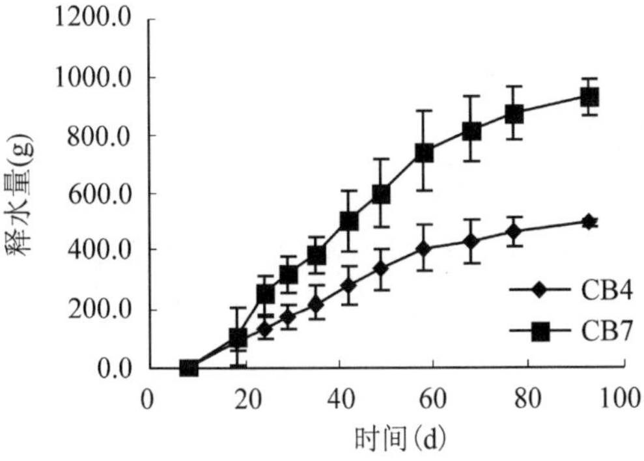
释水量(g)
1200.0
1000.0
800.0
600.0
400.0
200.0
0.0
0
20
40
60
80
100
时间(d)
CB4
CB7

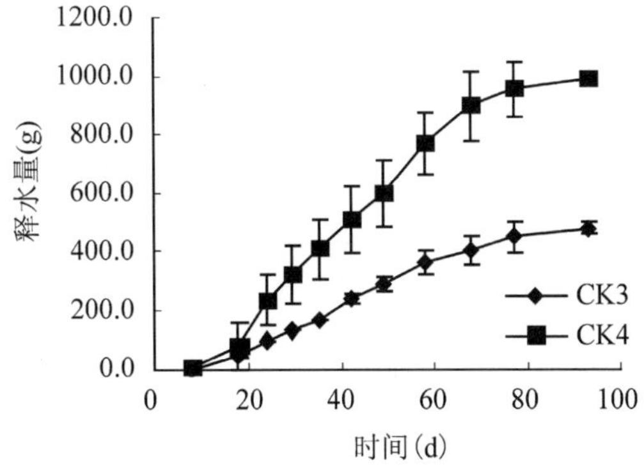
释水量(g)
1200.0
1000.0
800.0
600.0
400.0
200.0
0.0
0
20
40
60
80
100
时间(d)
CK3
CK4

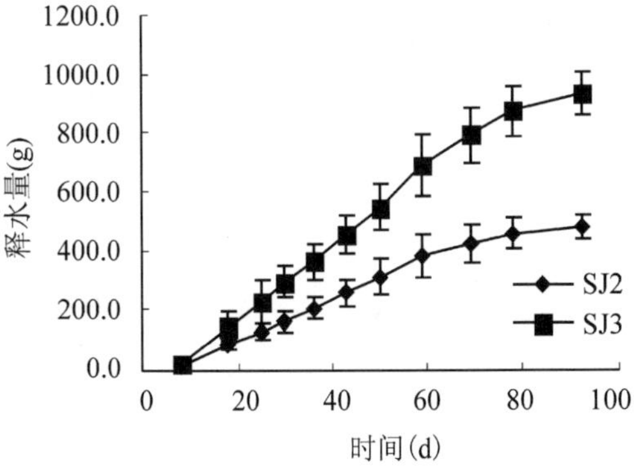
释水量(g)
1200.0
1000.0
800.0
600.0
400.0
200.0
0.0
0
20
40
60
80
100
时间(d)
SJ2
SJ3

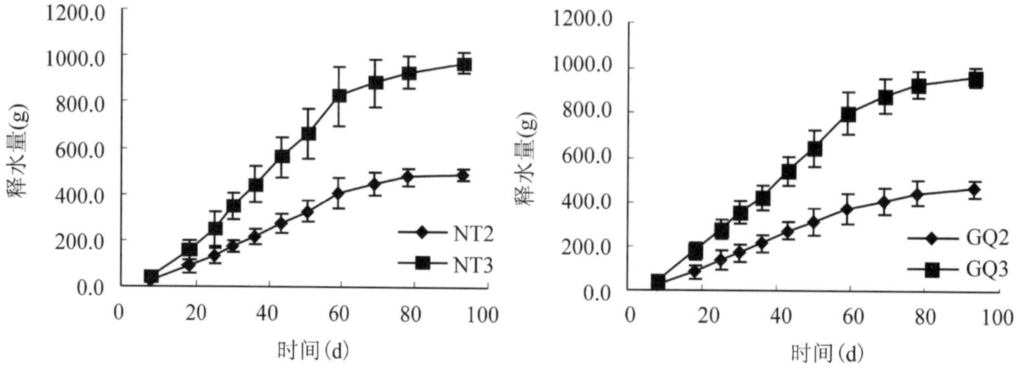

图 3-3　固体水在不同时间段不同树种中的释水量

从图 3-3 可以看出固体水在固体水在 9 种北方主要造林树种及对照上的释水规律。固体水在不同的树种中应用时，其释水量随时间的变化趋势均相同。使用截面积为 50cm^{2}固体水的释水量约为截面积为 25cm^{2}固体水的 2 倍；在固体水释水的初期阶段释水量均相对较小，以后的各阶段中释水量相对较大，而且趋于稳定。说明固体水从埋于植物根系到稳定释放有一个过渡的时间。此段时间(约 10 天)为固体水的诱导期，在诱导期内，固体水释放的水量较少，因而对于新移栽的苗木，在使用固体水时，要浇一定的水，以保证初期苗木的成活。

从图 3-4 和图 3-5 可以看出，有苗情况下固体水释水状况与无苗对照情况下固体水释水状况相一致。另外，固体水在不同树种的释水量也基本一致，趋势线的方程表明，截面积为 50cm^{2}的固体水的释水量约为截面积为 25cm^{2}的固体水释水量的 2 倍(图 3-3)。因而在土壤条件相同和其他环境条件相同的情况下，固体水的释水量主要受固体水与土壤直接接触的面积的影响。所以可以根据苗木需水量的大小来直接设计固体水截面积的大小，从而保证固体水的释水量与苗木的需水量相一致。

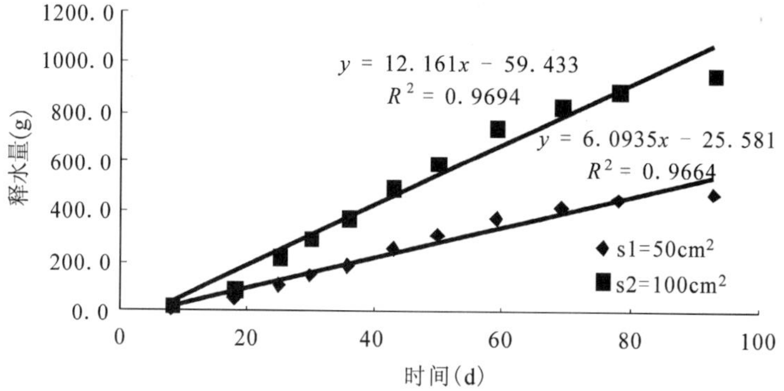

图 3-4　固体水在有苗土壤中的释水量

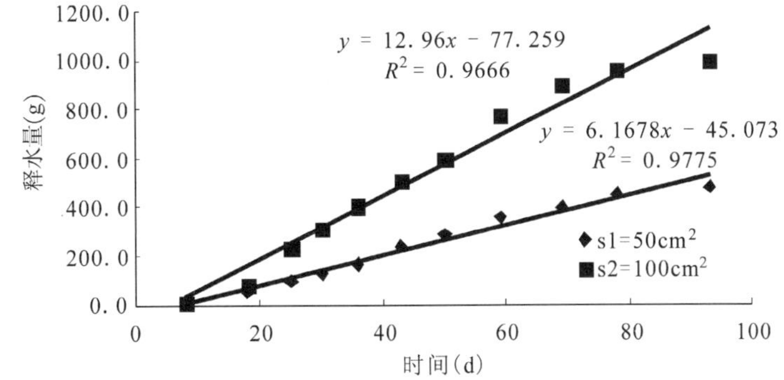

图 3-5 固体水在无苗对照土壤中的释水量

3.1.1.2 固体水日释水量

结果显示，固体水的日释水量与其横截面积有很密切的关系，横截面积愈大，日释水量愈多，在不同的树种中使用截面积为25cm^{2}的固体水，其日释水量为4.0～5.6g/d，平均为5.1±0.3g/d，在无苗对照中为4.0～5.5g/d，平均为5.0±0.3g/d；在不同的树种中使用截面积为50cm^{2}的固体水，其日释水量为9.2～11.0g/d，平均为10.3±0.4g/d，在无苗对照中为10.6±0.4g/d；由此可见截面积为50cm^{2}的固体水日释水量为截面积为25cm^{2}的2倍，而固体水的日释水量几乎不受是否有苗木或何种苗木的影响(表3-3)。因而在相同的外界条件下，可以设计不同的横截面积来得到不同的日释水量；继而，根据日释水量和固体水的有效期(从固体水开始释放到完全耗尽的时间为固体水的向植物提供水分的有效期)来确定固体水总量。由于在有效期内单位时间释放水量的多少可以由固体水与土壤直接接触的横截面积来确定，因而可以根据不同植物对水分的不同需求来设计固体水的横截面积。

表 3-3 不同处理固体水的释水状况

树种	诱导剂 (g/L)	截面积 (cm^2)	日释水量 (g/d)	释水速率 (g/cm^2·d)	日释水高度 (cm/d)
油松	无	25	5.2±0.4	0.100±0.007	0.20±0.01
侧柏	无	25	5.3±0.2	0.110±0.003	0.20±0.02
侧柏	0.00125	25	5.3±0.3	0.110±0.005	0.21±0.01
侧柏	0.00250	25	5.4±0.1	0.110±0.002	0.21±0.00
毛白杨	无	25	5.2±0.4	0.100±0.008	0.20±0.02
臭椿	无	25	4.9±0.6	0.100±0.002	0.19±0.02
火炬树	无	25	5.0±0.6	0.100±0.011	0.20±0.02
黄栌	无	25	4.6±0.6	0.090±0.010	0.18±0.02
黄栌	0.00125	25	5.4±0.0	0.110±0.000	0.21±0.00
黄栌	0.00250	25	5.4±0.0	0.110±0.002	0.21±0.00
沙棘	无	25	5.1±0.4	0.100±0.008	0.20±0.02
枸杞	无	25	5.0±0.4	0.100±0.009	0.19±0.02

（续）

树种	诱导剂 (g/L)	截面积 (cm^2)	日释水量 (g/d)	释水速率 ($g/cm^2 \cdot d$)	日释水高度 (cm/d)
柠条	无	25	5.3 ±0.3	0.110 ±0.006	0.21 ±0.01
对照	无	25	5.1 ±0.3	0.100 ±0.009	0.20 ±0.01
对照	0.00125	25	4.5 ±0.5	0.090 ±0.010	0.17 ±0.01
对照	0.00250	25	5.3 ±0.2	0.100 ±0.004	0.20 ±0.01
油松	无	50	10.7 ±0.1	0.110 ±0.001	0.21 ±0.00
侧柏	无	50	10.0 ±0.7	0.100 ±0.007	0.21 ±0.00
侧柏	0.00125	50	10.4 ±0.6	0.100 ±0.005	0.20 ±0.01
侧柏	0.00250	50	10.8 ±0.0	0.110 ±0.002	0.21 ±0.00
毛白杨	无	50	10.6 ±0.1	0.110 ±0.001	0.21 ±0.00
臭椿	无	50	9.6 ±0.7	0.100 ±0.007	0.20 ±0.01
火炬树	无	50	9.3 ±0.1	0.090 ±0.001	0.18 ±0.00
黄栌	无	50	10.2 ±0.7	0.100 ±0.007	0.20 ±0.01
黄栌	0.00125	50	10.6 ±0.3	0.110 ±0.000	0.21 ±0.00
黄栌	0.00250	50	10.6 ±0.3	0.110 ±0.003	0.21 ±0.01
沙棘	无	50	10.0 ±0.8	0.100 ±0.008	0.20 ±0.02
枸杞	无	50	10.4 ±0.5	0.100 ±0.005	0.20 ±0.01
柠条	无	50	10.4 ±0.5	0.110 ±0.005	0.20 ±0.00
对照	无	50	10.6 ±0.4	0.100 ±0.005	0.21 ±0.00

3.1.1.3 固体水日释水高度

试验结果表明，固体水的日释水高度几乎不受是否有苗木的影响，但在固体水降解的不同时间内而有所不同，在固体水的降解初期，其日释水高度较小，随着固体水的逐渐降解，其日释水高度逐渐增大，而在固体水的释水末期有略有减少(图 3-6)。

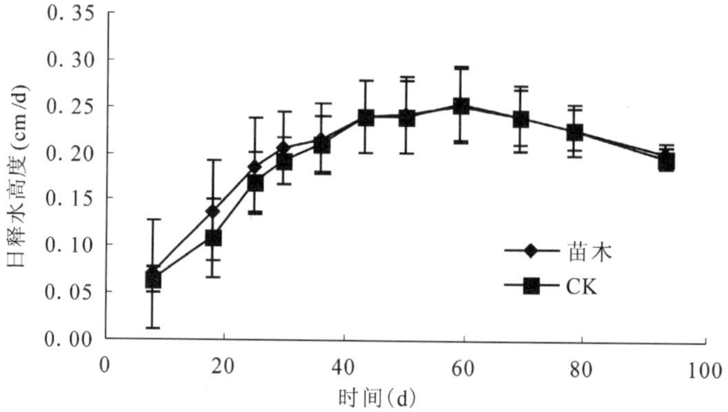

图 3-6 固体水日释水高度

从表3-3中可以看出，在树种不同、截面积不同的情况下，固体水日平均释水高度比较稳定一致，截面积为 $25cm^2$ 的固体水，其日平均释水高度为0.16～0.22cm/d，平均为0.20±0.01cm/d，在无苗对照中为0.16～0.21cm/d，平均为0.19±0.01cm/d；截面积为 $50cm^2$ 的固体水，其日平均释水高度为0.18～0.22cm/d，平均为0.20±0.01cm/d，在无苗对照中为0.21±0.00cm/d。表明固体水日平均释水高度与其横截面积的大小关系不大，也几乎不受树种的影响。

3.1.1.4 固体水释水速率

从图3-7可以看出，固体水的释水速率的变化趋势与日释水高度相一致，在苗木根系附近使用固体水或直接将固体水埋于相同的无苗对照土壤中时，固体水的释水速率几乎相同；但其释水速率的大小在固体水的不同降解时期有所不同，在初期的释水速率较小，随后增大，在后期又略有减少。

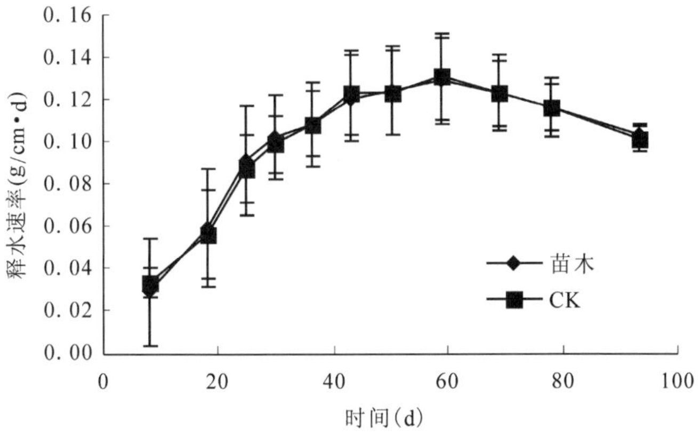

图3-7 固体水日释水高度

在不同树种、固体水不同横截面积的情况下，固体水平均释水速率比较稳定一致，截面积为 $25cm^2$ 的固体水，其平均释水速率为0.080～0.116g/cm²·d，平均为0.104±0.005g/cm²·d，在无苗对照中为0.080～0.109cm/d，平均为0.107±0.008g/cm²·d；截面积为 $50cm^2$ 的固体水，其日平均释水高度为0.089～0.113g/cm²·d，平均为0.104±0.001g/cm²·d，在无苗对照中为0.100±0.005g/cm²·d（表3-3）。这些表明，固体水日平均释水高度与其横截面积的大小关系不大，也几乎不受树种的影响。

3.1.2 固体水时效性分析

从固体水的使用时间来看，根据测得的固体水释水速率，对于1kg包装的固体水而言，在正常情况下，s1，s2，s3，ss2，ss3五种处理固体水持续供水时间，可依次维持在213、139、119、106、92天；放置一段时间后，虽然固体水释水速率加快，但5种处理持续供水时间仍然可维持在176、98、67、125、76天。也就是说，面积为25～50cm^2的1kg固体水(无论是纯固体水还是加剂固体水)，在正常情况下可维持供水3个月以上，即使在放置一段时间后，供水时间也至少可以维持2个月以上。

从固体水的使用效果来看，固体水的用量虽然相对较少，但仍可以减轻在无其他灌溉条件下苗木的水分胁迫状况(表3-4)。干旱处理25天后，受旱侧柏和油松的叶水势分别下降到－5.55MPa和－2.17MPa；干旱45天后，侧柏叶水势已低于－6MPa，而油松叶水势下降到－3.08MPa，处于死亡临界点(李吉跃，1991)。使用固体水后，s1、s2和s3处理的苗木水分胁迫较轻(侧柏和油松叶水势分别为－1.48～－2.89MPa和－1.20～－1.75MPa)，而且45天后s2和s3苗木的水势还有恢复的趋势(侧柏和油松叶水势分别恢复到－1.02～－1.28MPa和－1.45～－1.50MPa)。这充分表明，使用固体水有助于维持苗木的水分状况，减轻苗木的水分胁迫。可以说，固体水以一种全新的概念——节水恒湿灌溉，最大限度地减少水资源的浪费，同时持续不断地供给植物水分，便于植物有效利用水分来维持其正常生长。

表3-4 不同时间苗木水势状况

处理	侧柏叶水势(MPa)		油松叶水势(MPa)	
	干旱25天	干旱45天	干旱25天	干旱45天
CK1	－5.55	＜－6.00	－2.17	－3.08
s1	－2.89	－3.60	－1.75	－2.43
s2	－1.74	－1.28	－1.63	－1.45
s3	－1.48	－1.02	－1.20	－1.50

3.1.3 影响固体水释水的因素

影响固体水缓慢释放水分的因素主要包括土壤微生物的数量、固体水接触土壤的横截面积大小、不同树种及其耗水量大小，以及土壤温度、空气温度与湿度等环境因子。

3.1.3.1 土壤微生物

固体水是一种集微生物、化学技术为一体的生态环保产品，其自身具有生物降解功能，一旦它接触到微生物，就会缓慢降解释放出水分。用牛肉蛋白胨培养基培养细菌，马铃薯蔗糖培养基培养真菌，来测定使用固体水后，各处理苗木根系附近与固体水相接触处的土壤微生物的数量。细菌所取土壤悬液体积分数为10^{-3}，10^{-4}，10^{-5}，10^{-6}，真菌所取土壤悬液体积分数为10^{-3}，10^{-4}，10^{-5}，每个培养基重复3次，然后置于恒温箱中培养，操作过程严格在无菌条件下进行。

在未使用固体水的对照土壤中，微生物数量为1.11×10^5个/mL。使用固体水后，土壤微生物数量有不同程度的增加(表3-5)，微生物主要为杆菌，其次为球菌。球菌为单球或双球，不运动，杆菌为长杆，中杆和微小杆，微小杆运动剧烈，球菌与杆菌常在一起生长，很难分开，可能有共生作用，此菌生长速度快，在弱酸条件下生长旺盛。

表 3-5 不同横截面积的土壤微生物数量

树种	处理	横截面积(cm^2)	微生物数量($\times10^6$个)
侧柏	s1	25	9.0
	s2	38	13.4
	s3	50	15.5
	ss2	38	22.8
	ss3	50	33.4
油松	s1	25	13.7
	s2	38	18.5
	s3	50	26.5
	ss2	38	14.0
	ss3	50	21.0

在使用固体水的供试苗木土壤中，固体水的日释水量随土壤微生物的增加而增加，两者呈良好的对数关系(图 3-8 和图 3-9)。在侧柏处理苗土壤中，加剂固体水的微生物数量比相同接触面积的纯固体水的土壤微生物多，在油松处理苗土壤中，情况则相反，加剂固体水的微生物比纯固体水的少，这与固体水的释水量是一致的。这进一步表明，对于一定的横截面积，用于侧柏的加剂固体水释水总量大于纯固体水，而用于油松的加剂固体水释水总量则小于纯固体水，这与降解固体水的微生物总量有直接关系，降解固体水的微生物总量决定了固体水的释水量。

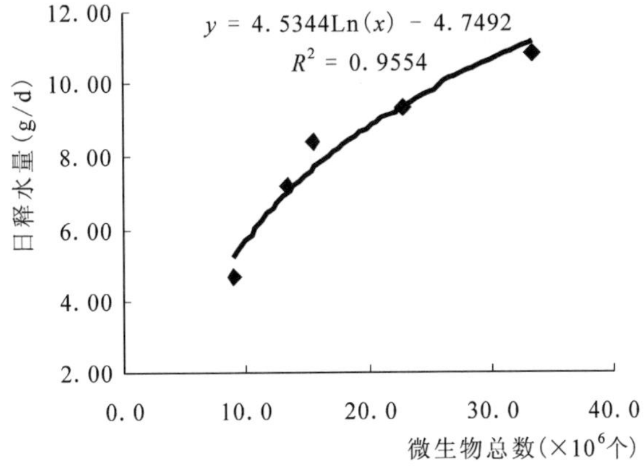

图 3-8 侧柏固体水日释水量与土壤微生物总数的关系

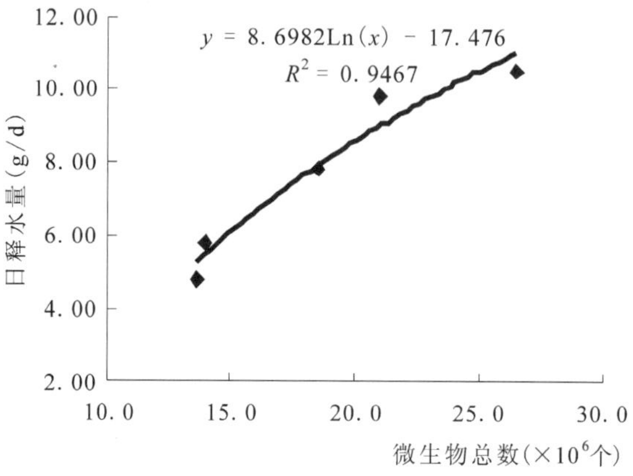

图3-9 油松固体水日释水量与土壤微生物总数的关系

3.1.3.2 横截面积

固体水的平均释水高度相对一致，平均释水速率也相对一致，释水量的大小与固体水接触土壤的截面积呈良好的线形关系，在相同的土壤条件下，固体水的释水量随截面积的增加而增加。由于固体水日释水量与土壤微生物数量呈良好的对数关系，固体水的日释水量随横截面积的增加而增大，微生物数量也随横截面积的增加而增大(表3-5)，因而在同一土壤条件下，不同横截面积对固体水释水量大小的影响主要是通过与固体水接触的微生物数量的多少来实现的。这也同时说明了固体水只能被微生物逐渐降解，进而被植物吸收利用。

3.1.3.3 树种

将固体水用于不同的苗木，其日释水量、释水高度和释水速率无显著差异，可见固体水的释水状况与树种的关系很小(表3-3)。将固体水用于苗木根系附近的土壤，或直接埋于无苗对照的土壤中时，固体水的日释水高度和释水速率的变化曲线几乎相同(图3-3)，可见固体水的释水量与土壤中是否有苗木几乎无关。

3.1.3.4 蒸腾耗水

定量研究植物的蒸腾耗水和固体水的释水规律，可以为干旱半干旱地区抗旱造林确定固体水的最佳用量提供依据。从上述的研究可以知道，苗木处于不同程度的干旱胁迫时，苗木的蒸腾耗水量并不相同，使用固体水的缓释特性可以长期提供植物水分，缓解植物的干旱胁迫，提高水分利用效率。同时由于固体水的用量有限，其水分状况并没有正常浇水的苗木好，因而使用固体水抗旱造林的目的并不是为植物提供充足的水分，而是维持植物在干旱时期的生长与成活。以上的研究表明，阔叶树会通过落叶来减少蒸腾耗水量，在没有任何水分供应的情况下会逐渐枯萎死亡，在有固体水缓慢释水的情况下，会自动调整叶量，以保证固体水释水能满足这部分叶量的蒸腾耗水需求；针叶树因不能及时调整叶量，在受到严重的干旱胁迫后，叶片会逐渐枯萎变黄，即使在有固体水的情况下，如果固体水不是很充足，地上部分也会逐渐枯死，但根系不会枯死，因而在地上部分干枯很长时间后，进行浇水苗木仍有恢复正常的可能。

表 3-6 蒸腾耗水与固体水释水(g/d)

树种	固体水释水量	蒸腾耗水量		固体水释水量	蒸腾耗水量	
		平均值	最大值		平均值	最大值
	横截面积 = $25cm^2$			横截面积 = $50cm^2$		
沙棘	5.1	2.6	4.9	10.0	3.4	5.7
枸杞	5.0	3.4	5.0	10.4	5.2	8.6
柠条	5.3	3.2	5.1	10.4	6.3	8.6

由于蒸腾耗水量受天气的影响较大，蒸腾耗水量的最大值与平均值有较大的差异。结果显示，当蒸腾耗水量小于固体水释水量，使用截面积为 $25cm^2$ 时，固体水释水量与蒸腾耗水量的最大值接近，在这种情况下，固体水释水几乎全部用于蒸腾耗水(表 3-6)。同时也可以得出，对于供试树种沙棘、枸杞和柠条，使用截面积为 $25cm^2$ 的固体水可以维持苗木对水分的基本要求。

从黄栌、臭椿和火炬树的蒸腾耗水规律、固体水的释水情况和浇水恢复状况来看，使用截面积为 $50cm^2$ 的固体水可基本维持苗木一定叶量的蒸腾耗水需求。从供试的 5 年生油松和侧柏来看，使用截面积为 $50cm^2$ 的固体水，在后期苗木地上部分也会死亡，但苗木的根系仍有活力，在 90 天后仍能恢复，可以维持苗木在 3 个月内不至于死亡。

3.1.3.5 环境因子

从图 3-1 和图 3-2 与图 3-10 比较中可以发现，固体水释水状况与各环境因子

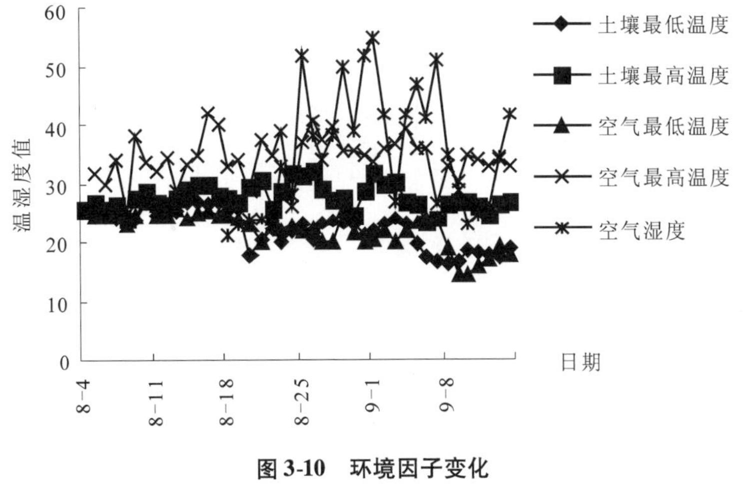

图 3-10 环境因子变化

（土壤温度及空气温、湿度）的变化没有密切的相关关系，表明温度及湿度的变化并不直接影响固体水的释放。但是，由于温度和湿度会影响到土壤中微生物的活性，因而可能间接影响固体水释水量的变化。固体水释水状况受环境因子的影响规律有待于进一步研究。

3.1.4 固体水对土壤的影响

3.1.4.1 固体水残留性

土壤是植物生长发育的重要场所，也是一种非常宝贵的资源。一旦土壤被污染，植物生长将会受到影响，故在植物根系附近使用固体水时，要考虑其降解物是否会给土壤和植物带来不良影响。为了解固体水在土壤中是否可以完全降解、是否有残留。分别将土重10%和土重20%的固体水去其外包装，用尼龙网袋网住后埋于土壤，试验表明，在温室条件下，加入土壤中的固体水在21天内，可以完全降解，无任何残留。

3.1.4.2 土壤重金属含量

从固体水的残留性研究可知，固体水可以完全降解。最终不会有任何不良的物质残留于土壤，为了解其在降解过程中是否对土壤中重金属离子的含量会有所影响，测定了在使用固体水前后汞、铅、镉和铜的含量。

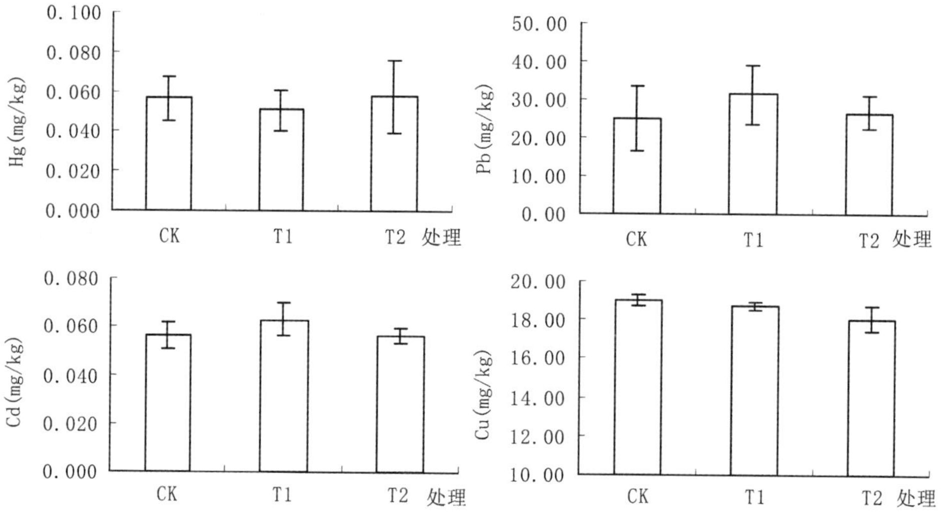

图3-11 土壤中重金属含量变化

从图3-11可知，T1（使用10%的固体水）、T2（使用20%的固体水）和CK的重金属含量差异较小且不显著，从而表明固体水在降解过程中不会显著影响土壤中的重金属含量。

3.1.4.3　土壤pH值

结果显示，对照及各处理的pH值均在7.50~7.70(图3-12)，可见固体水降解完后，土壤pH值不会有显著变化。

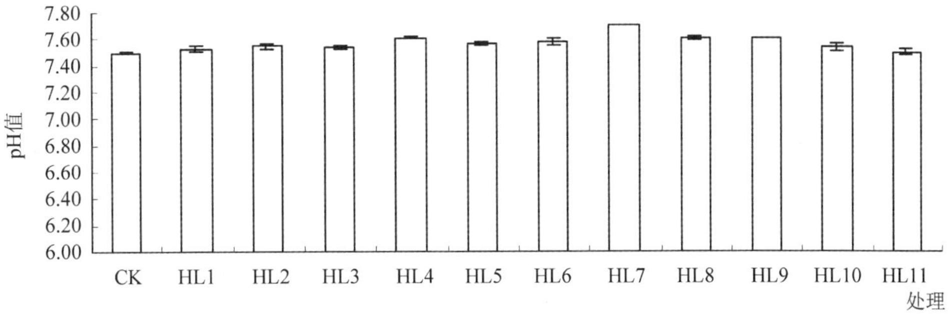

图3-12　各处理的土壤pH值

3.1.4.4　土壤微生物

结果显示，从原样土壤中检测到的细菌有杆菌、弧菌，真菌有黑曲霉；从使用固体水的土壤中检测到的细菌有杆菌，真菌有毛霉和绿色木霉。使用了固体水的土壤，黑曲霉受到抑制，但检测到了毛霉和绿色木霉，原土壤细菌的总数为1.1×10^5个，使用纯固体水和加剂固体水后土壤细菌总数分别为2.3×10^7和3.7×10^7个，固体水周围的土壤微生物比原土壤的微生物增加了100多倍(表3-7)。使用固体水后不仅土壤微生物的种类有所改变，而且其数量有所增多，说明固体水周围的某些土壤微生物的活性有所增加。放于空气中的固体水，上层的细菌数约为下层的3倍，与空气接触处的固体水能检测到毛霉，下层样则检测不到，说明固体水与空气接触后，有毛霉参与固体水的分解。因而当固体水敞口置于空气中时，由于空气中有微生物参与固体水的降解，固体水也会逐渐释水而减少。没有微生物的情况下，固体水可长期保持固体的性质，不挥发、不溶化。一旦接触到微生物，无论在暴露在空气中，还是埋于土壤，它都会逐渐降解，所以固体水在使用之前必须密封保存，以免微生物接触固体水而使其失效。

表3-7　微生物主要菌种及数量

样品号	外观成分	显微形态	细菌总数(个/ml)	真菌总数(个/ml)
1	黑颗粒	杆弧黑	1.1×10^5	黑曲霉1×10^4
2	黑土颗粒	杆毛	2.3×10^7	毛霉有10^3
3	黑土颗粒	球杆木毛	3.7×10^7	毛霉3×10^4；绿色木霉2×10^4
4	黄果冻	杆毛	6×10^6	毛霉4×10^5
5	白果冻	链球杆柄酵母	2.2×10^6	酵母菌出芽3×10^5；毛霉4×10^5

（续）

样品号	外观成分	显徽形态	细菌总数(个/ml)	真菌总数(个/ml)
6	白果冻	杆	9.6×10^7	青霉 8×10^4
7	白果冻	杆木	1×10^5	绿色木霉 2×10^4

注：样品号1为原样土；2为不加剂的固体水的土样；3为加剂的固体水土样；4为7月30日置于空气中的不加剂的固体水上层样；5为7月30日置于空气中的不加剂的固体水下层样；6为8月11日置于空气中不加剂的固体水上层样；7为8月11日置于空气中加剂的固体水上层样。

3.1.4.5 土壤含水量

土壤重量含水量是由MPM-160水分探测计(美国)测得的土壤体积含水量，再根据土壤容重换算而成的。由于固体水均埋于苗木的一侧，因而在测定苗木根层土壤含水量时，选取了在同一半径内，离固体水最近的部位(近瓶)和离固体水最远的部位(远瓶)进行测定。从表3-8和表3-9中可知，在干旱过程中，无论是固体水处理还是无固体水干旱处理，其土壤含水量都是逐步下降的，但固体水处理的土壤含水量的下降幅度明显小于干旱处理，其总趋势是固体水近瓶土壤含水量高于远瓶土壤含水量，远瓶土壤含水量又高于干旱土壤含水量。以最为严重的侧柏干旱为例，干旱土壤含水量为4.1%~4.3%，而此时固体水近瓶土壤含水量保持在6.9%~14.7%，远瓶土壤含水量也保持在6.5%~8.8%。油松的情况也一样，当干旱土壤含水量为6.9%~7.1%时，固体水近瓶和远瓶土壤含水量分别保持在10.1%~15.4%和9.0%~11.8%。说明使用固体水后，通过固体水的缓慢释放，可以增加土壤含水量，从而有效地减缓土壤含水量的下降速度。但是，由于固体水的释水量有限，水分运移受到限制，因而出现近瓶土壤含水量高于远瓶的情况。当然，从远瓶土壤水量高于干旱土壤来看，表明固体水释放后确有水分运移情况，但运移的固体水有限。这也是固体水的优点之一，固体水主要供给与土壤接触处植物根系吸水的需要，很少通过土壤蒸发散失到空气中(因为水分运移有限)，所以可减少无效水分的丧失，实现固体水的高效利用。

表3-8 油松下层土壤重量含水量(%)

日期 编号	8月19日		8月28日		9月6日		9月13日		9月26日	
	近瓶	远瓶	近瓶	远瓶	近瓶	远瓶	近瓶	远瓶	近瓶	远瓶
s1	14.7±0.5	14.3±0.4	10.7±0.2	10.7±0.6	11.3±1.0	9.3±0.6	10.8±0.4	10.1±0.3	10.3±0.2	9.4±0.4
s2	14.8±0.5	14.6±0.4	11.4±0.3	11.1±0.2	11.9±0.3	10.3±0.3	12.0±0.5	9.6±0.6	14.5±0.9	11.5±0.3
s3	15.7±0.5	15.4±0.3	13.0±0.1	12.7±0.6	15.4±1.3	10.2±0.6	15.1±0.3	9.6±0.3	13.7±0.8	11.1±0.2
ss2	15.1±0.5	14.5±0.6	12.2±0.3	11.3±0.6	10.8±0.2	10.6±0.3	10.6±1.0	9.8±0.3	12.6±1.0	10.0±0.2
ss3	15.5±0.1	14.8±0.2	12.1±0.6	11.3±0.6	14.2±0.6	11.2±0.2	10.2±0.5	9.3±0.6	12.5±0.7	10.5±0.3
ck1	14.4±0.4		10.5±0.3		9.5±0.4		8.7±0.1		7.0±0.1	
ck2	15.3±0.6		14.7±0.4		20.6±0.5		16.8±0.6		20.1±0.6	

表 3-9 侧柏下层土重量含水量(%)

编号 \ 日期	8月11日		8月19日		8月26日		9月4日		9月13日		9月26日	
	近瓶	远瓶	近瓶	远瓶	近瓶	远瓶	近瓶	远瓶	近瓶	远瓶	近瓶	远瓶
s1	12.3±0.5	11.9±0.4	10.3±0.6	10.0±0.4	9.7±0.8	9.1±0.4	7.8±0.6	7.4±0.2	6.6±0.1	6.5±0.3	7.3±0.4	6.6±0.1
s2	14.5±0.4	13.4±0.6	10.6±0.3	10.5±0.2	9.9±0.8	9.5±0.4	8.5±0.2	8.0±0.2	6.9±0.5	6.7±0.3	8.5±0.3	7.5±0.2
s3	12.9±0.5	12.8±0.6	10.4±0.3	10.3±0.4	9.2±0.6	8.8±0.4	7.8±0.5	7.6±0.6	9.3±0.6	7.8±0.4	9.0±0.6	6.9±0.4
ss2	12.5±0.4	11.3±0.4	10.4±0.4	10.3±0.6	10.0±0.6	9.5±0.5	11.3±0.7	9.9±0.7	11.9±0.3	8.7±0.7	14.4±0.3	8.4±0.4
ss3	11.8±0.2	11.6±0.3	10.5±0.1	9.9±0.3	9.5±0.5	7.7±0.6	8.1±0.5	7.9±0.4	7.0±0.6	7.1±0.4	10.0±0.6	6.7±0.3
ck1	10.3±0.5		10.1±0.4		9.0±0.4		7.4±0.3		6.2±0.2		4.2±0.1	
ck2	18.2±0.4		14.6±0.5		18.6±0.7		12.6±0.6		19.2±0.6		19.5±0.5	

在各种固体水处理中，横截面积为25cm^{2}的s1处理的土壤含水量下降幅度最大，土壤含水量最低。当严重干旱时，s1固体水近瓶土壤含水量分别为(7.3±0.4)%(侧柏)和(10.3±0.2)%(油松)，远瓶土壤含水量则更低，分别为(6.6±0.1)%(侧柏)和(9.4±0.4)%(油松)；而其他固体水处理的近瓶土壤含水量分别为(8.5±0.3)%~(14.4±0.3)%(侧柏)和(12.5±0.7)%~(14.5±0.9)%(油松)，远瓶分别为(6.7±0.3)%~(8.4±0.4)%(侧柏)和(10.0±0.2)%~(11.5±0.3)%(油松)(表3-8和表3-9)。这种变化趋势与上述苗木叶水势和叶含水量的变化趋势基本一致。这进一步证明，土壤水分是直接影响苗木水分状况的重要因素。固体水这种主动增加土壤水分的方式为干旱缺水地区的造林成活提供了水源保障。根据以上研究表明，选用横截面积38cm^{2}以上的固体水，才能较长时期地(至少45~60天)维持侧柏和油松有较好的水分状况，而使用横截面积在25cm^{2}的固体水仅在短期内(30天以内)有较好的效果。

3.2 固体水对苗木的作用效应

3.2.1 对苗木根系生长的影响

3.2.1.1 对新根生长的影响

根系是植物主要的吸水器官，新根量的多少及根长反映了根系的活力。只有在根系具有活力的前提下，才能吸收水分和营养元素，保证苗木地上部分的生长。若土壤含水量降到根系无法吸收水分的程度，根系会逐渐干枯死亡，整个植物也会萎蔫枯死。使用固体水可以增加新根数量，促进新根生长(表3-10和表3-11)。结果显示，经过60天干旱的侧柏苗木已经没有新根(正常水分苗木的新根则有230根)，其相应苗木的叶呈黄绿色，为明显的缺水状况；而经过45天干旱的油松苗木，新根数量有21根，显著少于正常水分的苗木(新根量269根)。使用固体水后，虽然侧柏和油松苗木新根的数量比正常水分的苗木少，却远多于干旱苗木，其中侧柏新根有24～116根，油松有40～95根。而且其新根均集中在埋有固体水的部位（约占根系范围的1/4），其中s3、ss2、ss3处理的埋有固体水部位（根系范围的1/4）的新根量大于正常浇水的新根量（1/4总根量）。由此可见，固体水具有明显的增加新根数量的作用。

使用固体水后，新根的生长情况较好。对于油松说，使用横截面积为50cm^{2}固体水的苗木，其最长新根长（4.1cm）比正常浇水的苗木（3.1cm）的更长，而干旱油松苗木最长新根长仅为0.6cm。对于侧柏来说，经过60d干旱后，干旱侧柏苗木的根系已干枯，没有新根生长，而使用加剂固体水（截面积为50cm^{2}和38cm^2）的苗木最长新根长度（7.2cm和6.9cm）超过了正常浇水苗木（6.2cm）。这进一步表明艾德迈尔固体水在促进根系生长方面具有一定的效果。

3.2.1.2 根茎比的影响

表3-10 侧柏根系生长状况

处理	新根量（个）	最长新根长（cm）	根干重（g）	根茎比
ck1	0	0.0	3.4	0.17
ck2	230	6.2	10.3	0.30
s1	24	6.0	3.6	0.19
s2	116	4.5	4.5	0.20
s3	100	5.4	4.4	0.20
ss2	72	6.9	4.7	0.21
ss3	65	7.2	5.9	0.27

注：处理60天。

表3-11 油松根系生长状况

处理	新根量（个）	最长新根长（cm）	根干重（g）	根茎比
ck1	21	0.6	2.8	0.12
ck2	269	3.1	4.6	0.16
s1	70	1.6	4.1	0.15
s2	40	1.4	3.4	0.14
s3	95	4.1	5.3	0.16
ss2	87	2.5	3.2	0.14
ss3	78	1.3	4.7	0.15

注：处理45天。

对于供试的油松和侧柏苗木，根的干重越大，说明在试验阶段苗木生长越旺盛，根的生长量越大。苗木的根茎比与抗旱能力有明显的关系，根系分布的深度和广度对抗旱能力有重大的影响。对于干旱的苗木，部分根已死亡，在土壤中会被分解，因而根茎比最小（侧柏为0.17，油松为0.12）；正常水分的苗木根系生长旺盛，因而根茎比最大（侧柏为0.30，油松为0.16）。使用固体水后，油松和侧柏苗木的根干重及根茎比均处于干旱苗木与正常水分苗木之间(侧柏为0.19~0.27，油松为0.14~0.16)(表3-10和表3-11)。使用固体水的苗木，由于新根生长的部位均集中在埋有固体水的部位(约为根系的1/4)，因而从总体上看，根系有一定的生长，根茎比维持在一定的水平，虽然根系生长不如正常水分苗木旺盛，但仍可维持苗木根系的活力，保证与固体水接触部分的根系生长。如果苗木根系全面与固体水接触，苗木将有更好的根系生长状况。

3.2.2 对苗木水分生理的影响

3.2.2.1 对苗木含水量的影响

植物的叶片无发达的机械组织，主要靠细胞吸水后呈现的紧涨度来保持其挺立姿态，以利于充分接受光照和交换气体。在干旱条件下，植物叶含水量会逐渐降低，直至最后萎蔫死亡。在正常水分条件下，侧柏叶含水量保持在(60.46±2.76)%，经过60天左右的干旱后，侧柏叶含水量下降至17.36%，而此时使用固体水的侧柏叶含水量维持在55.23%~60.46%，仅有s1处理的叶含水量较低，为43.95%(图3-13)。油松的情况也一样，在正常水分条件下，油松叶含水量保持在(67.30±1.85)%，干旱45天左右，油松叶含水量下降至54.9%，而此时使用固体水的油松叶含水量维持在62.60%~66.90%，也只有s1处理的叶含水量较低，为58.50%(图3-14)。这一结果与上述叶水势的变化是一致的，使用固体水有利于苗木保持较好的水分状况，特别是在使用横截面积38cm^{2}以上的固体水时，这种状况至少可维持45~60天。但是，如果使用横截面积25cm^{2}的固体水，会使苗木水分状况在后期(>30天)有所恶化，如果得不到其他水源的补充，苗木水分状况会恶化下去，直至苗木死亡。因此，在使用固体水时，一定要根据树种的需水要求来选择不同横截面积的固体水。

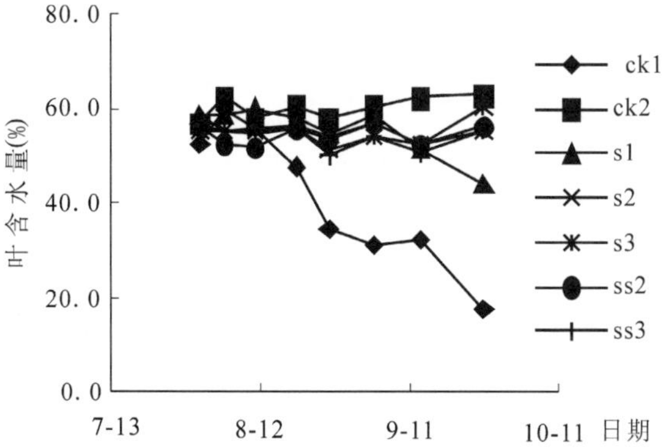

图3-13 侧柏叶含水量变化

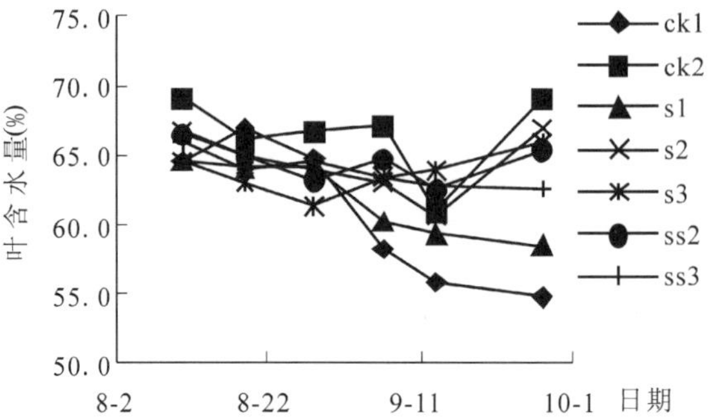

图 3-14　油松叶含水量变化

3.2.2.2　对苗木叶水势的影响

(1)对针叶树种苗木叶水势的影响

水势是反映苗木水分状况的一个重要指标。使用固体水对不同树种及不同年龄阶段的针叶树种苗木的叶水势有不同的影响。使用固体水的 3 年生油松和侧柏苗木叶水势在干旱苗木与正常浇水苗木之间(图 3-15 和图 3-16)，说明使用固体水后，苗木虽然存在一定的水分胁迫，但苗木的水分状况明显好于干旱苗木。在正常水分条件下，侧柏和油松苗木的叶水势保持在 -0.50～ -0.80MPa。但当侧柏干旱 30 天左右时，干旱苗木的叶水势就下降到 -5.55MPa，出现严重的水分胁迫(李吉跃，1990，1991)；而此时使用固体水的侧柏苗木叶水势仅为 -1.48～ -3.32MPa，处于轻度和中度水分胁迫。随着干旱时间的延长，干旱苗木的叶水势已低于 -6.0MPa，处于极端严重的水分胁迫；而此时大部分固体水处理(横截面积为 38cm² 和 50cm²)苗木的叶水势开始恢复到轻度水分胁迫。干旱 35、45 和 60 天时，苗木叶水势分别恢复到 -0.95～2.62MPa、-0.90～ -1.95MPa 和 -0.93～ -1.12MPa，但 s1 处理(横截面积为 25cm²)除外，其叶水势从 -2.43MPa 下降至 -5.45MPa，出现严重的水分胁迫。油松苗木也出现同样的规律，干旱 30 天苗木叶水势下降到 -2.38MPa，处于严重的水分胁迫。干旱 45 天后下降至 -3.08MPa，处于极端严重的水分胁迫(李吉跃，1990；李吉跃，1991；张建国，1993)。而此时除 s1 处理(横截面积为 25cm²)的苗木叶水势降至 -2.43MPa(严重水分胁迫)之外，其他使用固体水处理的苗木叶水势都保持在 -1.10～ -1.50MPa，仅遭受轻度水分胁迫。这充分表明，使用固体水有助于油松和侧柏苗木维持较好的水分状况，但是这种维持的状态与使用固体水的横截面积(固体水与土壤直接接触的面积)有很大关系。使用横截面积为 25cm² 的固体水时，虽然苗木可维持一段时间的轻度水分胁迫，但 1 个月以后苗木便开始受到严重的水分胁迫。这表明使用 25cm² 横截面积的固体水，短期内(<30 天)能使侧柏和油松苗木保持较好的水分状况，但不能长期满足在没有其他水源情况下苗木生长的最低需水量。而当使用横截面积为 38cm² 和 50cm² 的固体水时，虽然也使油松和侧柏产生轻度的水分胁迫，但这种水分胁迫可维持在一定的水平上，

不再有下降的趋势，而且还略有恢复，此过程至少可以持续45～60天。因此，对于3年生油松和侧柏这样的针叶树种来说，应用横截面积38cm²以上的艾德迈尔固体水，至少能维持其苗木生长45～60天。这对于造林苗木度过严重的春旱是至关重要的，这也是固体水最大优点之一。

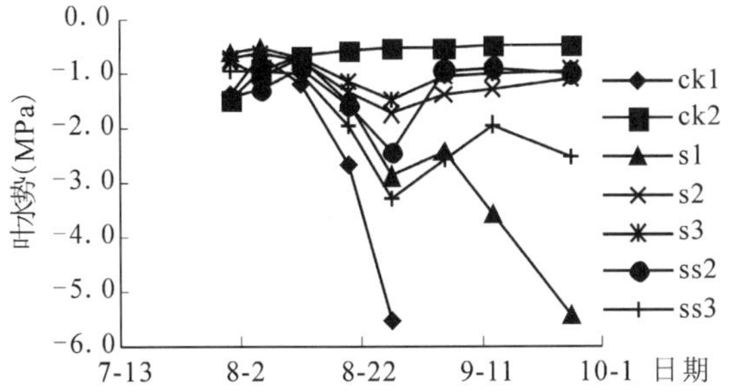

图3-15　3年生侧柏苗木叶水势变化

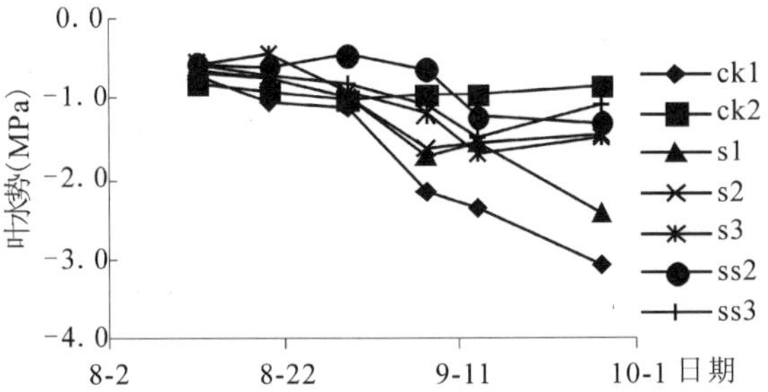

图3-16　3年生油松苗木叶水势变化

与3年生苗木一样，使用固体水的5年生油松和侧柏苗木叶水势也在正常浇水和干旱胁迫苗木之间(图3-17和图3-18)。侧柏干旱胁迫处理CB1在8天内，水势由－0.75MPa降到－5.72MPa；固体水处理CB4在21天内，水势由－0.74MPa降到－6.00MPa，CB5在25天内水势由－0.64MPa降到－5.95MPa；正常浇水的CB10的水势在－0.51～　－1.56MPa。

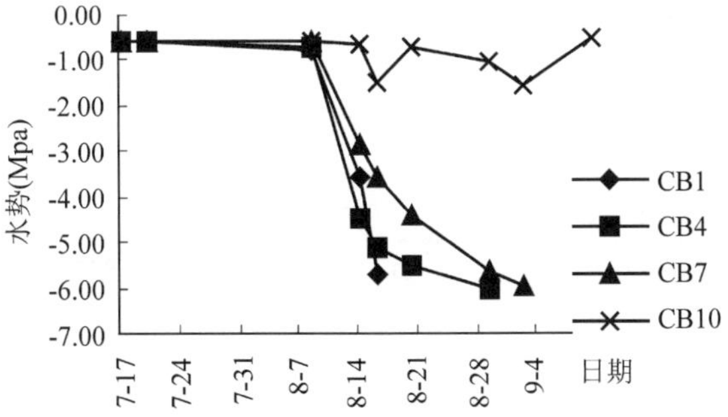

图3-17　5年生侧柏苗木叶水势变化

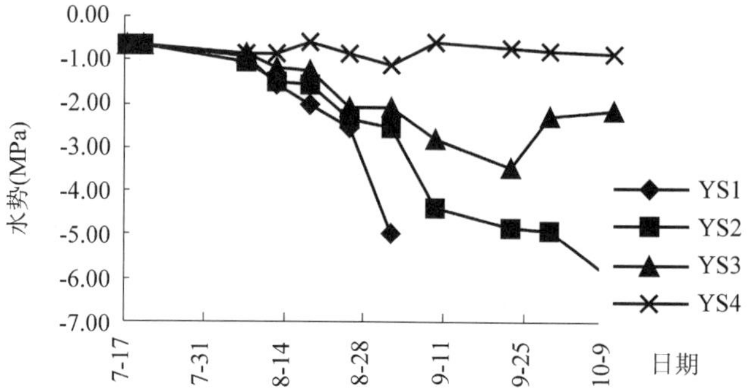

图 3-18　5 年生油松苗木叶水势变化

油松干旱胁迫处理 YS1 在 25 天内叶水势由 -0.93MPa 降到 -4.96MPa；固体水处理 YS2 在 53 天内叶水势由 -1.03MPa 降到 -4.93MPa，YS3 在 46 天内叶水势由 -0.82MPa 降到 -3.50MPa，18 天后水势又恢复到 -2.19MPa；正常浇水的油松叶水势在 -0.59～ -1.09MPa。

可见，对于低水势忍耐脱水的侧柏而言，5 年生干旱苗木叶水势在短期内(8 天)会迅速降低，而处于极严重的水分胁迫；使用固体水后，可以延缓苗木的胁迫时间，但在 20 天后，苗木也处于极严重的水分胁迫。虽然干旱处理与使用固体水的苗木在不到 1 个月的时间内都受到了极严重的水分胁迫，但从以后的浇水恢复情况来看，受到干旱胁迫的苗木均未恢复，而使用固体水的苗木能恢复。对于高水势延迟脱水的油松来说，5 年生干旱苗木叶水势在 25 天内降至 -4.96MPa；固体水 YS2 处理在 53 天后也降至 -4.93MPa；固体水 YS3 处理的叶水势也会降低到 -3.50MPa，处于严重的水分胁迫，但随后又会恢复到中度的水分胁迫。所以在不同的苗木上使用固体水，均能不同程度地缓解苗木受到的水分胁迫。

(2)对阔叶树种苗木叶水势的影响

1 年生的阔叶苗木臭椿、火炬树和黄栌在使用固体水后，其苗木的叶水势也位于干旱苗木与正常浇水苗木之间(图 3-19、图 3-20 和图 3-21)。臭椿干旱苗木 CC1 在 18 天后苗木叶水势由 -0.46MPa 降到 -2.50MPa，苗木处于严重的水分胁迫，在

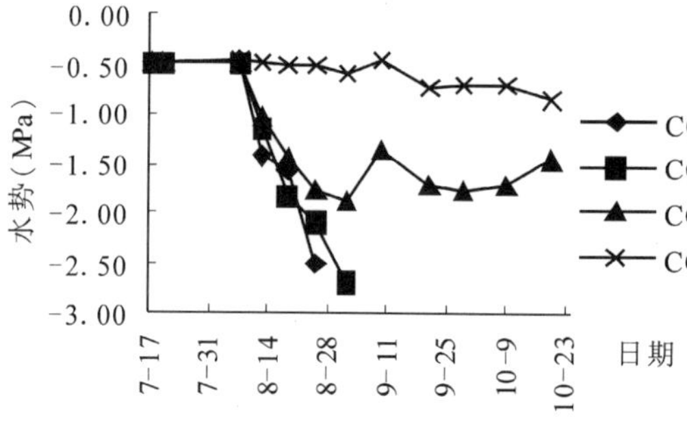

图 3-19　1 年生臭椿苗木叶水势变化

此过程中苗木的叶片由绿色变为黄色并凋落；固体水处理CC2在25天后，苗木叶水势由－0.48MPa降到－2.68MPa，CC3在25天后，苗木叶水势由－0.48MPa降到－1.89MPa，苗木处于中度的水分胁迫，在以后的48天里，叶水势又逐渐恢复到－1.46MPa，处于轻度的水分胁迫。正常浇水的苗木叶水势在－0.45～－0.85MPa间变动。

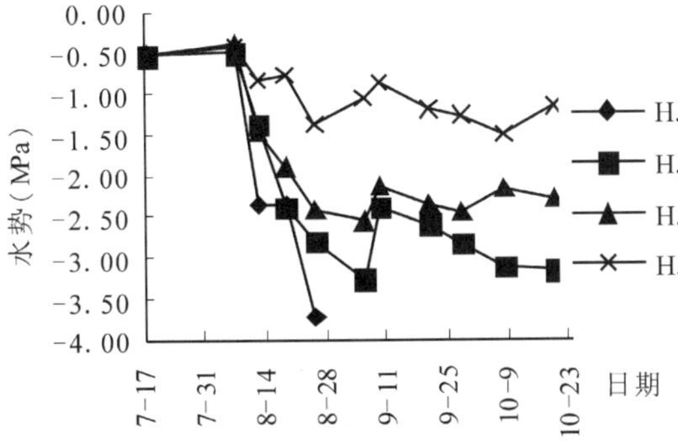

图3-20　1年生火炬树苗木叶水势变化

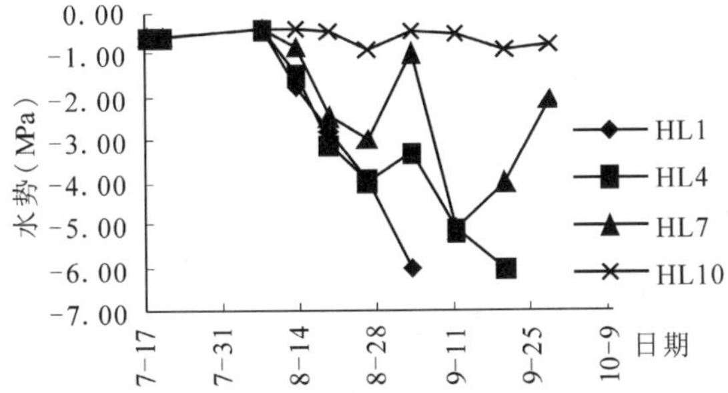

图3-21　1年生黄栌苗木叶水势变化

火炬干旱苗木HJ1也在18天后苗木叶水势由－0.49MPa降到－3.74MPa，苗木处于严重的水分胁迫，苗木的叶片也逐渐枯萎变黄凋落；固体水处理HJ2在73天后叶水势由－0.50MPa降到－3.17MPa，苗木处于严重的水分胁迫，HJ3在73天后，叶水势由－0.41MPa降到－2.29MPa(李吉跃，贺军，1992)，处于中度的水分胁迫，在此过程中，苗木的大部分叶片变黄凋落，仅维持顶端少量叶片的生长；正常浇水的苗木叶水势在－0.45～－1.50MPa间变动。

黄栌干旱苗木HL1在27天后，苗木叶水势由－0.40MPa降到－6.00MPa，苗木处于极严重的水分胁迫，固体水处理HL2在44天后苗木叶水势由－0.39MPa降到－6.00MPa，HL3在35天后苗木叶水势由－0.42MPa降到－5.11MPa，在以后的17天里又恢复到－2.05MPa，处于中度水分胁迫；正常浇水的苗木叶水势在－0.37～－0.92MPa间变动。

可见，在受到干旱胁迫时，阔叶苗木会迅速地通过落叶来减轻干旱胁迫。在有固体水的情况下，阔叶苗木仅保留顶端适量的叶片，而固体水的释水正好保证这部分叶片蒸腾需求，而减轻苗木的干旱胁迫，或保证苗木不至于受到极严重的干旱胁迫而死亡。

(3)对灌木树种苗木叶水势的影响

半年生沙棘、枸杞和柠条在使用固体水后，其叶水势维持在正常水平或轻度水平，苗木并未受到进一步的水分胁迫(图 3-22、图 3-23 和图 3-24)。沙棘干旱苗木在 40 天后叶水势由 -0.35MPa 降到 -1.85MPa，处于严重的水分胁迫；固体水处理 SJ2 和 SJ3 在 93 天后叶水势仍维持在 -0.60MPa 和 -0.61MPa，苗木的水分状况维持在正常水平；此时正常浇水的沙棘苗木叶水势为 -0.63MPa，使用固体水的沙棘苗木叶水势与正常浇水的区别并不明显。枸杞干旱苗木 GQ1 在 57 天后叶水势由 -0.64MPa 降到 -3.38MPa，处于严重的水分胁迫；固体水处理 GQ2 和 GQ3 叶水势在 93 天后仍维持在 -1.81MPa 降到 -1.78MPa，苗木受到轻度的水分胁迫；此时正常浇水的苗木叶水势为 -0.98MPa。柠条干旱苗木 NT1 在 57 天后叶水势由 -0.50MPa 降到 -5.45MPa，处于严重的水分胁迫；固体水处理 NT2 和 NT3 在 93 天后叶水势由最初的 -0.50MPa 分别降到 -2.10MPa 和 -1.78MPa，处于轻度的水分胁迫；正常浇水的苗木叶水势在 -0.43 ~ -1.60MPa 间变动。

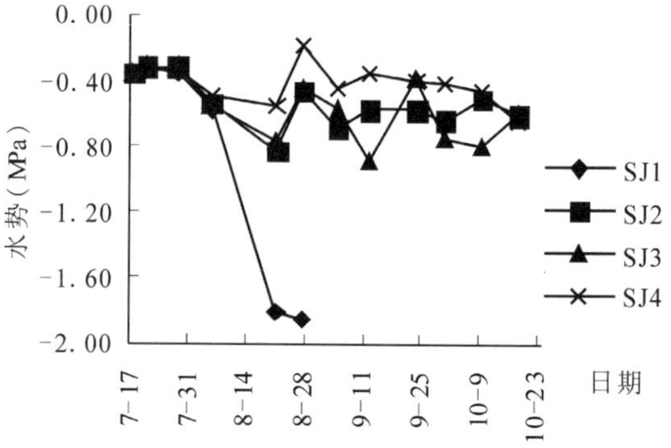

图 3-22　沙棘苗木叶水势变化

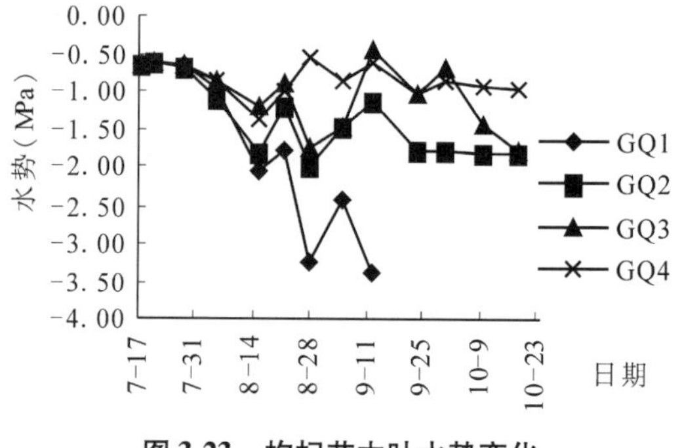

图 3-23　枸杞苗木叶水势变化

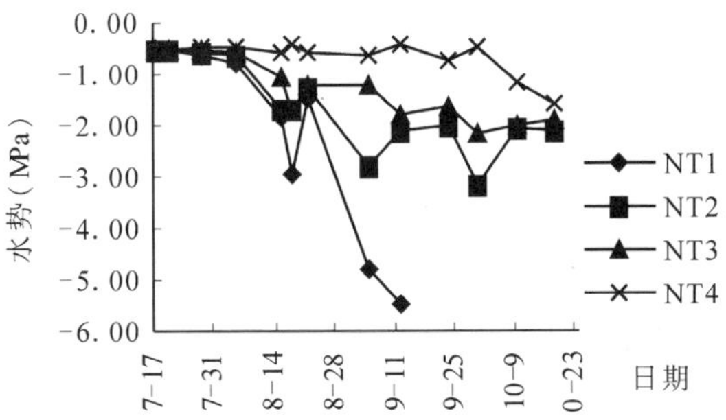

图 3-24　柠条苗木叶水势变化

由此可见，对于灌木树种沙棘、枸杞和柠条，其干旱苗木叶水势分别在40天和57天后降到最低，苗木处于极严重的水分胁迫，此后逐渐死亡。固体水处理的苗木在93天后，仍处于正常的水分状态或受到轻度的水分胁迫，故使用固体水可以维持苗木的水分状态，减轻苗木的水分胁迫，而且截面积为50cm^{2}的固体水足够维持这样的灌木树种生长3个月。

3.2.3　对苗木气体交换能力的影响

3.2.3.1　对苗木净光合速率的影响

水分是植物光合作用的原料，对光合作用的影响很大。土壤、植物和大气这三者中的水分构成了"土壤—植物—大气连续体"，水分总是由水势高的地方向水势低的地方迁移。通常大气的水势最低，植物体次之，土壤水势最高。土壤干旱对植物光合作用具有不利影响。随着叶子水势的下降气孔阻力随之升高。据观察，当植物叶片水势降到－1.1MPa时，光合作用停止(肖文发等，1996)。有研究表明，对于针叶树来说，当叶子水势下降到－1.2MPa时，光合作用就受到很大的影响。光合作用随水势减小而线形下降。当叶子水势达到－3.0MPa时，光合作用几近于零(Seiler&Johnson，1985)。也有研究表明，叶片水势不仅有季节变化而且有日变化，同时耐旱特性不同的树种，其光合作用停止时的叶水势也各不相同差异(李吉跃，1991d)。

(1)对针叶树种苗木净光合速率的影响

结果显示，正常浇水处理的油松苗木净光合速率在1.58～3.50μmol/m^2·s范围内，当所受干旱胁迫的油松苗木叶水势降为－2.02MPa，光合作用显著降低，叶水势降到－4.37MPa时，叶片光合作用降为零，侧柏苗木净光合速率在1.70～6.05μmol/m^2·s范围内，当受到干旱胁迫的侧柏苗木叶水势降到－3.56MPa时，光合作用显著降低，当水势降为－5.72MPa时，叶片光合作用几乎为零(图3-25和图3-26)。

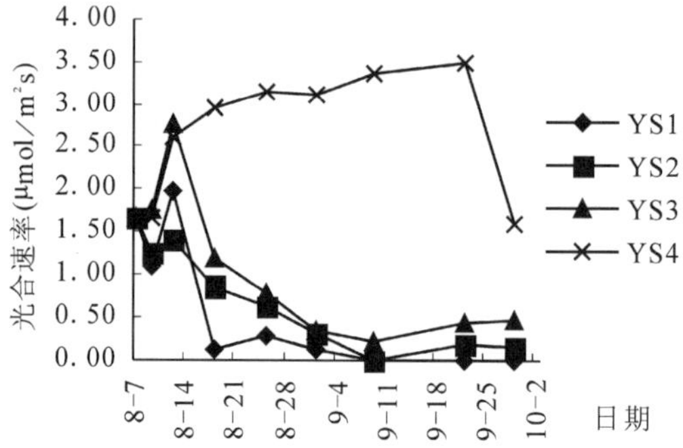

图 3-25　油松苗木净光合速率变化

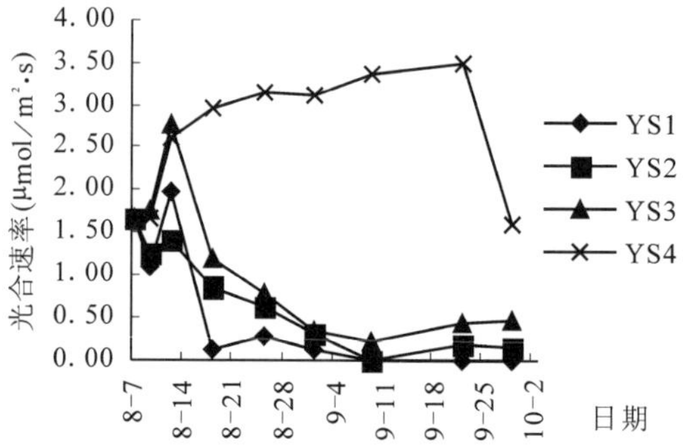

图 3-26　侧柏苗木净光合速率变化

干旱油松苗木 YS1 叶片净光合速率随着干旱胁迫的严重，而越来越小，当水势降到 -2.02MPa 时，叶片净光合速率降到 0.14μmol/m² · s，随后净光合速率增至 0.29μmol/m² · s，接着又逐渐降到零。使用固体水的苗木 YS2 和 YS3 在水势分别降到 -2.34MPa 和 -2.08MPa 时，净光合速率分别降至 0.33μmol/m² · s 和 0.36μmol/m² · s，并一直维持在较低的水平，此过程能比干旱苗木多维持 30 天左右。干旱侧柏苗木 CB1 在 20 天后，净光合速率就逐渐降为零。固体水处理 CB4 的净光合速率在 34 天后降为零，CB7 在 65 天后降为零，两者在降为零之前均有一个净光合速率突然增加的过程。

由此可知，对于不同的树种，净光合速率降为零时对应的水势并不相同，在净光合速率降为零前，会有一个净光合速率先增加再降为零的过程。固体水处理苗木的净光合速率虽然在短期内也会降至很低，但可维持较长时间，而干旱处理苗木的净光合速率在较短的时间就会降为零。

(2)对阔叶树种苗木净光合速率的影响

由结果可知，正常浇水处理的臭椿苗木净光合速率在 2.96 ~ 7.87μmol/m² · s 范围内，当遭受干旱胁迫的臭椿苗木叶水势为 -1.43MPa 时，光合作用显著降低，叶水势降到 -2.50MPa 时，叶片光合作用降为零；火炬树苗木净光合速率在 1.16 ~ 9.94μmol/m² · s 围内内，当受到干旱胁迫的火炬树苗木叶水势降到 -2.38MPa 时，光合作用显著降低，当水势降为-3.74MPa时，叶片光合作用几乎为零；黄栌苗木净光合速率在1.44~11.76μmol/m²·s范围内，当受到干旱胁迫的黄栌苗木叶水势降到-2.78MPa时，光合作用显著降低，当水势降为-3.98MPa时，叶片净光合速率几乎为零(图3-27、图3-28和图3-29)。

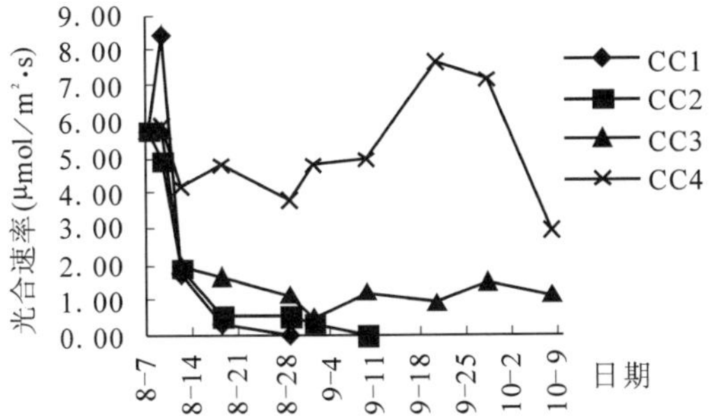

图3-27　臭椿苗木净光合速率变化

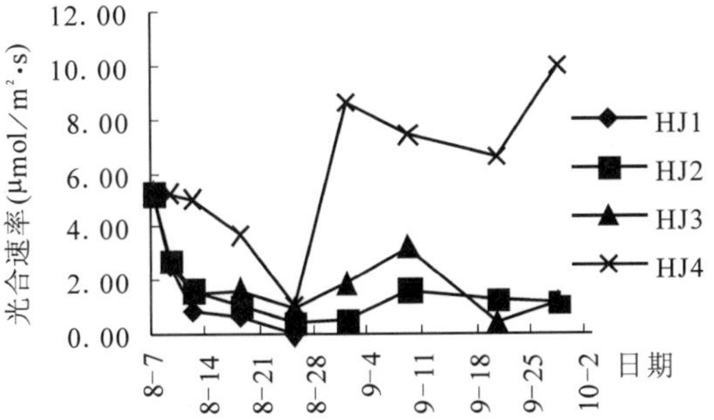

图3-28　火炬树苗木净光合速率变化

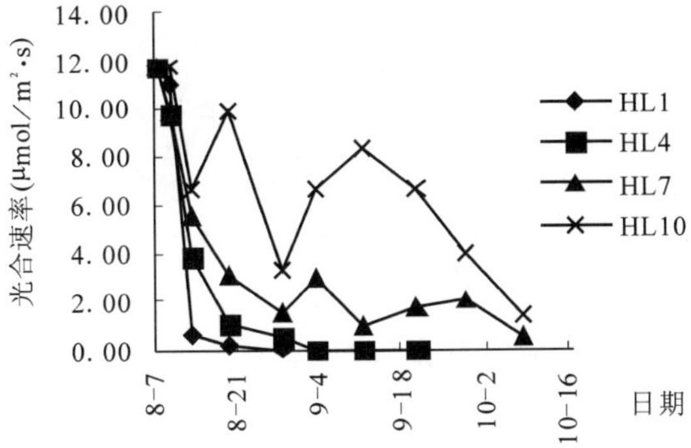

图3-29　黄栌苗木净光合速率变化

干旱臭椿苗木CC1及固体水处理CC2和CC3的净光合速率均在5天后显著降低，但CC1和CC2的净光合速率分别在20天和30天降为零，CC3在以后的70天内一直维持较低的净光合速率。；干旱火炬树苗木HJ1及固体水处理HJ2和HJ3的净光合速率也在5天后显著降低，HJ1在20天后，净光合速率降为零，HJ2和HJ3则一直维持较低的净光合速率；干旱黄栌苗木HL1及固体水处理HL4和HL7的净光合速率在6天后降低的程度各不相同，分别从11.76μmol/m² · s降到0.62μmol/m² · s、3.80μmol/m² · s和5.57μmol/m² · s，HL1和LH2分别在20天和44天后净光合速率降为零，HL3则一直维持较低的净光合速率。

(3)对灌木树种苗木净光合速率的影响

结果显示，正常浇水处理的沙棘苗木净光合速率在6.53~18.95μmol/m² · s范围内，当遭受干旱胁迫的沙棘苗木叶水势为-1.81MPa时，光合作用显著降低，随后叶片光合作用降为零；枸杞苗木净光合速率在7.32~26.90μmol/m² · s内，当受到干旱胁迫的枸杞苗木叶水势降到-3.23MPa时，光合作用显著降低，当水势降为-3.38MPa时，叶片光合作用几乎为零；柠条苗木净光合速率在2.27~13.53μmol/m² · s范围内，当受到干旱胁迫的柠条苗木叶水势降到-1.83MPa时，光合作用显著降低，当水势降为-5.45MPa时，叶片光合作用几乎为零(图3-30、图3-31和图3-32)。

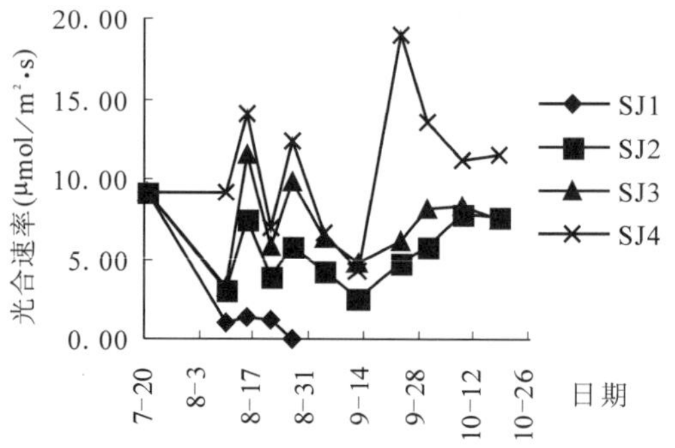

图3-30 沙棘苗木净光合速率变化

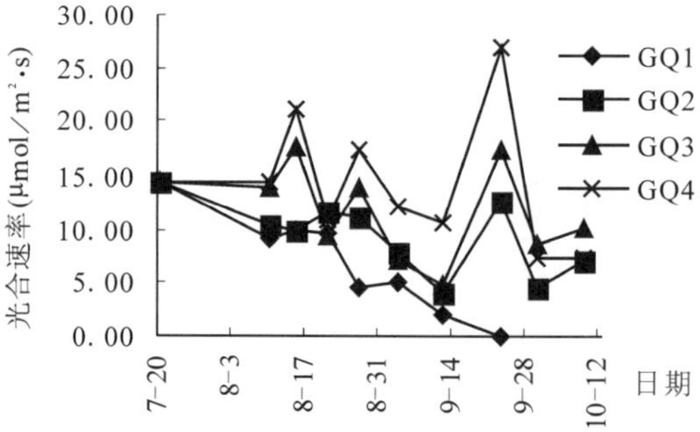

图3-31 枸杞苗木净光合速率变化

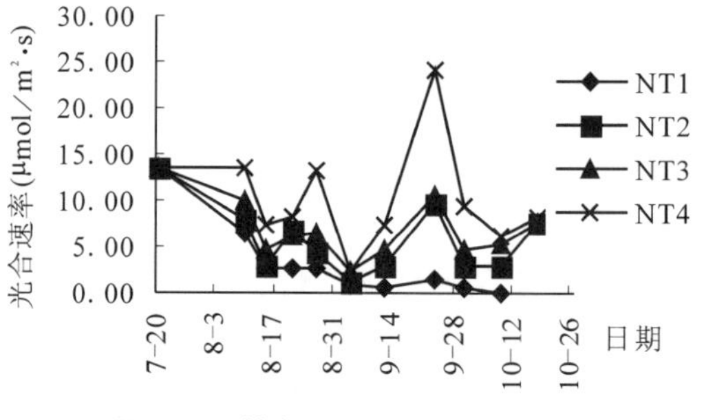

图3-32 柠条苗木净光合速率变化

干旱苗木 SJ1、GQ1 和 NT1 分别在 21 天、52 天和 70 天后，其净光合速率降为零，使用固体水各处理的净光合速率仅略低于正常浇水的苗木。可见对于半年生灌木沙棘、枸杞和柠条来说，固体水处理可基本满足苗木对水分的需求。

由此可见，不同树种的最大净光合速率并不相同，半年生灌木最大，阔叶树其次，针叶树种最小。针叶树种的净光合速率相对较低，在针叶内部可能有光通量密度梯度存在这样就阻止了所有的光合单元达到饱和。针叶的厚度是 600 ~ 1200μm，仅传输 1%~5% 的可见光，而 200 ~ 600μm 厚的杨树叶传输约 5%~20% 的可见光，杨树叶传输的可见光要比针叶树大 4 ~ 5 倍(Jarvis et al. , 1976)。针叶内部的效率也比较低，包括通过光合系统 Ⅰ 和光合系统 Ⅱ 电子传输率和碳纤维活性均比较低(Jarvis，1981)，而且针叶树对 CO_2的最大气孔导度总的来说要比阔叶树低。

有研究表明，净光合速率(Pn)受叶水势(ψ)的影响十分明显，叶子中水分亏缺可使光合作用大大降低，并用一个倍数因子 $f(\psi)$ 来计算 Pn 随 ψ 的变化(肖文发，徐德应，1996)，通过对以上 8 个北方主要造林树种的研究表明，净光合速率会随水势的降低而降低，但并不完全符合倍数关系，而且在净光合速率减小到零的过程中会有一个突然增加有较少的过程，同时，当净光合速率显著降低或降至几乎为零时，不同树种叶水势会有较大的差异。

固体水处理苗木比干旱苗木的净光合速率高，而且可以维持更长的时间，但因树种耐旱特性和需水量不同而维持的时间则不尽相同。总的说来，对于沙棘、枸杞和柠条等灌木树种，使用固体水可一直维持苗木较正常的光合作用；其他供试树种的干旱苗木净光合速率在短期内便降为零，固体水处理苗木虽然在短期内也会显著降低，但可在较长时间内维持低的净光合速率。

3.2.3.2 对苗木蒸腾速率的影响

在 SPAC 中，植物体内的水分平衡由吸水速率和失水速率来控制，而失水速率主要决定于植物蒸腾作用的大小。现有研究表明，关于蒸腾作用与植物耐旱性的关系，旱生植物在干旱时期蒸腾作用较小，但在水分充足时又表现出较强的蒸腾量(赵一宇等，1982)，在干旱胁迫条件下，蒸腾作用与气孔导度都随着水分胁迫的发展而降低(Lassoie 等，1981；Schlte 等，1982；Aussenae 等，1984；李吉跃，1991d)，而气孔关闭则是引起树木蒸腾作用大幅度下降的主要原因(Kramer,，1983；Hsiao，1973)。虽然蒸腾失水会产生使植物生长停滞或死亡的水分亏缺(Kramer，1983)，但是蒸腾作用对于液流的上升、矿质和水分的吸收和运输，以及降低叶温的作用都是不可少的，因此保持一定的蒸腾量是树木控制失水，维持植物体内水分平衡的一个关键。

结果显示，针叶树油松和侧柏的最大蒸腾速率显著低于阔叶树种。沙棘、枸杞和柠条的干旱苗木在 15 天后发生显著的降低，其他干旱苗木在 5 天后即发生显著降低，固体水处理苗木的蒸腾速率也同步降低。但干旱苗木在 20 天左右后蒸腾速率几乎降为零，使用半支固体水的处理最短可维持 33 天，最长可维持 90 多天后苗木的蒸腾速

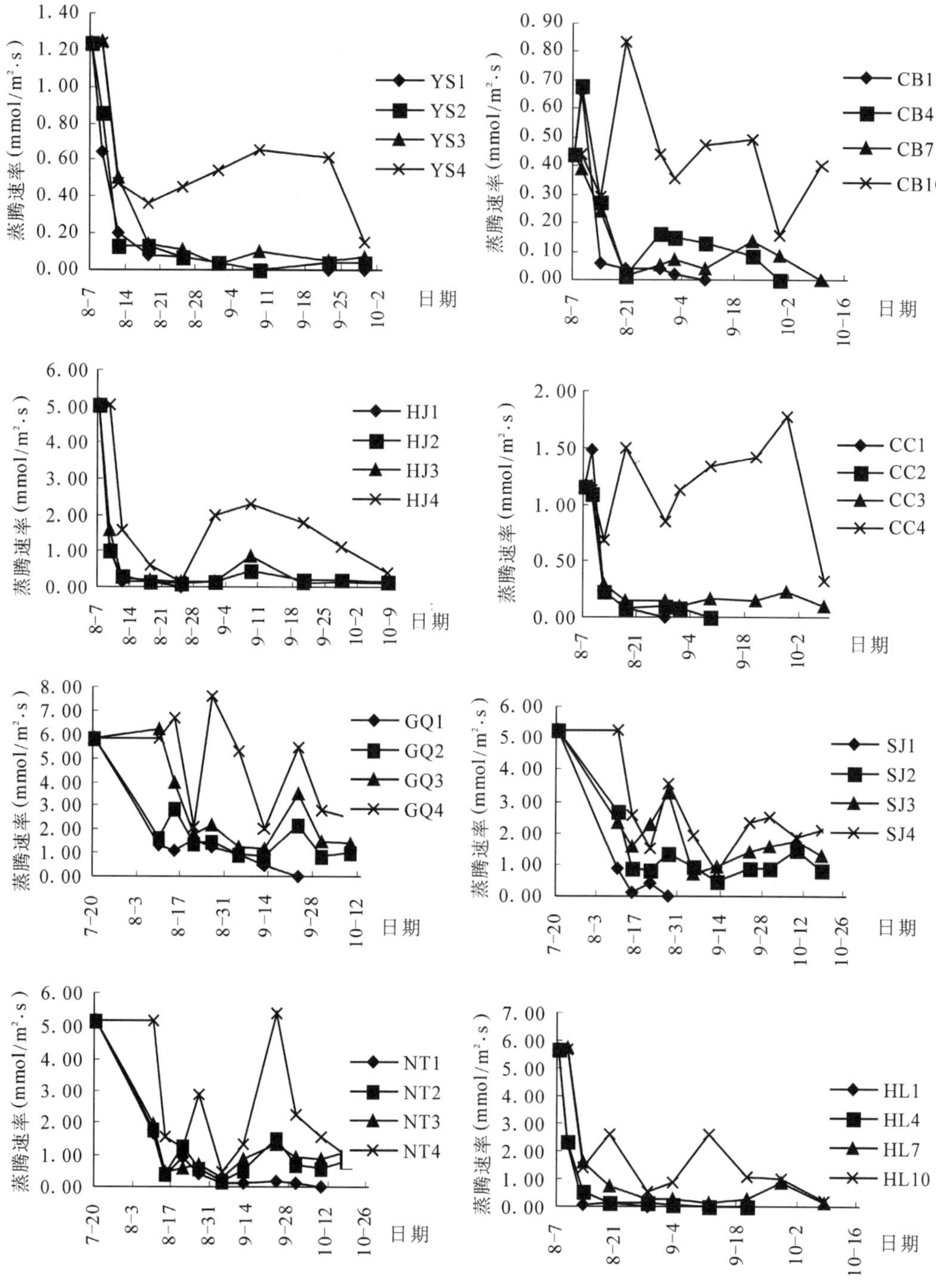

图 3-33　不同处理的蒸腾速率变化

率才降为零；使用一支固体水的处理最短可维持 63 天，最长也可维持 90 多天以上（图 3-33）。因此固体水处理既可以保持较低的蒸腾速率，避免植物因蒸腾作用而失去过多的水分，又可以维持植物体内的水分，保证苗木较长时间的生长。

3.2.3.3 对苗木气孔导度的影响

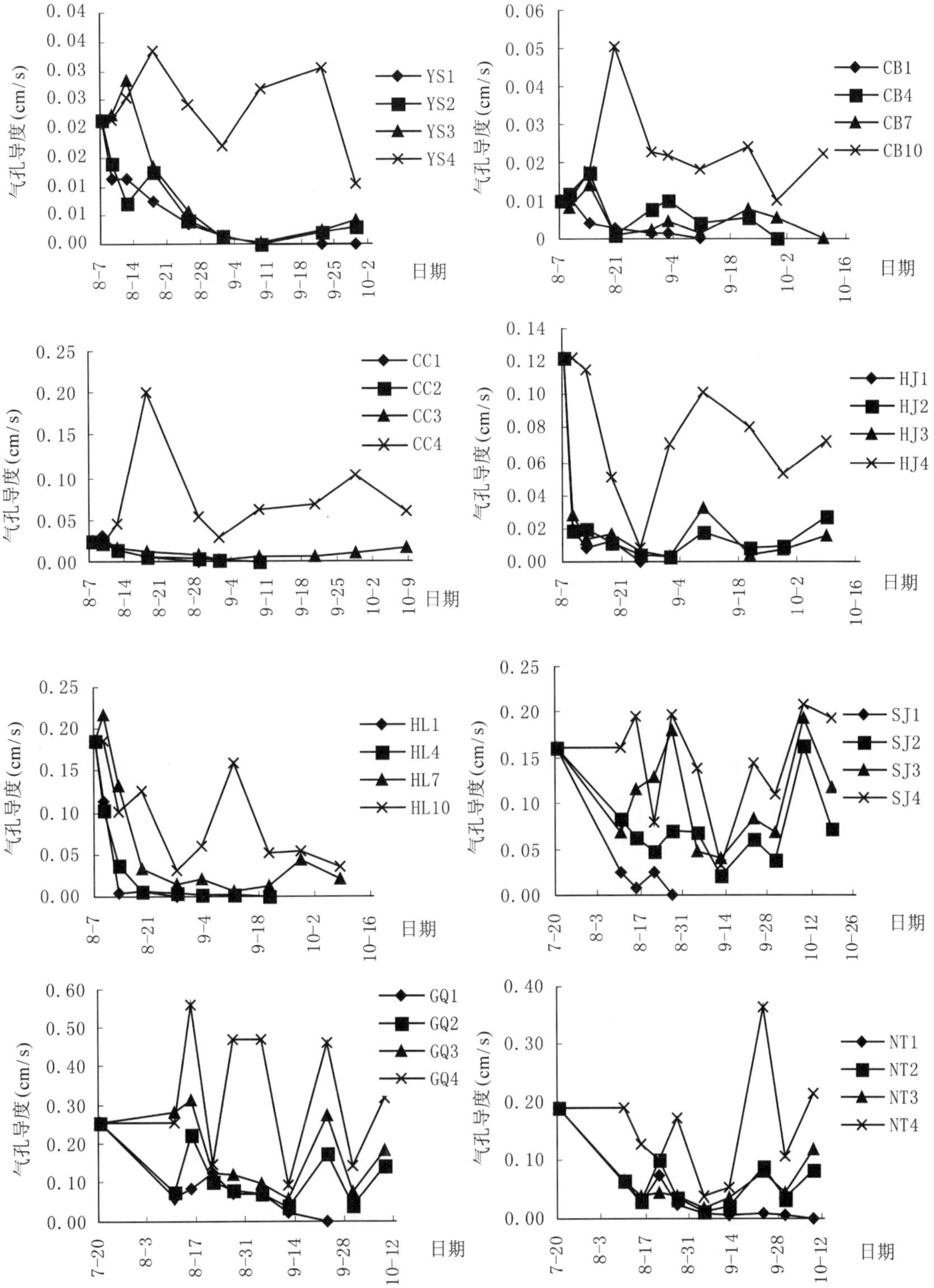

图 3-34 不同处理的气孔导度变化

由于树木光合作用的源物质水汽和CO_2均由气孔出入，因此树木叶片对太阳辐射能的吸收和固定，受叶片气孔的开闭状况的影响很大。通常可用叶子对气孔水汽和CO_2的扩散阻力(R)或它的倒数气孔导度(G)表示。叶子的气孔对于水汽和CO_2扩散导度是随各种外部和内部条件而变化的。通常认为只有最大导度才能反映植物本身的特征，并用来在不同植物间进行比较。Schulze 和 Hall 指出，在最大CO_2同化率和叶子气孔导度之间存在着明显的线性关系，这些线性关系对于同种物种来说是相对稳定的，但在不同种之间却是不同的。

结果显示，气孔导度变化的趋势近似于光合速率和蒸腾速率的变化趋势，这说明在光照、叶室温度、气体流量、CO_2浓度等环境因子都控制在一定的范围内时，由于植物耐旱特性和水分状况不同而导致的气孔导度的差异，同时会影响到光合速率和蒸腾速率的变化。针叶树油松和侧柏的最大气孔导度分别为0.0335m/s和0.0176m/s，显著低于阔叶树种，其中半年生灌木枸杞的气孔导度最大(0.5597m/s)(图3-34)，这也进一步证明了针叶树的光合速率和蒸腾速率会显著低于阔叶树种。气孔导度随干旱胁迫的逐渐严重而减小，固体水处理苗木的气孔导度位于干旱苗木和正常浇水苗木之间。固体水通过持续维持植物水分，调节气孔的开闭，并较长时间维持气孔较小的开度，从而保证植物有一定的光合作用和蒸腾作用。

3.2.4 复水对苗木生长及光合生理的影响

3.2.4.1 复水前苗木生长状况

在苗木受到干旱胁迫的过程中，苗木的外观形态会发生不同程度的变化，用正常苗木、轻微萎蔫、严重萎蔫和干枯死亡四个等级描述苗木的生长状况，分别用3、2、1、0表示，统计后取平均值作图，从图3-35中可以看出使用固体水苗木及对照苗木(未使用固体水干旱苗木及正常浇水苗木)的生长状况。

从图3-35以看出，使用固体水苗木的生长状态均处于正常浇水苗木和干旱对照苗木之间，苗木从正常到萎蔫的枯死的变化趋势与叶水势、净光合速率、蒸腾速率和气孔导度的变化趋势相似。

3.2.4.2 复水后苗木生长及光合生理恢复状况

使用固体水的沙棘、枸杞和柠条在90天后浇水均能完全恢复，对于未使用固体水的枸杞和柠条干旱处理在45天后浇水分别恢复了50%和80%，在此后三次的浇水均无恢复苗木，沙棘苗木在45天浇水即无恢复情况(表3-12)。可见在使用固体水后，苗木能维持更长时间的生长，在野外造林中，可使用固体水直到雨季来临，以确保苗木的成活。

未使用固体水仅用了诱导剂和保水剂的侧柏苗木和干旱对照苗木一样在45天后浇水均不能恢复，而使用25cm^2固体水的苗木在以后的浇水中均有不同程度的恢复，使用50cm^2固体水的苗木在90天后浇水均能完全恢复，从以上对其后期水势、

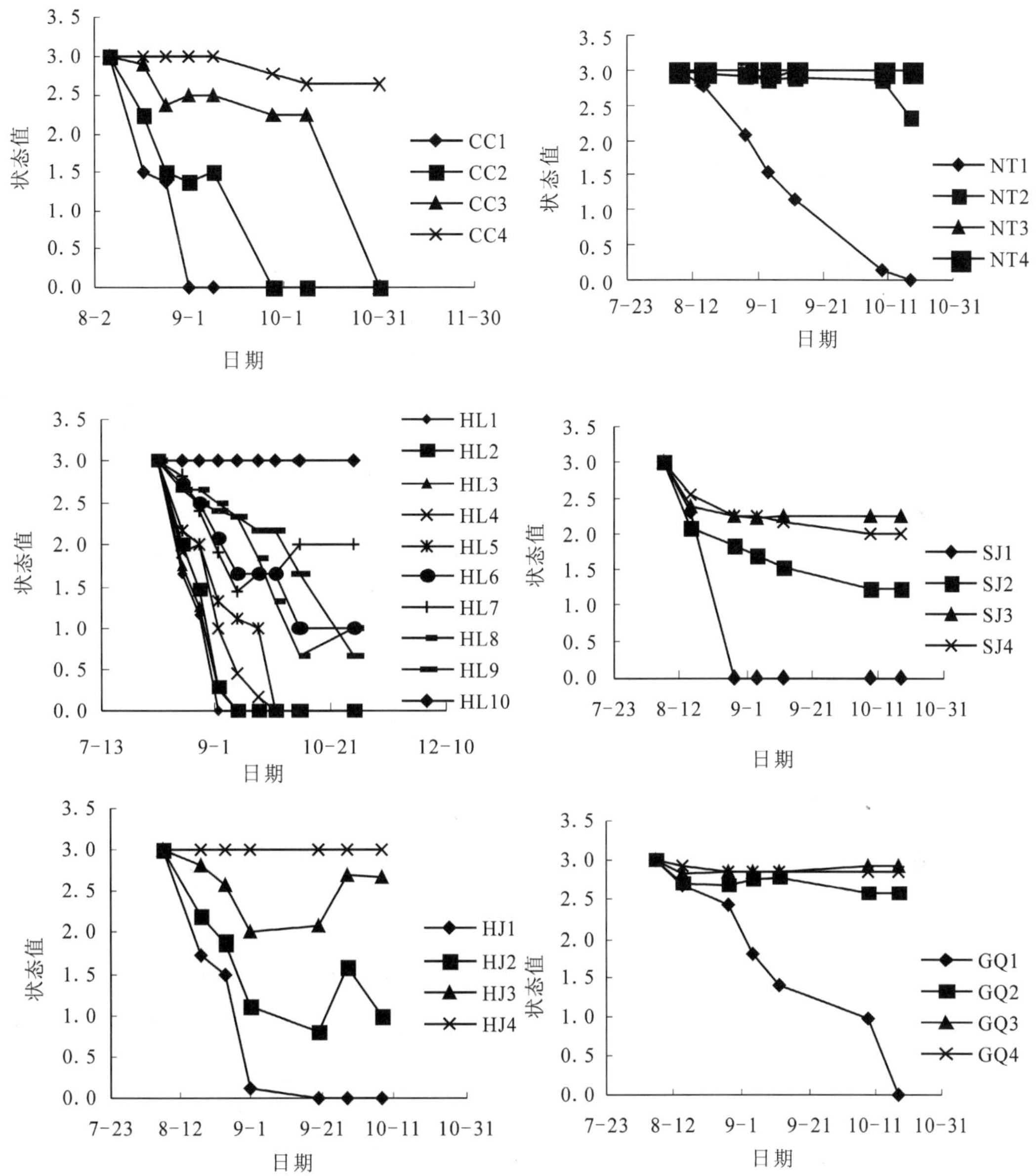

图3-35　各处理状态值

净光合速率和蒸腾速率的测定结果可知，这部分苗木的水势已小于 -6MPa，净光合速率和蒸腾速率已为零，植物的地上部分已经枯死，但因为有固体水在植物根系附近缓慢释水，植物的根系仍有活力，因而在90天后浇水仍可恢复。其他苗木的恢复状况也表明，未使用固体水的处理在45天后浇水有不同程度的恢复，60天后均未得到恢复，而使用固体水的处理在60天后浇水均能得到较好的恢复，在90天后浇水仍能得到不同程度地恢复。

表 3-12 恢复浇水后苗木状况

树种	处理	水势 (MPa)	净光合速率 (μmol/m² · s)	气孔导度 (cm/s)	蒸腾速率 (mmol/m² · s)	恢复百分比(%) 45 天后	60 天后	75 天后	90 天后
侧柏	CB1	< -6	0	0	0	0	0	0	0
	CB2	< -6	0	0	0	0	0	0	0
	CB3	< -6	0	0	0	0	0	0	0
	CB4	-2.16	2.55	0.0161	0.18	100	67	0	0
	CB5	-1.63	2.13	0.0139	0.18	100	100	67	33
	CB6	-2.09	2.50	0.0184	0.21	100	67	33	33
	CB7	-1.54	2.78	0.0173	0.22	100	100	100	100
	CB8	-0.90	2.35	0.0137	0.20	100	100	100	100
	CB9	-0.97	2.10	0.0142	0.20	100	100	100	100
	CB10	-0.71	2.92	0.0173	0.22	100	100	100	100
	CB11	-2.44	0.00	0.0000	0.00	100	0	0	0
臭椿	CC1	< -6	0.00	0.0000	0.00	0	0	0	0
	CC2	-1.01	5.98	0.0630	1.03	50	0	0	0
	CC3	-0.84	2.77	0.0193	0.35	100	100	50	100
	CC4	-0.71	1.51	0.0087	0.16	100	100	100	100
枸杞	GQ1	-2.65	11.20	0.1477	2.31	50	0	0	0
	GQ2	-1.28	14.08	0.2393	3.53	100	100	100	100
	GQ3	-1.16	15.06	0.1706	2.65	100	100	100	100
	GQ4	-0.96	22.90	0.2980	4.39	100	100	100	100
黄栌	HL1	< -6	0.00	0.0000	0.00	0	0	0	0
	HL2	< -6	0.00	0.0000	0.00	0	0	0	0
	HL3	< -6	0.00	0.0000	0.00	0	0	0	0
	HL4	-0.97	9.66	0.1262	1.66	67	100	67	0
	HL5	-0.92	9.67	0.0874	1.24	100	100	33	0
	HL6	-0.96	6.72	0.1071	1.56	67	100	67	0
	HL7	-0.73	7.54	0.0719	1.02	100	100	67	33
	HL8	-0.78	6.00	0.0865	1.03	100	100	67	0
	HL9	-0.92	8.12	0.0739	1.01	100	100	67	0
	HL10	-0.83	6.91	0.0483	0.70	100	67	67	0
	HL11	< -6	0.00	0.0000	0.00	0	0	0	0
火炬树	HJ1	< -6	0.00	0.0000	0.00	0	0	0	0
	HJ2	-1.23	10.41	0.1182	1.53	100	80	67	20
	HJ3	-0.95	7.02	0.0568	0.82	100	100	75	67
	HJ4	-1.03	5.86	0.0437	0.60	100	100	100	100
柠条	NT1	-1.64	11.32	0.2687	4.37	80	0	0	0
	NT2	-1.62	14.73	0.2003	3.05	100	100	100	100
	NT3	-1.51	15.22	0.2408	3.69	100	100	100	100
	NT4	-1.41	14.22	0.2172	3.48	100	100	100	100

（续）

树种	处理	水势 (MPa)	净光合速率 (μmol/m² · s)	气孔导度 (cm/s)	蒸腾速率 (mmol/m² · s)	恢复百分比(%)			
						45 天后	60 天后	75 天后	90 天后
沙棘	SJ1	< -6	0.00	0.0000	0.00	0	0	0	0
	SJ2	-0.62	11.19	0.1676	2.78	100	100	100	100
	SJ3	-0.54	14.37	0.1860	3.15	100	100	100	100
	SJ4	-0.55	13.25	0.3094	4.97	100	100	100	100
油松	YS1	-1.69	1.69	0.0099	0.16	33	0	0	0
	YS2	-0.84	4.16	0.0320	0.39	100	33	33	0
	YS3	-0.88	4.67	0.0352	0.50	100	67	67	67
	YS4	-0.75	5.43	0.0397	0.53	100	100	100	100

3.2.5 固体水不同施用方式对苗木的影响

由表3-13可知，黄栌和侧柏各处理水势间均存在显著差异，从多重比较的结果(表3-14)可知，HL10、HL6和HL8水势之间无显著差异，HL10显著高于HL9，极显著高于其他处理，HL1、HL2、HL3、HL4、HL5和HL11的水势间无显著差异。正常浇水苗木的水分状况最好，对于使用截面积50cm²固体水的HL4、HL5和HL6，HL6(诱导剂用量为0.0025g · L)的水分状况显著好于HL5(诱导剂用量为0.00125g/L)和HL4(未用诱导剂)；HL4与HL5之间无显著差异。对于使用截面积100cm²固体水的HL7、HL8和HL9，HL8(诱导剂用量为0.00125g/L)的水分状况好于HL9(诱导剂用量为0.0025g/L)，HL9的水分状况好于HL7，但这3种处理间的水势并无显著差异。对于黄栌而言，使用同量的固体水，并非诱导剂的用量越多苗木的水分状况越好。诱导剂采用GPIT技术，全称“作物基因表型诱导调控技术”，能提高植物的综合抗逆性能并进行双向自动调控。使用较少的用量就能起到作用，但对于不同的植物有不同的最佳用量。

表3-13 水势方差分析

树种	参数	*SS*	*df*	*MS*	*F*	Sig.
黄栌	组间	43.465	10	4.347	5.865	0.000
	线性对比	8.128	1	8.128	10.968	0.003
	方差	35.337	9	3.926	5.298	0.001
	组内	16.303	22	0.741		
	总计	59.769	32			
侧柏	组间	83.340	10	8.334	17.481	0.000
	线性对比	37.991	1	37.991	79.689	0.000
	方差	34.337	9	3.815	8.003	0.000
	组内	10.012	21	0.477		
	总计	93.352	31			

表 3-14 黄栌水势多重比较

处理	xi	xi-HL11	xi-HL2	xi-HL3	xi-HL4	xi-HL5	xi-HL1	xi-HL7	xi-HL9	xi-HL8	xi-HL6
HL10	-0.42	3.48**	3.44**	3.02**	2.68**	2.46**	2.46**	2.02**	1.42*	0.76	0.42
HL6	-0.84	3.06**	3.02**	2.60**	2.26**	2.04**	1.94*	1.60*	1.00	0.34	
HL8	-1.18	2.72**	2.68**	2.26**	1.92*	1.70*	1.60*	1.26	0.66		
HL9	-1.84	2.06**	2.03**	1.60*	1.26	1.04	0.94	0.60			
HL7	-2.44	1.46**	1.43	1.00	0.66	0.44	0.34				
HL1	-2.78	1.12	1.09	0.66	0.32	0.10					
HL5	-2.88	1.02	0.99	0.56	0.22						
HL4	-3.10	0.80	0.77	0.34							
HL3	-3.44	0.46	0.43								
HL2	-3.87	0.03									
HL11	-3.90										

*在 0.05 水平上差异显著，**在 0.01 水平上差异显著。

从侧柏的多重比较结果(表 3-15)可知，水分状况最好的为 CB10(正常浇水处理)，其水势极显著高于其他处理；其次为 CB9、CB8、CB7 和 CB6，CB9 与 CB8 无显著差异，CB9 极显著好于 CB7 和 CB6；水分状况较差的处理为 CB11、CB5、CB4、CB2、CB3 和 CB1，且无显著差异。对于使用横截面积均为 $50cm^2$ 固体水的 HL7、HL8 和 HL9，HL9(诱导剂用量为 0.0025g/L)的水势高于 HL8(诱导剂用量为 0.00125g/L)，HL8 的水势高于 HL7(没有诱导剂)；对于使用横截面积均为 $25cm^2$ 固体水的 HL4、HL5 和 HL6，HL6(诱导剂用量为 0.0025g/L)的水势高于 HL5(诱导剂用量为 0.00125g/L)，HL4 的水势高于 HL4(没有诱导剂)。可见，对于侧柏来说，在使用相同固体水的情况下，诱导剂用量较多的处理水分状况维持得越好。

表 3-15 侧柏水势多重比较

处理	xi	xi-CB1	xi-CB3	xi-CB2	xi-CB4	xi-CB5	xi-CB11	xi-CB6	xi-CB7	xi-CB8	xi-CB9
CB10	-0.72	5.28**	5.28**	5.17**	4.94**	4.68**	4.61**	3.95**	3.71**	2.74**	1.95**
CB9	-2.67	3.33**	3.33**	3.21**	2.99**	2.73**	2.66**	2.00**	1.75**	0.78	
CB8	-3.46	2.54**	2.54**	2.43**	2.21**	1.95**	1.87**	1.21*	0.97		
CB7	-4.43	1.57*	1.57*	1.46*	1.24*	0.98	0.90	0.24			
CB6	-4.67	1.33*	1.33*	1.22*	0.99	0.73	0.66				
CB11	-5.33	0.67	0.67	0.56	0.33	0.07					
CB5	-5.40	0.60	0.60	0.48	0.26						
CB4	-5.66	0.34	0.34	0.22							
CB2	-5.89	0.11	0.11								
CB3	-6.00										
CB1	-6.00										

从黄栌和侧柏方差分析来看(表3-16)，黄栌和侧柏各处理光合值均存在显著差异。多重比较(表3-17)的结果表明，HL10(正常浇水处理)的光合速率极显著高于其他处理，HL7、HL9、HL6、HL8、HL4、HL11和HL5之间无显著差异，HL7和HL9的光合速率显著高于HL1、HL2和HL3，HL1、HL2和HL3的光合速率几乎为零。可见使用固体水各处理的光合速率位于正常浇水和未用固体水的处理之间，在干旱胁迫的进程中，仅用诱导剂的处理HL2和HL3的光合速率比干旱对照HL1更低。使用诱导剂时，需要保证有较多的水分，如果在干旱条件下，诱导剂的作用会受到限制。当诱导剂与固体水配合使用，随固体水的缓释而缓慢供应给植物时，便会起到较好的作用。

表3-16　光合速率方差分析

树种	参数	*SS*	*df*	*MS*	*F*	Sig.
黄栌	组间	241.884	10	24.188	9.929	0.000
	线性对比	89.000	1	89.000	36.533	0.000
	方差	152.884	9	16.987	6.973	0.000
	组内	53.595	22	2.436		
	总计	295.479	32			
侧柏	组间	71.909	10	7.191	4.490	0.002
	线性对比	21.967	1	21.967	13.717	0.001
	方差	49.942	9	5.549	3.465	0.008
	组内	35.232	21	1.601		
	总计	107.140	31			

表3-17　黄栌光合速率多重比较

处理	xi	xi-HL2	xi-HL3	xi-HL1	xi-HL5	xi-HL11	xi-HL4	xi-HL8	xi-HL6	xi-HL9	xi-HL7
HL10	9.91	10.02**	10.01**	9.72**	9.14**	9.02**	8.82**	7.89**	7.38**	6.89**	6.82**
HL7	3.09	3.20*	3.19*	2.90*	2.32	3.20	2.00	1.07	0.56	0.07	
HL9	3.02	3.13*	3.12*	2.83*	2.25	3.13	1.93	1.00	0.49		
HL6	2.53	2.64	2.63	2.34	1.76	1.64	1.44	0.51			
HL8	2.02	2.13	2.12	1.83	1.23	1.13	0.93				
HL4	1.09	1.20	1.19	0.90	0.32	0.20					
HL11	0.89	1.00	0.99	0.70	0.12						
HL5	0.77	0.88	0.87	0.58							
HL1	0.19	0.30	0.29								
HL3	-0.10	0.01									
HL2	-0.11										

侧柏的多重比较(表3-18)表明，CB10的光合速率极显著高于其他处理，其他处理间均无显著差异。由此可见，对于使用固体水和诱导剂的各处理，虽然水势状

况会有较大的差异，但光合速率均较小，而且没有显著差异。

表 3-18　侧柏光合速率多重比较

处理	xi	xi-CB3	xi-CB1	xi-CB7	xi-CB2	xi-CB8	xi-CB11	xi-CB4	xi-CB5	xi-CB6	xi-CB9
CB10	6.05	5.48**	5.48**	5.23**	4.86**	4.81**	4.69**	4.60**	4.44**	4.80**	3.46**
CB9	2.59	2.02	2.02	1.67	1.40	1.35	1.23	1.14	0.98	0.34	
CB6	2.25	1.68	1.68	1.43	1.06	1.01	0.89	0.80	0.64		
CB5	1.61	1.04	1.04	0.79	0.42	0.37	0.25	0.16			
CB4	1.45	0.88	0.88	0.63	0.26	0.21	0.09				
CB11	1.36	0.79	0.79	0.54	0.17	0.12					
CB8	1.24	0.67	0.67	0.42	0.05						
CB2	1.19	0.62	0.62	0.37							
CB7	0.82	0.25	0.25								
CB1	0.57										
CB3	0.57										

选用水势、土壤含水量和光合速率三个测定指标对黄栌和侧柏的各处理进行聚类分析(图 3-36 和图 3-37)。对于黄栌而言，若聚为三类，正常浇水的 HL10 在一类，使用 50cm^2 固体水处理的 HL7、HL8、HL9 和使用 25cm^2 固体水同时使用 0.0025g/L 诱导剂的 HL6 在一类，其他处理在一类。可见，固体水的用量越多，苗木的水分和光合状况越好，在使用较少固体水时配合使用诱导剂也会起到较好的作用。对于侧柏而言，若聚为三类，正常浇水的 CB10 在一类，未使用固体水的 CB1、CB2 和 CB3 在一类，其他处理在一类。可见对于侧柏而言，使用固体水各处理的水分和生理状况处于未使用固体水和正常浇水处理之间；在使用固体水的各处理间，

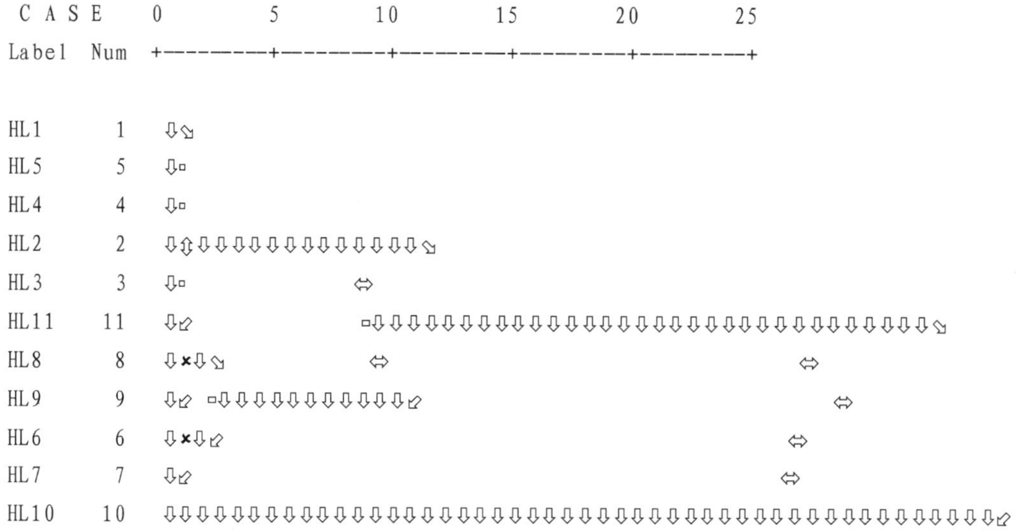

图 3-36　黄栌各处理聚类分析

因为诱导剂的用量，苗木状况也有不同差异；未使用固体水仅使用诱导剂的各处理，苗木状况较差。所以，诱导剂抗逆性的发挥也需要一定的水分，在干旱条件下，仅仅使用诱导剂几乎没有作用，而在配合使用固体水的条件下，则能发挥较好的作用效果。

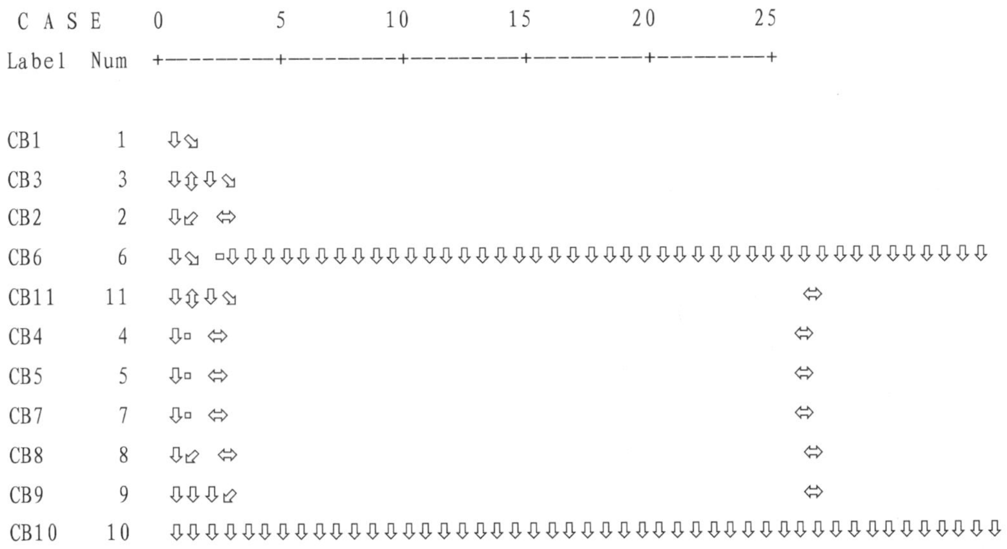

图 3-37　侧柏各处理聚类分析

3.3　固体水在抗旱节水造林中的应用

3.3.1　田间条件下固体水释水与作用效应机理

3.3.1.1　固体水释水及持续供水时间

如前所述，固体水是通过微生物分解后缓慢释放水分的，因此它的降解释水速度除了与其截面积大小有关之外，还与当地土壤中微生物的种类和数量有很大的关系。不同的地区和土壤，由于土壤微生物的种类和数量的不同，造成固体水的分解速度是不一样的。这就直接关系到固体水所能供应苗木生长的时间问题。

本书研究所使用的固体水规格为重量 1kg，截面积为 50cm^2，长度为 40cm，一般使用时是平分成两段，即每段长度为 20cm。对青海省大通县试验点进行的两次固体水降解情况表明，2001 年 6 月初调查的固体水(30 个半支)平均分解了 7.6cm (固体水已使用了 41 天)，日平均释水量 4.64g/d(日释水高度 0.19cm/d)；固体水完全降解总的时间是 108 天，即可以供应苗木 108 天的水分。7 月初调查的固体水(20 个半支)平均降解了 15.8cm(固体水已使用了 75 天)，日平均日释水量为 5.25g/d(日释水高度 0.21cm/d)，固体水供应给苗木水分的时间是 95 天；从两次调查的结果看，固体水分解速度后期快于前期，正好为苗木进入旺盛生长提供必要的水分(表 3-19)。

表 3-19　固体水在野外造林和盆栽试验中的释水情况

试验点	调查时间	野外试验点							盆栽试验	
		采样数	释水天数(d)	释水量(g)	释水高度(cm)	释水比例(%)	释水速率($g/cm^2 \cdot d$)	日释水高度(cm/d)	释水速率($g/cm^2 \cdot d$)	日释水高度(cm/d)
青海省大通县	2001.6.5	30	41	190	7.6	38	0.092	0.19	0.080～0.116	0.16～0.22
	2001.7.8	20	75	396	15.8	79	0.100	0.21		
四川省盐塬县	2001.5.9	30	45	180	7.2	36	0.081	0.16		

2001 年 5 月初对四川省盐塬县试验点固体水的分解情况调查表明，(经过 45 天的降解，平均每半支固体水(20cm)还剩余长度为 12.8cm，即降解了 7.2cm，日平均日释水量为 4.0g/d(日释水高度 0.16cm/d)；固体水在当地气候土壤条件下可持续供应苗木水分的时间是 125 天(表 3-19)。

从两个野外试验点的调查情况来看，释水速率在 0.081～0.100$g/cm^2 \cdot d$ 范围内，日释水高度在 0.16～0.21cm/d 范围内。同期温室内盆栽试验的研究结果表明(周平等，2002c；周平，2002)，固体水的释水量与其接触土壤的横截面积存在显著的线形关系，随横截面积的增加而增加，而在不同树种、横截面积不同的情况下，固体水的释水速率和日释水高度则比较稳定。截面积为 50cm^2的固体水，在苗木处理中，其日平均释水高度为 0.16～0.22cm/d，平均为 0.20±0.01cm/d；在无苗木的使用中为 0.16～0.21cm/d，平均为 0.19±0.01cm/d。截面积为 100cm^2的固体水，在苗木处理下，日平均释水高度为 0.18～0.22cm/d，平均为 0.20±0.01cm/d；在无苗木对照中为 0.21±0.00cm/d。横截面积为 25cm^2和 38cm^2的固体水的释水高度则分别为 0.19～0.20cm/d 和 0.20～0.22cm/d。表明固体水日平均释水高度与其横截面积的大小无明显关系，也几乎不受树种的影响，盆栽试验中固体水的日平均释水高度为 0.16～0.22cm/d，平均为 0.20cm/d。可见，固体水的释水速率是比较稳定的，其供应水分的数量与其横截面积有很大关系，在野外造林时使用的固体水数量应根据树种的耗水性质来确定。固体水的野外抗旱节水造林试验表明，横截面积为 25cm^2的固体水释水速度在 4.0～5.25g/d，对于沙棘、白榆、山杏、火炬树而言，使用了 2 段固体水(即 1kg 的固体水)，每天供应的水分在 8～10.5g，对青杨则使用了 4 段(即 2kg 的固体水)，每天的供水量为 16～21g，均能满足这些树种的成活和生长。

总体来看，固体水在野外抗旱节水造林中至少可以持续 3 个月供应给苗木水分，对于干旱半干旱地区而言，在造林时使用固体水，可以维持苗木的生长直至雨季的来临，这对于保证造林成功，恢复植被有很大的作用。另外，固体水的降解有后期快于早期的规律，这可能与固体水分解后增加土壤水分以及植物根系生长后，土壤中的微生物数量增加有关。而不同地区固体水的降解时间有差异，也与当地土壤微生物的种类和数量有很大关系。

3.3.1.2 固体水对土壤含水量的影响

通过对0~60cm土壤水分的测定(图3-38)，可知使用固体水的处理，在20~40cm深度的水分状况最好，而此深度正是植物根系所在的地方。表层和60cm处的水分状况次之。对照表层的土壤含水量较低，随着深度的增加，土壤含水量增加，到达60cm处土壤含水量又有所减少，使用固体水的处理与对照比较来看，同一坡位，20~40cm深度，使用固体水的土壤含水量高于对照的土壤含水量。

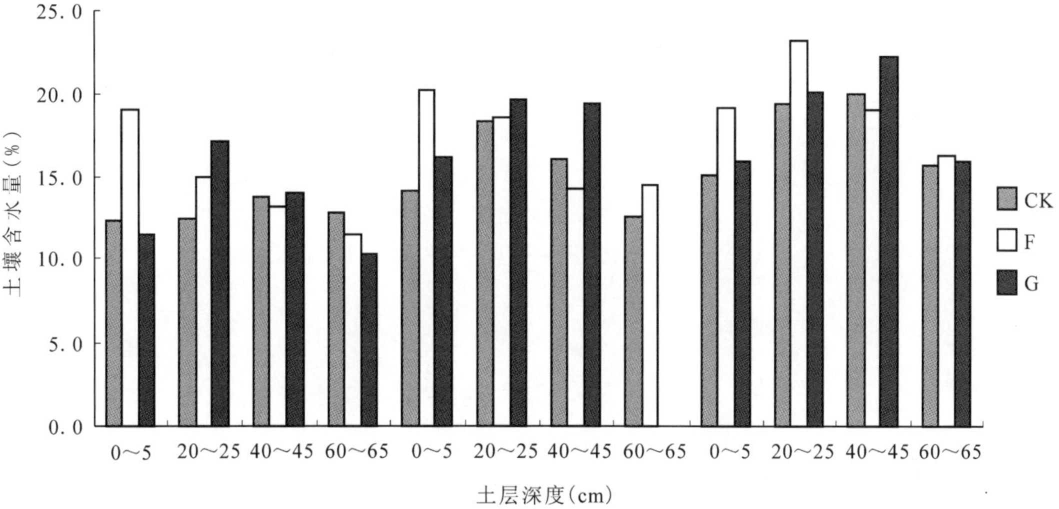

图3-38 不同处理不同土层深度的土壤含水量

采取覆盖后，对于中上坡而言，均是表层的土壤含水量最高，下坡是20cm处的含水量最高，其次为表层的土壤含水量，可见在下坡采取覆盖，土层20cm处能蓄积更多的水分。

通过对试验地土壤含水量的测定，可知使用固体水后，在植物根系生长部位的水分状况比对照好；通过对苗木成活率的调查，可知使用固体水后苗木的成活率高于对照24.1%~51.1%。说明了使用固体水可以改善苗木根系处的水分状况，保证苗木的成活效果。采用覆盖处理后，减少了表层土壤水分的蒸发，表层的土壤含水量较高，其苗木的成活率高于对照1%~27.2%，说明使用覆盖可以提高苗木的成活率，但其效果不如使用固体水明显。

3.3.1.3 固体水对苗木叶水势的影响

固体水是一种是通过微生物分解、缓慢释放水分的产品，能够维持植物在一定干旱胁迫下的水分要求，从而保证苗木的存活。而不同树种的蒸腾耗水的能力是不一样的，其需水规律以及需水量的大小也是不同的，因此，为了解造林树种在干旱胁迫下的水分状况，于2001年6月(雨季来临前)对青海省大通县试验点的苗木进行叶水势测定。

从测定的结果看(图3-39)，使用固体水的苗木，其水分状况良好，其水势均高于其他处理的苗木水势。从水势情况看，沙棘的水势值最高(－0.44～－0.53MPa)，各处理的苗木均处于正常水分状况下；山杏、白榆处于轻度胁迫(水势－0.72～－1.02MPa)；没有使用固体水的青杨处于严重水分胁迫之下，其中，覆盖处理的水势为－3.02MPa，对照处理达到了－3.38MPa，而使用了固体水的青杨则没有受到水分胁迫，其水势值只有－0.22MPa，同时也说明2kg固体水能够充分满足青杨在当地环境条件下的生长。在同等水分条件下，由于沙棘(灌木)的叶面积较少，因此其耗水量小，土壤水分供应的时间的数量可以满足其成活和生长的需求，能够忍受干旱的环境条件；山杏、白榆的叶面积也不大，消耗的水分也相对较少，而青杨的叶面积较多，而且是一种耗水速率较高的树种，在没有水分补充的情况下，受到干旱胁迫较为严重，直接影响到其生长和存活。

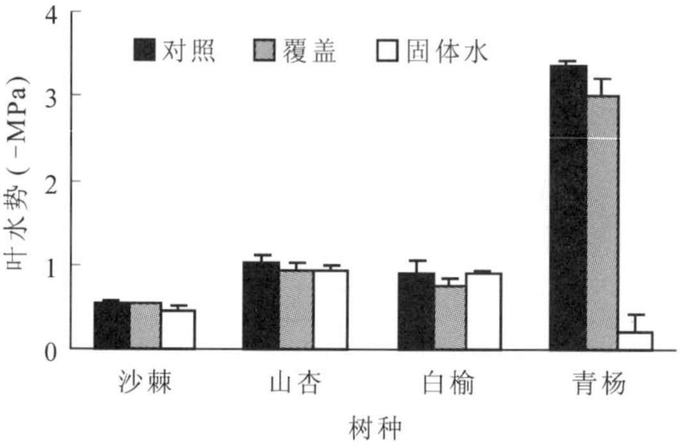

图3-39　不同处理的苗木叶水势

同期温室内盆栽试验的研究表明(周平等，2002a；周平，2002)，使用适宜用量的固体水可以不同程度地缓解苗木受到的干旱胁迫。对于3年生的侧柏、油松，30d后，对照处理(无水分补充)的苗木叶水势分别下降到－5.55MPa和－2.38MPa，处于严重的干旱胁迫状态，使用固体水的处理(横截面积分别为25cm^2，38cm^2，50cm^2)，叶水势的测定结果(侧柏－1.48～－3.32MPa，油松－1.10～－1.15MPa)表明苗木只处于轻度到中度干旱胁迫之间。45天后，对照的苗木处于极端严重的水分胁迫，固体水处理的苗木中，横截面积为25cm^{2}的处理，苗木受到了严重的干旱胁迫，其他2种处理的苗木还保持在轻度胁迫下。对于5年生的侧柏和油松苗木，使用固体水后(横截面积50cm^2)可以延缓苗木受到干旱胁迫的时间。1年生的阔叶树种使用横截面积为50cm^{2}的固体水后，臭椿、黄栌、火炬树在干旱60天后的叶水势还保持在轻度~中度胁迫之下(－1.46～－2.29MPa)，而固体水横截面积为25cm^{2}的处理，3种苗木的叶水势在1个月后就表明受到了严重干旱胁迫，但比对照延长了1～2周的时间。灌木树种(沙棘、柠条和枸杞)由于叶面积较少，消耗的水分不多，因此可以维持的时间较长，1.5～2个月后，对照处理的苗木才受到严重干旱胁迫，而使用2种规格的固体水(横截面积25cm²和50cm²)，3个月后苗木也仅受到轻度的干旱胁迫，特别是沙棘，由于叶面积最少，只使用横截面积为25cm²的固体水的苗木，其叶水势也维持在正常的水平(-0.60MPa左右)。从以上研究表明，使用固体水可以在一定时间中维持苗木的生长，如果持续干旱，也能够延缓苗木受到的水分胁迫，延长其忍受的时间，对于造林苗木渡过干旱期，提高造林成活率有极大的帮助。

从盆栽试验和野外试验的结果表明，不同树种的蒸腾耗水能力是不一样的，其需水规律以及需水量的大小也是不同的，因此，在造林时应根据树种的需水特性来选择适合的固体水用量和以及规格。在青海大通县和四川盐源县的固体水野外造林试验说明，对沙棘、山杏、白榆、火炬树使用1kg(横截面积50cm²)的固体水能够维持苗木的存活，而对高蒸腾耗水的青杨使用2kg(横截面积100cm²)的固体水能够充分满足其在当地环境条件下的生长。

3.3.2 固体水对造林成活率及保存率的影响

严重的水分亏缺是制约森林植被恢复、改善生态环境最主要的限制因子。因此，在干旱半干旱地区及季节性干旱严重的地区，恢复森林植被的关键是推广应用先进的抗旱造林技术，解决苗木的水分供应问题，提高造林成活率及保存率。固体水是一种缓慢释放水分的高新技术产品，能够维持植物在一定水分胁迫下的水分需求，从而保证苗木的存活与生长。

3.3.2.1 对植苗造林成活率的影响

(1)青海省大通县试验点造林成活率

于2001年4月24日进行青海省试验点的野外造林。分别于2001年6月3日，7月8日，10月27日进行了成活率调查(以地上部分生长有成活的叶子为标准)，结果见表3-20。

表3-20 青海省大通县试验点造林成活率(%)

调查时间	措施	山杏	白榆	青杨	沙棘	枸杞	平均
6月3日(40天后)	固体水	66.2	88.9	62.5	97.9	91.3	81.4
	覆盖	64.4	62.2	89.5	75.0	69.9	72.2
	对照	37.3	37.8	62.5	74.0	65.1	55.3
7月8日(75天后)	固体水	90.0	94.0	94.7	93.8	92.9	93.1
	覆盖	74.5	82.4	84.2	84.8	67.1	78.6
	对照	57.4	67.3	70.5	86.4	80.6	72.4
10月27日(186天后)	固体水	88.0	96.0	92.1	97.7	90.0	92.8
	覆盖	74.5	98.0	85.0	78.3	64.3	80.0
	对照	80.9	84.0	67.4	90.9	77.4	80.1

从各树种不同处理成活率的总体情况来看，表现最好的是固体水处理，其次为覆盖处理，再次为对照(表3-20)。造林40天后使用固体水的成活率高于覆盖处理9.2%，高于对照26.1%。造林75天后和186天后的调查结果表明，固体水处理的苗木成活率明显高于覆盖处理和对照，而覆盖处理和对照的差异不明显。使用固体水的最终平均成活率为92.8%。

从造林40天后各树种的成活率来看，与对照相比固体水作用效果最为明显的是白榆，其对照的成活率仅为37.8%，而使用固体水后成活率达到88.9%。从上表可知，使用固体水后成活率高于对照24.1%~51.1%。除山杏的成活率在88%以外，其余树种的成活率均在90%以上。

从造林75天后的调查结果可以看出，使用固体水造林的苗木成活率最高，平均达到93.1%，比对照高出22.7%，覆盖处理对提高苗木的成活率有一定的效果，但不如固体水处理的效果明显，只比对照高出11.1%。另外，固体水处理对4种苗木成活均有明显的作用，其中山杏、白榆、青杨的成活率分别达到90.0%、94.0%和94.7%，分别比对照高出32.6%、26.7%、24.2%；沙棘和枸杞为灌木树种，对水分的要求相对要少些，因此对照的成活率较高，但也比固体水处理的少了7.4%和12.3%。覆盖处理对于某些树种的造林成活率有一定作用，如白榆、山杏和青杨，分别比对照高出15.1%、17.1%和13.7%，而对沙棘和枸杞却有一定的负作用，分别比对照低1.6%和13.5%。因此，在造林中应根据不同的树种制定不同技术措施，这样才能得到良好的效果，同时还可减少不必要的浪费。

从造林186天后的成活率调查数据看，使用固体水处理的成活率最高，平均成活率达92.8%，覆盖处理和对照的成活率基本一致，分别为80.0%和80.1%。

从总的来看，覆盖和对照处理的成活率也较高，主要原因有3点：

一是该地区去年冬季降雪较多，春季雪化后，渗入土壤中，使造林地的土壤墒情较好；二是今年的雨水较往年充沛，干旱的时间短，在6月中下旬即开始有雨水，到7月中下旬的雨水较多；往年的雨水大多较少，干旱季节时间长，造成造林成活率均不高；三是造林时进行了1次浇水处理(每株约5kg水)，这对苗木的成活有很大帮助。例如，我们在10月调查造林成活率的同时，对相同立地条件下的没有进行任何处理的沙棘成活率也进行了调查，共调查265株，成活170株，成活率只有64.2%。说明苗木生长的早期对水分的要求较为迫切，如果前期供水不足会造成造林的失败，若早期能及时供应水分，则能获得较高的造林成活率。而固体水则能通过缓慢的释放以达到较长时间地供应苗木成活及生长所需的水分。

固体水对苗木生长早期(常处于干旱胁迫的情况下)的效果特别显著。比如在当地雨季来临前的6月调查时，固体水处理的平均成活率达81.4%，而覆盖处理和对照的平均成活率分别为72.2%和55.3%。这些处理中有许多苗木的地上部分已经干死，只是由于地下根系的存活，才保证在雨季来临后能有部分恢复成活。如果今年干旱季节再长一些，雨水也没有这么充足，那么成活率将会降低很多。而固体水的处理在三次调查中基本保持较稳定的成活率。

在10月的调查中，使用固体水的各树种成活率分别为：白榆(96.0%)，山杏(88.0%)，枸杞(90.0%)，沙棘(97.6%)，青杨(92.1%)，不同的树种使用固体水后均能达到较高的成活率。说明在当地使用的固体水用量(青杨用2kg/株，其他树种用1kg/株)已能满足苗木生长所需的水分要求。

在第一次调查时(6月)，固体水处理的成活率有一些差别，如白榆，枸杞，青杨的成活率都在90%左右，沙棘更是达到了98%，而山杏只有62.2%。主要原因是由于不同树种对水分的需求不一样，造成其在生长的早期阶段时，地上部分生长有差异；但由于固体水是一种缓慢释放水分的产品，能够维持植物在一定的胁迫状态下生长所需的水分要求，因此能保证植物根系的存活，当雨季来临后，能够供给较多的水分后，植物的地上部分就能正常的生长了。

另外，覆盖措施对造林苗木成活也有一定的促进作用。例如白榆，覆盖处理和固体水处理的成活率都很高，分别是98.0%和96.0%；对青杨而言，覆盖处理也在85%以上；但对于枸杞和沙棘两个树种来说，过长时间的覆盖，特别是在雨季来临之后还覆盖有秸杆则会造成植物根系受水分过多或温度过高的影响，造成成活率下降。也有研究表明，夏季的地面覆盖有可能导致植物叶片温度升高，叶水势提高，使植物蒸腾加强，水分蒸腾加强，水分消耗增大，这在降水非常有限的半干旱地区，就会使植物因土壤水分的严重亏缺而生长不良(邓西平，1990)。对于不同树种，由于其生物生态学特性不一样，对它们的造林措施和施用的水分用量上应区别对待。因此，地面覆盖是否采用，要根据当地的生态条件、植物的生长季节、环境温度、降水状况和植物种类的实际情况来决定。

(2)四川省盐塬县试验点造林成活率

在四川省盐塬县干热河谷条件下，使用合理用量的固体水进行造林，可以得到显著的效果(表3-21)。对火炬树使用1kg的固体水，造林成活率达到94.4%，比对照高出61.1%，比浇水处理高30.2%，达到极显著的水平。而使用0.5kg的固体水处理比对照高26.3%，但不如1kg处理的效果明显，与浇水处理的效果基本一致，说明在当地气候和水分条件下，使用0.5kg的固体水不能满足火炬树的水分需求。另外，在当地造林时对苗木进行截干处理反而影响了苗木的存活，如使用0.5kg固体水处理和对照中截干苗的成活率比不截干苗的低23.6%和28.5%，原因可能是干旱河谷地区的蒸发强烈，造成水分从截口直接散失到大气中，水分损失严重，影响了苗木的成活率。

表3-21 火炬树造林成活率(%)

措施	截干	不截干	平均
1支固体水	97.5	91.3	94.4
半支固体水	47.8	71.4	59.6
浇水处理	65.0	63.5	64.2
对照	19.1	47.6	33.3

注：2001年5月9日进行造林成活率调查。

(3)内蒙古自治区道路绿化造林成活率

在同样浇水灌溉的条件下(为确保通道绿化苗木的成活，内蒙古自治区试验点对是否使用固体水的树苗均进行了浇水)，仍是使用固体水的苗木成活率高(表3-22)，分别比对照高出2.5%，6.1%和10.1%，可以看出固体水在持续供给苗木水分方面起到的较大作用。

表3-22　野外造林成活率(%)

处理	云杉	沙地榆	丁香
浇水	94.1	84.2	70.4
浇水+固体水	96.6	90.3	80.5

(4)毛乌素沙地昌汗淖试验区造林成活率

固体水具有缓慢释放水分的特征，能够维持植物在一定水分胁迫下的水分要求，从而保证苗木的存活(周平，2002；周平等，2002a和2002b；招礼军等，2002和2004；招礼军，2003)。在昌汗淖试验区使用固体水造林后(表3-23)，沙柳苗木成活率高达96.6%，几种苗木成活率平均达73.9%，比对照高13.0%；使用叶面肥浸根后沙柳成活率高达97.3%，几种苗木成活率平均达79.1%，比对照高18.2%，经方差分析不同处理间差异未达到显著($F=4.23<F_{0.05}=5.14$)。但固体水和叶面肥浸根都有提高成活率的作用，其中，使用固体水后沙柳、杨柴、合作杨、旱柳成活率分别比对照提高了37.9%、6.7%、6.1%和1.3%；使用叶面肥浸根后提高了38.6%、9.0%、16.3%和8.9%。无论是固体水还是叶面肥对提高沙柳的成活率的作用均比其他几种树种的作用效果明显，这可能与沙柳是枝条扦插造林有关，因为只有在良好的土壤水分条件下，枝条才更易生根，苗木才可以成活。固体水这种缓慢释放水分的特性正好可以为沙柳成活及初期生长提供所需的水分；而叶面肥本身是一种生长调节剂，可以促进其吸收水分，增强生理代谢功能，且在浸泡的过程中枝条本身也可以吸收一定水分，促进苗木生根，从而提高其成活率。

表3-23　毛乌素沙地昌汗淖试验区苗木成活率(%)

措施	沙柳	杨柴	合作杨	旱柳	平均
固体水	96.6	90.3	38.0	70.7	73.9
叶面肥	97.3	92.6	48.2	78.3	79.1
对照	58.7	83.6	31.9	69.4	60.9

注：表格中各树种数据采用随机抽样法调查每隔3行调查1行；每个处理调查株数≥300株(旱柳每个处理60株)。

(5)鄂尔多斯市造林总场试验区造林成活率

从调查结果(表3-24)可以看出，使用固体水后沙柳苗木成活率最高达95.3%，几种苗木成活率平均达84.8%，比对照高出9.7%，经方差分析，达到显著差异($F=26.96>F_{0.01}=10.13$)；固体水处理对4种苗木存活均有明显的作用，其中灌木沙柳、杨柴和大白柠条苗木的成活分别达到95.3%、91.1%和67.1%，分别比对照高出14.0%、7.3%和11.3%，乔木合作杨成活率提高程度不如灌木树种明显但也有所提高，提高了5.9%，乔木树种成活过程中需要更多的水分，1kg固体水还不能满足其成活生长需要，以后的试验中应该适当增加固体水的用量。固体水在昌汗淖试验区效果未达到显著差异，而在该试验地对成活率的作用效果却达到显著，这与该地的气候地理条件有关。经调查在造林当年的7月，昌汗淖试验区固体水已经分解完全，而该地却有部分未分解，该区与昌汗淖不同在于地表为裸露沙地，几乎无杂草，土壤中微生物活动相对较少，固体水分解的较慢，可较长时间供苗木生长所需，同时与苗木竞争水分的杂草少，也有利于苗木生长。因此，在造林中应根据树种的需要和立地条件制定固体水的用量，这样才能达到满足树木成活生长需要的效果，同时还可减少不必要的人力和财力的浪费。

表3-24 鄂尔多斯市造林总场苗木成活率(%)

措施	沙柳	合作杨	大白柠条	杨柴	平均
固体水	95.3	85.7	67.1	91.1	84.8
对照	81.3	79.8	55.8	83.8	75.1

注：取样方式同表3-23。

(6)准格尔水土流失试验区造林成活率

在干旱、半干旱的黄土丘陵沟壑水土流失区，固体水同样可以提高不同树种的造林成活率(表3-25)。其中针叶树种油松施用固体水后造林成活率可达83.0%，而对照仅为76.6%，使用固体水后造林成活率提高了6.4%，山杏施用固体水后造林成活率可达89.4%，比对照(82.4%)提高了7.0%，沙棘施用固体水后造林成活率可达86.0%，比对照(76.5%)提高了9.5%，柠条施用固体水后造林成活率可达85.0%，比对照(60.1%)提高24.9%。经方差分析(表3-26)不同树种间没有达到显著水平($F=0.61<F_{0.05}=2.90$)，而使用固体水和对照之间差异极显著($F=33.8>F_{0.01}=7.50$)。油松的成活率增加幅度不如其他3个树种，针叶树种比较难成活，需要较好的的水分条件，而1kg固体水可能还不能满足其所需的水分，以后的试验还应该进行多用量试验。

表3-25 准格尔旗水土流失区固体水造林成活率表(%)

措施	油松	山杏	沙棘	柠条	平均
固体水	83.0	89.4	86.0	85.0	85.85
对照	76.6	82.4	76.5	60.1	73.9

表3-26 准格尔旗水土流失区固体水造林成活率方差分析

差异源	df	SS	F	F_{crit}
不同树种	3	917.36	0.611	2.90
不同处理	1	2001.49	38.798**	7.50
误差	32	412.7		
总计	36	3331.5		

3.3.2.2 对播种苗成活率的影响

在播种造林之前测定了造林地点的土壤体积含水量(表3-27)。可以看出在年降雨量不足300mm的甘肃省兰州试验点，土壤体积含水量很低(8.5%~15.3%)，而种子主要在土层20cm以上，其土壤体积含水量为(8.5%~11.4%)(其重量含水量为7.4%~10.0%)，如果采用播种造林，则种子将很难发芽。

表3-27 试验点土壤体积含水量(%)

土壤深度(cm)	5	20	40	60	80
阳坡	9.2	10.0	9.4	10.1	8.9
半阳坡(无滑坡)	8.5	10.0	10.0	10.2	9.1
半阳坡(有滑坡)	10.1	11.4	15.3	14.4	12.0
半阴坡	10.3	10.4	11.1	10.0	9.3
阴坡	10.6	10.8	11.7	11.8	10.7

采用鱼鳞坑整地方式，坑的深度为40cm×20cm×30cm的规格。5月31日用3种固体水处理和对照进行柠条种子的播种造林，柠条种子在30℃浸种一昼夜。播种时固体水处理1(T1)：将固体水切为对等的两分，两端的封口也打开，竖直放置，其上撒播柠条种子，再覆一层薄土；处理2(T2)：将固体水切为对等的3份，两端的封口也打开，水平放置，其上撒播种子，再覆一层薄土；处理3(T3)：将固体水切成对等的3份，两端的封口也打开，竖直放置，其上撒播种子，然后覆一层薄土。每穴播种40粒种子。从实验室柠条种子的发芽情况可知，柠条种子在7天内几乎全部发芽，所以于6月8日(1周后)调查种子的发芽情况(表3-28)(只要坑中有一粒种子发芽即为发芽)。

表3-28 柠条种子发芽率(%)

处理	调查坑数	发芽坑数	发芽率
T1	72	59	81.9
T2	65	28	43.1
T3	54	26	48.1
CK	40	0	0.0

从柠条的发芽率来看，发芽的种子均为使用了固体水的种子，而对照没有一例发芽。这说明，在干旱荒山进行播种造林，如果没有相应的抗旱保水技术措施，造林很难成功。对于3种不同的固体水处理，其发芽率也有差异，其中T1处理(81.9%)显著高于T2(43.1%)和T3(48.1%)。T2与T3的差异不明显。因而对于相同重量的固体水，使用方式不同，作用效果也不一样。

3.3.2.3 对造林保存率的影响

(1)毛乌素沙地昌汗淖试验区造林保存率

2004年对毛乌素沙地昌汗淖试验区各试验树种的保存率进行了调查(表3-29)，并对其进行了方差分析(表3-30)。结果显示，在不同处理情况下(使用固体水与未使用的对照)对苗木保存率影响达到极显著水平($F = 34.25 > F_{0.01} = 5.08$)，使用固体水后几种苗木的平均保存率分别为73.9%，均高于对照(60.9%)。在固体水作用下几个树种间的保存率也达到了极显著水平($F = 82.12 > F_{0.01} = 4.22$)(表3-30)，在固体水处理下，沙柳、杨柴、合作杨和旱柳的保存率分别为95.2%、72.8%、35.6%和65.2%，分别比对照高出42.2%、24.1%、10.1%和30.3%。因此，通过固体水抗旱节水造林，沙柳和旱柳的保存率最高，其次为杨柴和合作杨。

表3-29 毛乌素沙地昌汗淖试验区苗木保存率(%)

措施	沙柳	杨柴	合作杨	旱柳	平均
固体水	95.2	72.8	35.6	65.2	73.9
对照	53.0	48.7	25.5	34.9	60.9

表3-30 毛乌素沙地昌汗淖试验区苗木保存率方差分析表(%)

变异源	SS	df	F	F_{crit}
树种	1314.3	3	82.12**	4.22
处理	3654.4	2	34.25**	5.08
误差	2560.7	48		
总计	26207.2	59		

(2)鄂尔多斯市造林总场试验区造林保存率

虽然固体水在造林当年的4~7月就可完全释放被植物吸收，对次年的保存率没有直接影响和作用，但是，由于造林当年对苗木的生长提供了充足的水分，因而与对照相比，其根系生长和地上部分的生长状况较好，为来年的存活与生长奠定了坚实的基础，这一点从库布齐沙漠造林总场固体水造林试验的保存率状况上明显反映出来(表3-31)。与对照相比，加入1kg固体水，沙柳的保存率平均达到91.84%，而对照仅为74.28%，造林保存率提高了16.56%，杨柴加入固体水的保存率达到65.66%，对照仅为61.56%，保存率提高了4.1%，这里需要特别提出的是，杨柴的保存状况与上一年调查的成活状况差距很大，其原因不在于固体水，而是由于近年来天然林保护工程的开展和禁猎，使得库布齐沙漠区域的野兔数量和种群大量增加，甚至于达到了公害程度，杨柴是豆科植物，野兔比较喜食，因此造成大量杨柴植被被食，导致保存率下降，这一点在其他试验地段也有明显地反映。合作杨加入固体水后造林保存率达到了82.42%，而对照仅为52.96%，保存率提高了29.26%；大白柠条使用固体水后，造林成活率比对照提高了20.38%。固体水对几个树种的保存率影响，沙柳作为一个乡土树种，其保存率最高，其次是杨树、杨柴、大白柠条等由于第一年的造林成活率较低，所以保存率也较低。

表 3-31 鄂尔多斯造林总场苗木保存率(%)

措施	沙柳	合作杨	大白柠条	杨柴	平均
固体水	91.8	82.4	56.9	68.4	74.9
对照	74.3	25.9	36.5	63.6	49.6

注：表格中各树种数据均采用随机抽样法调查每隔 3 行调查 1 行；每个处理调查株数≥300 株。

对鄂尔多斯造林总场苗木保存率进行方差分析，结果显示：树种间差异极显著($F=89.25>F_{0.01}=4.46$)，处理间差异也达到极显著水平($F=130.98>F_{0.01}=7.50$)(表 3-32)。

表 3-32 鄂尔多斯市造林总场苗木保存率方差分析表(%)

变异源	*SS*	df	*MS*	*F*	F_{crit}
树种	6636.6	3	2212.09	89.25**	4.46
处理	3246.3	1	3246.3	130.98**	7.50
误差	793.1	32	24.79		
总计	11453.5	39			

(3)准格尔水土流失试验区造林保存率

2004 年对准格尔水土流失试验区固体水试验各树种的保存率状况进行了调查(表 3-33)，可以看出，在干旱、半干旱的黄土丘陵沟壑黄土流失区，固体水同样可以提高不同树种的造林成活率。油松施用固体水后造林保存率可达 80.5%，而对照仅为 61.6%，造林保存率提高了 18.9%；山杏施用固体水后保存率比对照提高了 11%；沙棘施用固体水后保存率比对照提高了 10.5%；柠条施用固体水后保存率比对照提高了 28.3%。在水土流失区固体水对几个树种作用大小依次为柠条、油松、山杏和沙棘。通过方差分析(表 3-34)，固体水作用下，各树种间的造林保存率差异达到极显著($F=4.9>F_{0.01}=4.46$)，固体水与对照之间的差异也达到极显著水平($F=36.61>F_{0.01}=7.50$)。

表 3-33 准格尔旗水土流失区固体水造林保存率表(%)

措施	油松	山杏	沙棘	柠条	平均
固体水	80.5	88.4	83.3	83.0	83.8
对照	61.6	77.4	72.8	54.7	69.1

表 3-34 准格尔旗水土流失区固体水造林保存率方差分析表(%)

变异源	*SS*	df	*MS*	*F*	F_{crit}
树种	1221.65	3	407.22	4.9**	4.46
处理	3041.54	1	3041.54	36.61**	7.50
误差	2658.88	32	83.09		
总计	7440.54	39			

3.3.3 固体水对苗木生长的影响

3.3.3.1 对苗高及冠幅生长的影响

沙柳和杨柴是毛乌素沙地和库布其沙漠的乡土树种，通过研究固体水对这两个乡土树种高生长和冠幅生长的影响，更好地反映固体水在防沙治沙的抗旱节水造林中的作用。

结果表明，固体水对沙柳和杨柴高生长和冠幅都有一定促进作用(图3-40和图3-41)。经方差分析，在昌汗淖试验地，使用固体水对沙柳高生长影响达到显著水平($p=0.041<\alpha=0.05$)，对沙柳冠幅的影响也达到显著水平($p=0.019<\alpha=0.05$)(表3-35)。固体水对杨柴的作用未达到显著，可能主要是由于杨柴本身的耐干旱耐风蚀特性决定，杨柴在沙丘的高度2/3处以下均能生长良好，因此，固体水对它的作用效果不明显。鄂尔多斯造林总场固体水对沙柳高生长的作用达到极显著($p=4.49E-05<\alpha=0.01$)，鄂尔多斯造林总场地处库布其沙漠水分条件相对较差，水分对其成活和生长的制约性也就表现比较突出，固体水可以发挥更大作用，效果因而更加明显。

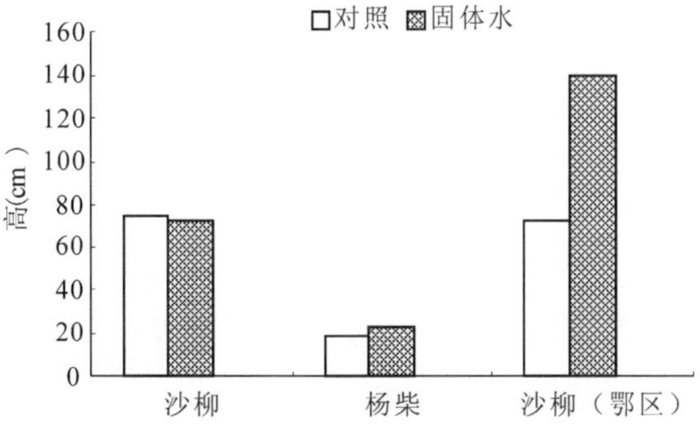

图3-40 固体水对苗木高生长的影响

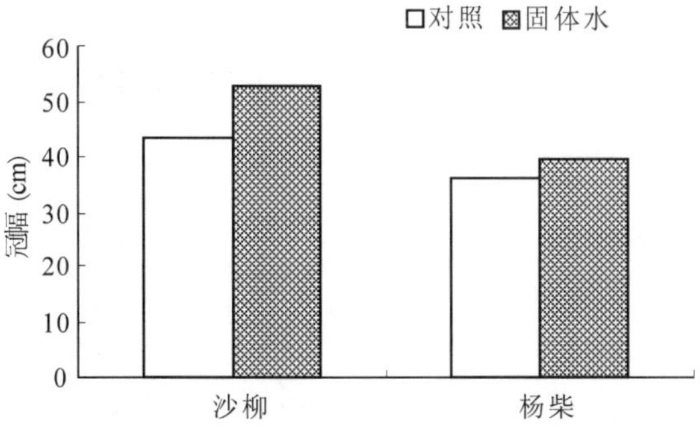

图3-41 固体水对苗木冠幅的影响

表 3-35　固体水对高生长和冠幅影响的差异显著性检验

地区	树种	生长指标	离差平方和	自由度	均方差	F 值	$Pr > F$	显著性
昌汗淖	沙柳	高生长	4740. 193	2	2370. 096	3. 248104	0. 041974	*
		冠幅	4861. 97	2	2 430. 985	4. 07172	0. 019234	*
	杨柴	高生长	485. 5259	2	242. 763	2. 424813	0. 092427	
		冠幅	846. 6815	2	423. 3407	1. 221366	0. 298137	
鄂区	沙柳	高生长	11374. 43	1	11374. 43	63. 49838	0. 0000449	* *

3. 3. 3. 2　对苗木生物量的影响

在昌汗淖试验区和鄂尔多斯造林总场试验区，对固体水影响苗木生物量的作用效应进行了研究，结果表明：固体水对鄂尔多斯造林总场的沙柳和合作杨苗木地上部分生物量增加作用明显，固体水处理下沙柳和合作杨生物量分别为 243. 16g 和 1263. 54g，比对照 72. 64g 和 382. 76g，提高了 234. 7% 和 230. 11%，达到极显著水平(图 3-42、图 3-43 和表 3-36)。而在昌汗淖试验地固体水对沙柳和杨柴苗木的地上部分生物量增加均有促进作用，但未达到显著水平。两试验地的效果差异也表明气候越干旱、土壤水分条件越差，地被物稀少的地区使用固体水的作用效果越明显，在这样的地区苗木可以充分利用固体水缓慢释放的特性，维持成活和初期的生长所需。

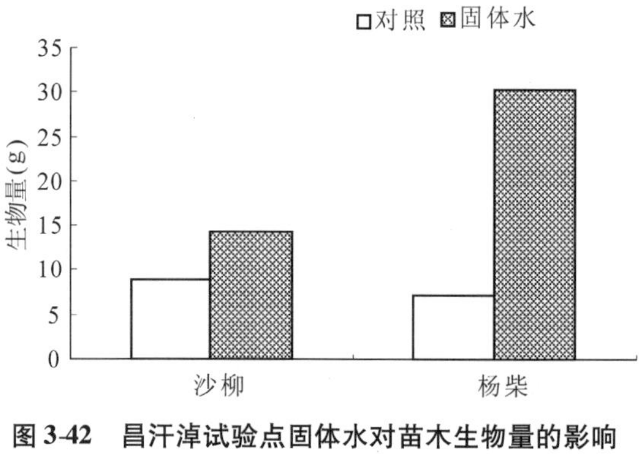

图 3-42　昌汗淖试验点固体水对苗木生物量的影响

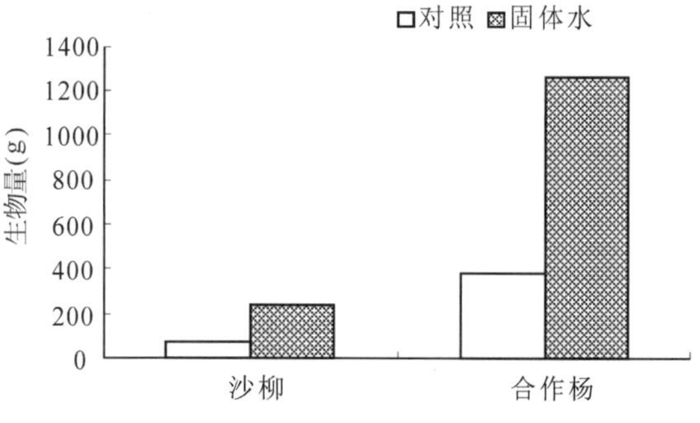

图 3-43　造林总场试验点固体水对苗木生物量的影响

表 3-36 固体水对生物量影响的差异显著性检验

地区	树种	离差平方和	自由度	均方差	F值	Pr > F
昌汗淖	沙柳	1124.064	2	562.0318	1.750328	0.227978
	杨柴	134.2055	2	67.10273	0.283819	0.759399
鄂尔多斯	沙柳	72692.68	1	72692.68	371.4344	5.45×10^{-8} **
	合作杨	1939434	1	1939434	1885.319	8.73×10^{11} **

3.3.4 固体水对苗木气体交换能力的影响

3.3.4.1 对苗木净光合速率的影响

在晴朗的天气，对不同处理下的沙柳光合速率日变化进行了测定，日变化曲线见图3-44。从图中可以看出，没有进行处理的沙柳幼苗光合速率日变化呈现明显的双峰曲线，表现出升高，降低，再升高，再降低的变化趋势。随着光照强度逐渐的升高，光合速率逐渐的增加，在12：00达到最大值，光合速率为14.48μmol $CO_2/m^2\cdot s$，之后随着气温升高，土壤蒸发加剧，从而根系供水不足，导致水分亏缺引起气孔关闭。因此在14：00出现一个波谷，之后随着气温逐渐下降，空气湿度增加，然后光合速率又开始上升，在下午16：00附近又出现一个波峰光合速率达到12.48μmol $CO_2/m^2\cdot s$。之后一直降低，从18：00以后，光合速率为负值。在固体水处理下，沙柳光合速率日变化呈现不明显的单峰型，并在12：00～16：00之间出现午休现象。而叶面肥浸根下的沙柳苗木光合速率日变化则呈现明显的单峰型，在16：00达到最大值，为17.85μmol $CO_2/m^2\cdot s$。从沙柳光合速率日平均值来看，固体水和叶面肥浸根下分别为1.57μmol $CO_2/m^2\cdot s$和4.93μmol $CO_2/m^2\cdot s$，远高于对照下的0.43μmol $CO_2/m^2\cdot s$。

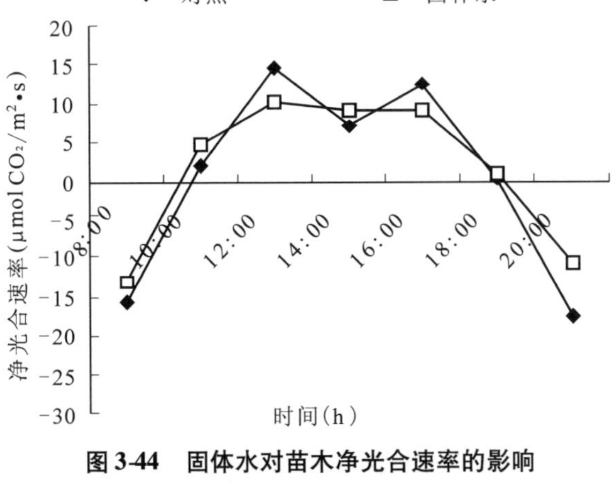

图 3-44 固体水对苗木净光合速率的影响

3.3.4.2 对苗木蒸腾速率的影响

不同处理下沙柳苗木蒸腾速率的日变化也明显的不同(图3-45)。从峰型和峰相角度分析，在8：00～20：00，用“施丰乐”叶面肥处理的沙柳幼苗呈单峰型，蒸腾速率从早上8：00开始逐渐增大，分别在14：00～16：00达到最大，以后又逐渐降低. 固体水处理的沙柳苗木和对照呈双峰型，高峰均出现在12：00和16：00. 在14：00都有一可见的“午降”现象，这是由于随光照的增强，蒸腾速率在增加，在12：00出现高峰，光照的进一步增强，气温的进一步升高，土壤蒸发加剧，根系供水不足，在14：00严重的水分亏缺引起气孔关闭，再加上气孔间干扰的加剧，使蒸腾减弱，14：00以后温度下降，空气湿度逐渐增加，在16：00出现第二次高峰。从峰值和曲线走势上看，叶面肥浸根的沙柳蒸腾速率峰值最大，可达30.95mmol $H_2O/m^2\cdot s$，且从早上12：00开始蒸腾速率的曲线处于其他处理上部，这是由于叶面肥浸根后沙柳幼苗生长旺盛，蒸腾作用强的缘故。固体水处理沙柳苗木蒸腾速率曲线变化趋势与对照相同，但在12：00～16：00之间蒸腾速率明显高于对照，其蒸腾速率的最大值为16.21mmol $H_2O/m^2\cdot s$，而对照的仅为6.02mmol $H_2O/m^2\cdot s$，从图可以看出固体水处理和对照的苗木能在高温下维持较长时间相对稳定的蒸腾速率。早8：00之前和20：00之后蒸腾速率为负值，可能出现倒吸水现象，适应干旱风沙地区白天温度高空气湿度小，而夜间得以恢复。从全天的平均蒸腾速率值来看，叶面肥浸根的值最大为10.20mmol $H_2O/m^2\cdot s$，其次固体水处理7.04mmol $H_2O/m^2\cdot s$，对照的最小3.36mmol $H_2O/m^2\cdot s$。

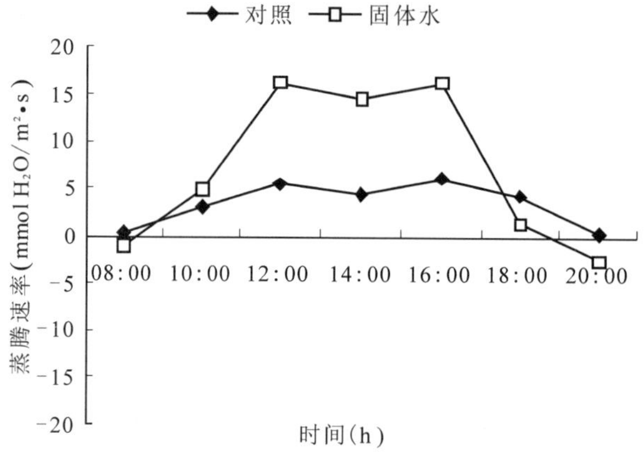

图3-45 固体水对苗木蒸腾速率的影响

3.3.4.3 对苗木水分利用效率的影响

叶片水分利用效率(WUE)即叶片的光合速率(Pn)与蒸腾速率(Tr)之比，是植物体消耗水形成有机物质的基本效率，水分利用效率决定于植物光合速率与蒸腾速率作用的比例，它对植被适应半干旱生态环境有重要意义(李荣生等，2003)。试验表明，沙柳在固体水、叶面肥和对照3种处理下，水分利用效率的日平均值分别为0. 22μmol/mmol、0. 48μmol/mmol 和 0. 13μmol/mmol。各处理下沙柳对水分利用效率为叶面肥 > 固体水 > 对照。这主要是由于施用固体水和叶面肥浸根后使土壤结构更趋于合理，水分向植物运移减缓，土壤保水能力增强且湿度增加，土壤温度、pH值、微生物活动等发生相应变化，从而影响植物本身的生理活动，提高作物水分利用效率。且干湿变化有利于提高植物水分利用效率，土壤水分条件的变化可能增强了植物自身生理功能的主动调节，使某些生理器官或生理活动最优化，从而提高对水分及养分的吸收效率。虽然固体水和叶面肥对沙柳的水分利用效率起到了很大的作用，然而在数学分析上仍然没有达到显著水平(表3-37)。

表 3-37　沙柳水分利用效率的方差分析表

差异源	*SS*	df	*MS*	*F*	*P*-value	F_{crit}
组间	1801. 903	2	900. 9515	2. 429569	0. 112423	3. 4668
组内	7787. 381	21	370. 8277			
总计	9589. 284	23				

3. 3. 5　固体水抗旱节水造林的经济分析

固体水在提高干旱半干旱地区造林的成活率和保存率，在水资源短缺地区提高水分的利用效率方面有显著的效果。从野外的试验结果看，使用固体水后苗木的成活率比对照高24. 1%~51. 1%；采用覆盖处理后，减少了表层土壤水分的蒸发，表层的土壤含水量较高，其苗木的成活率高于对照1. 0%~27. 2%，说明使用覆盖也可以提高苗木的成活率，但其效果不如使用固体水明显。另外，从干旱半干旱地区植树造林的用苗、用工、水资源消耗、设备购置以及苗木成活、成林时间等方面综合分析，可以看出用固体水抗旱节水造林是一种比较经济节水的技术和手段。

固体水抗旱节水造林带来的经济效益主要包括两个部分，一是应用固体水造林产生的直接经济效益和间接经济效益，二是固体水生产带来的直接经济效益。

3. 3. 5. 1　直接经济效益

应用固体水造林产生的直接经济效益包括三个部分：一是节省灌溉而节约的水费支出部分；二是造林存活率提高后(与常规造林相比)，降低补植所必须的种苗、造林等费用；三是生物产量的提高，而增加的地上部分生物产量所引起的经济收益的增加部分。

(1)节约灌水而降低的成本费用

在干旱的沙区，使用固体水可在很大程度上降低灌溉次数和灌溉量，从而降低了水费的投入。固体水的价格为0. 8元/kg，乔木树种(合作杨、油松和山杏)每穴使用固体水的量为1kg，常规造林需要进行4次灌水。每次灌水每穴需要浇水25kg/穴，投入0. 4元/穴/次。使用固体水后，只需要浇1次定根水，节省灌水3次。而灌木树种(沙柳、杨柴、大白柠条、柠条和沙棘)每穴使用固体水的量为0.5kg，常规造林需要灌2次水，每次每穴需水量15kg/穴，投入0.24元/穴。使用固体水后节省2次灌水。

表3-38　2003年度节约灌水后降低的成本效益

树种	面积（亩）	造林株数（株）	灌溉造林投入（元）	实际投入(元)		降低成本费用(元)	
				固体水	定根水	降低费用	单位面积降低费用(元/亩)
合作杨	250	14000	22400	11200	5600	5600	22.4
沙柳	1200	67200	32256	26880	0	5376	4.48
杨柴	900	50400	24192	20160	0	4032	4.48
大白柠条	150	8400	4032	3360	0	672	4.48
柠条	100	5600	2688	2240	0	448	4.48
油松	180	10080	16128	8064	4030	4034	22.4
沙棘	120	6720	3225.6	2688	0	537.6	4.48
山杏	150	8400	13440	6720	3360	3360	22.4
合计	3050	112000	90137.6	57792	12990	19355.6	平均11.20

备注：(1)乔木树种固体水每穴使用量1kg，费用0.8元/穴；灌木树种固体水每穴使用量0.5kg，费用0.4元/穴。

(2)乔木树种节省灌水3次，每次每穴需要浇水25kg/穴，投入0.4元/穴·次。

(3)灌木树种节省灌水2次，需水量15kg/穴，投入0.24元/穴·次。

根据表3-38，合作杨等乔木树种若采用常规造林，则灌溉费用每亩达89.6元/亩，使用固体水后(加上固体水费用)，则仅为67.2元/亩，减少投资费用22.4元/亩。沙柳等灌木树种若采用常规造林，则灌溉费用每亩达26.88元/亩，使用固体水后，则仅为22.4元/亩，减少投资费用4.48元/亩。平均每亩降低灌溉费用13.83元/亩，按照2003年实际实验推广面积6000亩计算，则因使用固体水而减少的灌溉费用达到82980元。

(2)降低补植的费用

根据试验区常规生产造林费用，一般乔木树种常规造林投资200元/亩，灌木树种为110元/亩。不使用固体水乔木树种的造林保存率仅为68.02%，而使用固体水后可提高造林成活率达73.36%，提高了5.34%，即每亩减少补植株数约3株，每株按平均3.6元/株计算，可降低补植费用10.8元/亩。沙生灌木不使用固体水的造林成活率平均仅为71.40%，使用固体水后其造林成活率平均可达87.34%，提高了15.06%，而每亩减少补植株数达8.4株，每株实际造林费用按照1.0元计算则每亩降低补植费用8.4元/亩。按照2003年实际推广使用固体水的面积5000亩计算(乔木树种1870亩，灌木4130亩)，可降低补植费用54888元。

(3)生物产量提高产生的经济效益

应用固体水造林不仅可以提高造林成活率，而且还可以促进苗木生长，提高生物产量，增加经济收入。试验示范区乡土树种主要是沙柳，沙柳即是优良的固沙植物种，又是优良的饲草和人造板用材。在造林总场的调查数据表明，沙柳对照的净高平均生长量仅为72.74，而使用固体水的沙柳的净高平均生长量达140.28cm，比对照平均提高67.54cm，沙柳对照地上部分平均生物量为72.64g，而使用固体水后平均生物量达243.16g，提高3.35倍；应用固体水造林，使合作杨的地上部分平均生物量达1263.54g，比对照(382.76g)提高3.30倍。沙柳是试验示范区的乡土树种，它既是优良的固沙植物种，又是优良的饲草和人造板用材。当地每公斤干沙柳的价格为0.20元/kg。不使用固体水，当年地上部分的生物量(干重)仅为4.07kg/亩，按0.20元/kg计算，则每亩地的收益仅为0.81元/亩，施用固体水后则当年地上部分的生物量(干重)则为13.62kg/亩(比常规造林提高3.35倍)，按0.20元/kg计算，则每亩地的收益为2.72元/亩，比不施用固体水的沙柳提高了1.91元/亩，按实际示范面积(1550亩)计算，净收益就增加2960.5元。在2~5年内沙柳的生物产量还会大幅度提高，其经济效益潜力还比较大。

(4)降低综合成本

从不同造林方式的综合成本看(表3-39)，在青海省大通县进行的造林，苗木的成活率相对较高，因此，用常规的造林方式比较经济，其成本少于覆盖措施的造林成本，比用固体水造林的成本少了一半以上，特别是沙棘，常规造林第1年的成活率基本达到了造林目的，其成本只有固体水造林的1/3。覆盖措施的造林成本也不高，造林效果也较为明显，对于造林成活相对容易，经济不发达的地区，在进行植被建设时使用覆盖措施也可以达到较好的目的。但要达到较高的造林成活率(90%以上)，一般需要2年的时间。

表3-39 不同方式造林的综合成本比较

造林方式	树种	苗木数量(株/hm²)	一次性造林成本及成活率					造林成活率达到90%以上的成本			
			苗木费用(元)	用工费用(元)	措施费用(元)	一次成本(元/hm²)	成活率(%)	苗木费用(元)	用工费用(元)	措施费用(元)	总成本(元/hm²)
常规造林	青杨	1665	1166	1050	0	2216	70.5	439	1050	0	3705
	沙棘	4167	2917	1050	0	3967	86.4	413	1050	0	5430
	白榆	3333	2333	1050	0	3383	67.3	1020	1050	0	5453
	山杏	3333	2333	1050	0	3383	57.4	1558	1050	0	5991
	火炬树	1665	1166	1050	0	2216	33.3	2101	2100	0	6417
覆盖造林	青杨	1665	1166	1050	666	2882	84.2	197	1050	39	4168
	沙棘	4167	2917	1050	1667	5634	84.8	471	1050	87	7242
	白榆	3333	2333	1050	1333	4716	82.4	448	1050	101	6315
	山杏	3333	2333	1050	1333	4716	74.5	719	1050	207	6692
	火炬树	1665	1166	1050	666	2882	50.0	1049	1050	266	5247
人工浇水	火炬树	1665	1166	1050	2100	4316	64.2	585	1050	2100	8051

（续）

造林方式	树种	苗木数量（株/hm²）	一次性造林成本及成活率					造林成活率达到90%以上的成本			
			苗木费用(元)	用工费用(元)	措施费用(元)	一次成本(元/hm²)	成活率(%)	苗木费用(元)	用工费用(元)	措施费用(元)	总成本(元/hm²)
固体水造林	青杨	1665	1166	1050	6660	8876	94.7	0	0	0	8876
	沙棘	4167	2917	1050	8334	12301	93.8	0	0	0	12301
	白榆	3333	2333	1050	6666	10049	94.0	0	0	0	10049
	山杏	3333	2333	1050	6666	10049	90.0	0	0	0	10049
	火炬树	1665	1166	1050	3330	5546	94.4	0	0	0	5546

注：(1)常规造林指造林时进行一次5kg/株的浇水后不再浇水；覆盖造林指造林时用秸秆覆盖于苗木根茎，用量为4kg/株；人工浇水指造林后每隔一周进行一次补水，用量5kg/株；固体水造林的用量，青杨2kg/株，其他树种1kg/株。

(2)苗木的数量按照造林规格计算，青杨、火炬树2m×3m(111株/亩)，白榆、山杏1m×3m(222株/亩)，沙棘0.8m×3m(278株/亩)。

(3)苗木价格按0.7元/株；用工费用指整地、运输、植苗等费用，按70元/亩计；措施费用：覆盖所用秸秆费用按0.1元/kg，固体水2.0元/kg计；人工浇水措施按2倍的用工费用计。自然水源未计成本。

(4)补植费用(达到成活率90%以上所需费用)：苗木数量按需要补植的数量乘以成活率系数计；常规造林的火炬树的用工费用按2年计。覆盖造林的火炬树成活率按50%估计。

然而，在造林成活率不高，严重缺水的地区，按常规方式和覆盖措施进行造林，达到造林目的时的经济成本并不低。在干旱河谷地区的造林试验表明，按常规造林的火炬树的成活率很低，仅有33%，即使经常进行人工补水，其造林成活率也不高(64%)，因此，需要通过2~3年或更长时间的补植后才可能达到造林的目的。从最终的成本看，常规造林达到造林成活率90%以上时所需的成本为6420元/hm²(430元/亩)，高于固体水的造林成本5550元/hm²(370元/亩)，进行人工补水造林的成本更高，达到8050元/hm²(540元/亩)。在当地没有进行覆盖造林的试验，但其造林成活率不会高于进行人工补水的造林，如果按照第1年的成活率50%计，其达到成活率90%以上时的造林成本也将达到5300元/hm²(350元/亩)，和固体水的造林成本区别不大，但达到造林效果需要2~3年的时间。

综合以上的成本分析，在造林技术的使用上，应根据不同地区的具体情况来确定。在造林成活相对容易的地区，用常规方式和覆盖措施进行造林的经济成本较低，也可以达到较好的植被建设目的。但要达到较高的造林成活率(90%以上)，一般需要2年的时间。而固体水造林技术更适合在干旱缺水、按照常规造林方式造林成活率很低的地区造林中应用，其最终的成本低于常规造林和用覆盖措施进行造林的成本，说明固体水造林技术在抗旱造林中应用的可行性和有效性。在需要尽快进行植被建设、恢复生态环境的地区，使用固体水造林技术能够很快地达到植被恢复的目的。

由表3-40可知，采用固体水造林，造林成活率达到90%时的综合成本较低。其他灌溉方式均需消耗大量的水资源，而在水资源短缺的干旱半干旱地区难以采用。若仅仅在植树后浇一次定根水，则苗木的成活率较低，一般需补植 3 ~ 5 次，花费多年的时间才能达到一定的成活率。

表 3-40 不同方式造林的综合成本比较

造林灌溉方式	植苗成本（元）	一次性成活率（%）	用苗量（株）	后期管理及补植到成活率 90%			设备投资（元）	动力运行费（元）	造林成活率达 90% 时的综合成本（元/亩）
				耗水量（kg）	人工费（元）	所需时间（年）			
旱作	420	30	300	600	140	3	0	0	560
喷灌	140	90	100	1500	165	1	600	65	970
滴灌	140	90	100	1000	130	1	1100	80	1450
固体水	370	90	100	100	0	1	0	0	440

注：旱作指在造林季节植树时浇一次定根水后不再浇水；苗木以 0.7 元/株；劳务(整地、运输、植苗、浇定根水)以 70 元/亩计；固体水以 2.3 元/支计；自然水源未计成本。

综合上述，应用固体水造林，可以降低灌溉费用和补植费用，增加生物产量而提高净收益，直接经济效益十分可观。

3.3.5.2 间接经济效益

内蒙古鄂尔多斯地区仅为干旱半干旱风沙区，通过使用推广固体水，可以提高造林成活率、保存率。同时，也可以促进固沙植物的生长，使区域植被覆盖率增加，对周边农田、草牧场起到保护作用。可使几万亩草牧场得到保护，使产草量提高了 30% 左右。因此，带来的间接经济效益也是十分巨大的。

3.3.5.3 固体水生产的经济效益

我国固体水批量生产始于 2002 年。通过项目 2 年的实施，促进了固体水的规模化生产，从生产初期销售 200t 发展到 3000t，获得直接经济效益 150 万元，生产企业已经开始有所盈利。预计随着项目的完成及其辐射的推广作用，生产企业将会获得更大的经济效益。通过项目实施，推动了固体水种植技术的应用和普及，全国应用固体水造林的地区从 2002 年的 10 个已经扩大到 2004 年的 45 个。国内的新疆(乌什、阿克苏)、宁夏、青海、内蒙古、甘肃及国外的阿联酋、沙特阿拉伯、也门等地区和国家也已经与固体水生产企业正式洽谈引进固体水技术在当地建厂生产事宜，其中，新疆的乌什和阿克苏已经签订合同，在该地区的建厂工作已经启动。

在项目实施过程中，也在根据不同造林地区和不同用途积极开展新型活性固体水的开发和应用，已开发出在普通固体水中配施新型肥料、植物生长调节剂等新型固体水产品，其作用效果正在试验之中。这些新型固体水产品将使生产企业获得潜在的巨大市场和经济效益。

3.3.5.4 社会与生态效益

本书中涉及的研究项目通过实施固体水抗旱造林技术，较大幅度地提高了试验示范林的造林成活率和保存率，促进了林木的生长，使营造的防风固沙林、水土保持林、护路林等较快成林并发挥生态和经济效益。同时，提高了试验试范区的植被覆盖率，对周边农田、草牧场起到生态保护的作用，改善了试验示范区的生态环境，促进了该区域的农牧业生产，达到了生态和经济效益同步增长的目的。

通过应用先进的抗旱造林技术，为沙区的防沙治沙工程起到了科技示范作用。同时，通过项目的科技推广和培训活动，提高了试验试范区有关部门技术人员和群众的科技素质，增强他们的环境保护意识和掌握新的科学技术的能力，促进了试验试范区科研水平的提高，探索出了一条科研紧密结合生产，加速科研成果的转化新路子。

另外，应用固体水抗旱造林，促进了我国固体水生产企业的发展，并使固体水生产开始走向规模化和产业化，也为生产地区的劳动就业提供了一定的机会，产生了较好的社会效益。

第4章 控水袋抗旱节水造林技术

在干旱缺水地区，解决树木存活最根本的问题就是——水。一株植物生长能够从根部实际吸收到的水分是很少的，但需要持续不断地有水份供给，这才是真正的有效供水。土壤本身有很强的储水能力，自然界正是利用土壤中储蓄的水为植物提供有效的水分，但同时土壤也有很强的蒸发能力和渗漏能力。为了维持给植物提供少量的有效水分，往往要为土壤提供大量水分，但其中绝大部分被蒸发渗漏掉了，而且越是干旱贫瘠、土壤沙化的地区，这种趋势越明显。我们把大量的水、能源和人力投入到土壤中，仅仅是为了植物能够吸收到保持存活和生长的少量水分。因此节水的根本途径就是尽量减少向土壤提供有效水分，使有限的水资源最大限度地成为有效水分而被植物吸收利用。

4.1 控水袋及其作用原理

控水袋技术的供水方式与植物的需水方式和吸收水分的过程完全吻合，仅向植物不间歇的提供生长必需水，完全节省了土壤储蓄水。普泉控水头可以控制袋中水在几个月乃至几十个月缓释到土壤中，无需人工维护，自动保证土壤湿度在植物生长所需范围内，最大限度减少了不必要的蒸发渗漏。其出水量可以根据不同植物的需水量在产品出厂时设定好，这样控水袋中几升水发挥的作用就远大于动用了很多人工、使用了几百千克甚至几吨水对植物进行了若干次间隙浇灌后所起的作用。

控水袋技术与以往干旱节水技术的最大不同之处在于：固体水、保水剂等都是释水量不随耗水量而变化，不论植物需要多少水，它的释放量都是一样的，而控水袋的释水量从某种程度上来说，取决于植物耗水量和需水量的多少，因为控水袋技术是采用无耗能水泵原理向植物提供水分，通过控水头释放水量，控水头是以表面能强大的纳米材料形成的毛细力这一天然能源为灌溉和过滤的持久动力源，以缓速过滤方式为大幅延长滤膜寿命的保障，当控水头出水端的毛细管与土壤接触后，控水头中的水会被土壤中的毛细孔隙自动抽出，并在控水头内部产生相当大的抽水力，迫使进水口处的普通水通过滤膜后流入控水头出水端的毛细管中，并最终再次被土壤吸走。

控水袋是根据无耗能水泵原理，利用了毛细管力对水的天然控制作用，在不用耗费任何能源的情况下，实现长期稳定的全自动灌溉。无耗能水泵(即控水头)是以表面能强大的纳米材料形成的毛细力这一天然能源为灌溉和过滤的持久动力源，以缓速过滤方式为大幅延长滤膜寿命的保障，实现即使在沙地水体环境中也可以无须耗费任何外部能源进行长久自动灌溉的装置(图 4-1)。

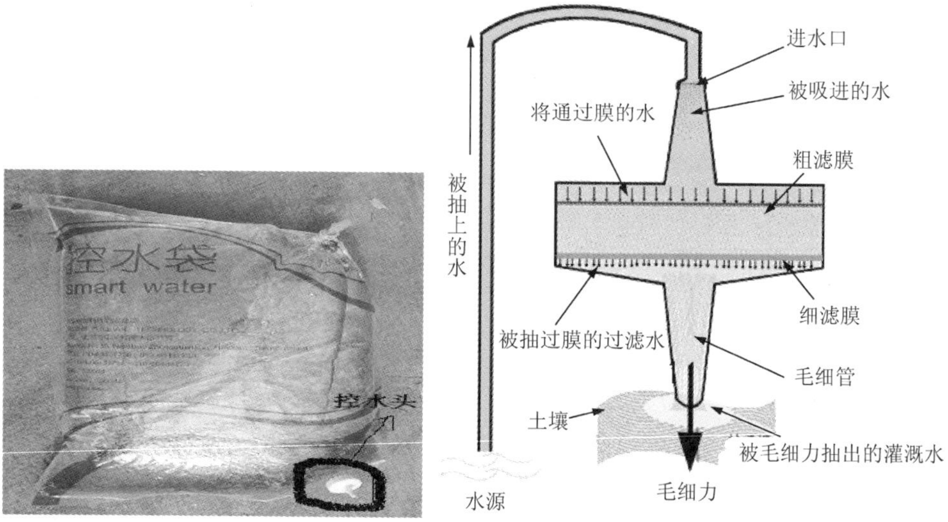

图 4-1　无耗能控水袋及控水作用原理

众所周知，土壤中大量孔隙形成毛细力，无耗能水泵也以毛细管控制水压和流量。当控水头出水端的毛细管与土壤接触后，控水头中的水会被土壤中的毛细孔隙自动抽出，并在控水头内部产生相当大的抽水力，迫使进水口处的普通水通过滤膜后流入控水头出水端的毛细管中，并最终再次被土壤吸走。这种毛细力非常强大，即使形成负压(液面低于出水头)控水头也可自动将水抽到土壤中。由于滤膜的面积远远大于出水端的截面积，致使通过滤膜的水流速极低，在滤膜阻挡下的杂质就会很稀松地堆砌在滤膜表面，杂质之间依然存有大量空隙，它们不仅不会阻挡缓速的水流，反而会变成一层新滤膜，如此不绝。自动过滤后的水不会堵塞控水头的毛细管通路，因此控水头就可以长期持续不断地自动向植物根系直接供水。供水量可以根据植物的需水情况设定。控水头就像一台“永动机”，动力来源是土壤的需水量，只要土壤含水量没有达到饱和，毛细力就会一直存在，控水头也将一直全天候自动工作下去，其作用就相当于一台无耗能水泵。

4.2　控水袋释水特性及其机理

本书以北京普泉科技有限公司生产的控水袋为例介绍其释水特性及机理。根据植物对水分的需求(如高耗水树种刺槐、中等耗水树种侧柏和低耗水树种国槐等)，设计了 4 种不同规格的控水头：①规格 A(20～30ml/d)(微出水量)；②规格 B

(30~50ml/d)(小出水量)；③规格 C(50~70ml/d)(中出水量)；④规格 D(80~100ml/d)(大出水量)(彩图 15 和彩图 16)。

使用时将不同出水量大小的控水袋放置在盆栽土壤中(实际应用时放置在植苗的土穴中)，将控水头埋于接近苗木根部的位置。随着植物的蒸腾耗水和土壤的蒸发失水，土壤水分逐渐减少而出现干旱缺水，这时由于毛细力的作用使控水袋的水分通过控水头源源不断地为植物和土壤提供所需要的水分。同时，在应用控水袋时，为了便于比较，设计了无控水袋正常浇水(S)和无控水袋不浇水的干旱胁迫对照(CK)。

4.2.1 控水袋释水规律

4.2.1.1 控水袋释水总量

控水袋放置在土壤中一段时间之后就会慢慢地释放出水分来。控水袋放置 50 天后总的释水量随控水头规格大小的增加而增加，控水袋释水总量与控水头规格大小呈正比关系，即控水头规格越大，控水袋释水量越多(图 4-2)。按出水量大小排序为：出水量 D > 出水量 C > 出水量 B > 出水量 A。当土壤中没有植苗时，规格 D 的释水量(2234.22g)为规格 A(895.93g)释水量的 2.5 倍，经方差分析检验，4 种控水头规格的释水量存在显著差异($F=13.29>F_{0.05}=4.07$)。当土壤中植有苗木时，不同规格控水头的释水量都会有所增加，而且会随着苗木耗水量的增加而增大。比如，当土壤中种植的是高耗水树种刺槐时，控水头规格 D 的释水量高达 3344.90g，高于种植低耗水树种侧柏土壤中相同规格控水头的释水量(2848.53g/d)，更高于无苗土壤中相同规格的释水量(2234.22g)。在植有苗木的土壤中，不同规格控水头的释水量也有较大差异，例如，在植有刺槐苗木的土壤中，控水头规格 D 的释水量(3344.90g)是规格 B(释水量 1886.62g/d)的 1.8 倍，3 种规格(D、B 和 C)存在显著差异($F=91.47>F_{0.05}=5.14$)。在植有侧柏苗木的土壤中，控水头规格 D(2848.53g/d)的释水量为规格 A(960.11g)释水量的 3 倍，且 4 种规格差异都很显著($F=29.04>F_{0.05}=4.07$)。在植有国槐苗木的土壤中，规格 D(2122.32g)的释水量为规格 A(766.40g)释水量的 2.8 倍，规格 C 和 D 的释水量之间无显著性差异($F=0.06<F_{0.05}=7.70$)。这种无差异情况说明控水袋在规格 C 时已达到平衡，苗木需水达到饱和，无论释水多少，苗木耗水量已达到平衡，而刺槐、侧柏以及无苗土壤中不同控水头规格间差异显著，表明苗木需水在最大出水量尚未达到饱和，释水量并未满足苗木耗水量，虽然如此，在一定时期内控水袋释水量仍然能维持苗木的正常生长。

在植有不同树种苗木及无苗的土壤中，控水袋释水总量由大到小依次为：刺槐 > 侧柏 > 国槐 > 无苗土壤(图 4-2)。在植有苗木的树种中，刺槐属于高耗水树种，苗木耗水量最大，而且不同树种的耗水特性和叶面积各不相同，刺槐、侧柏和国槐苗木叶面积分别为：$0.383\pm0.005m^2$、$0.695\pm0.003m^2$和$0.237\pm0.01m^2$，侧柏

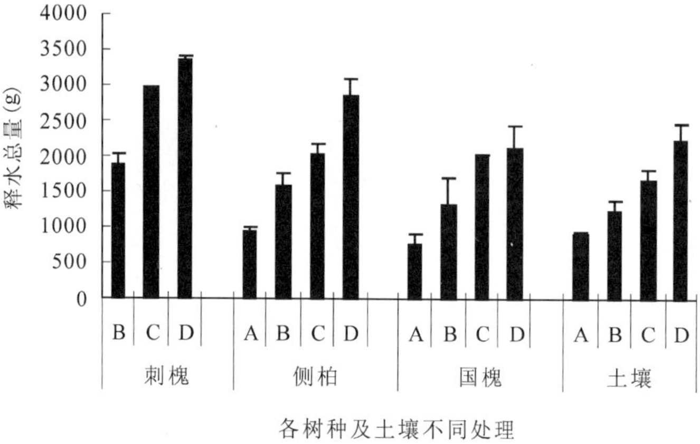

图 4-2 控水袋不同控水头规格的释水总量

叶面积远大于国槐叶面积，因此侧柏的耗水量大于国槐。这一趋势充分说明，控水袋释水量在一定程度上受植物生长发育过程中需水状况的影响，即苗木需水多，控水袋释水就多，这种控制释水与苗木需水同步是无耗能控水袋的最大特点，也是区别于其他节水技术(如保水剂、固体水等)的最大优点。

总的来说，控水袋释水量受到控水头规格大小和苗木自身耗水特性的影响，可根据植物耗水的多少释放出所需要的水分。

4.2.1.2 不同时段控水袋释水速率

根据控水袋在无苗土壤条件下的释水速率，可把控水袋释水分为 5 个时期，即释水初期、释水前期、释水中期、释水后期和释水末期。

从各阶段的释水量来看，在植有不同树种苗木及无苗的土壤中，不论在哪个时间段，控水袋的释水速率都是：刺槐 > 侧柏 > 国槐 > 土壤，而且不同规格控水头的释水速率都是：规格 D > 规格 C > 规格 B > 规格 A，即控水袋各阶段释水量也与控水头规格大小呈正比关系，控水头规格越大，控水袋各阶段释水速率越高(图 4-3)。各阶段控水袋释水速率的总趋势为：控水袋释水初期和前期的释水速率是 5 个释水时期中最大的，但释水初期略低于释水前期。随着控水袋释水时间的推移，释水速率呈逐步下降的趋势，到释水末期逐渐趋于平缓状态，释水速率达到最低，植有各树种苗木和不同规格控水头的变化趋势都是基本一致的。在植有刺槐苗木的土壤中，3 种规格控水头(B、C 和 D)在释水初期的释水速率从小到大依次为：50.41g/d、73.33g/d 和 81.76g/d，释水前期即释水最大期的释水速率从小到大分别为 49.52g/d、75.96g/d 和 82.15g/d。由于苗木的蒸腾耗水和土壤的蒸发失水，土壤水分逐步减少而产生水分亏缺，随着土壤干旱胁迫的发展和苗木耗水的减少，控水袋的释水速率逐渐下降，到了释水末期，释水速率分别为 23.44g/d、33.40g/d 和 40.54g/d，仅为释水前期速率的 52.68%、56.02% 和 50.65%。在植有侧柏苗木的土壤中，4 种规格控水头(A、B、C 和 D)在释水初期的释水速率分别为 29.26g/d、

35.01g/d、50.41g/d 和 70.96g/d，释水前期期的释水速率分别为：29.92g/d、42.08g/d、51.14g/d 和 77.39g/d，释水末期的释水速率分别为 10.80g/d、21.12g/d、25.08g/d、28.21g/d。在植有国槐苗木的土壤中，4 种规格控水头(A、B、C 和 D)在释水初期的释水速率从大到小依次为：19.03g/d、30.58g/d、50.54g/d 和 56.26g/d，释水前期的释水速率分别为 22.72g/d、34.47g/d、52.15g/d 和 57.14g/d，释水末期的释水速率分别为 7.30g/d、16.93g/d、23.92g/d 和 25.19g/d。在无苗土壤中，4 种规格控水头(A、B、C 和 D)在释水前期的释水速率分别为 26.07g/d、32.69g/d、41.79g/d 和 52.04g/d，释水末期的释水速率分别为 11.04g/d、16.30g/d、21.47g/d 和 35.17g/d。

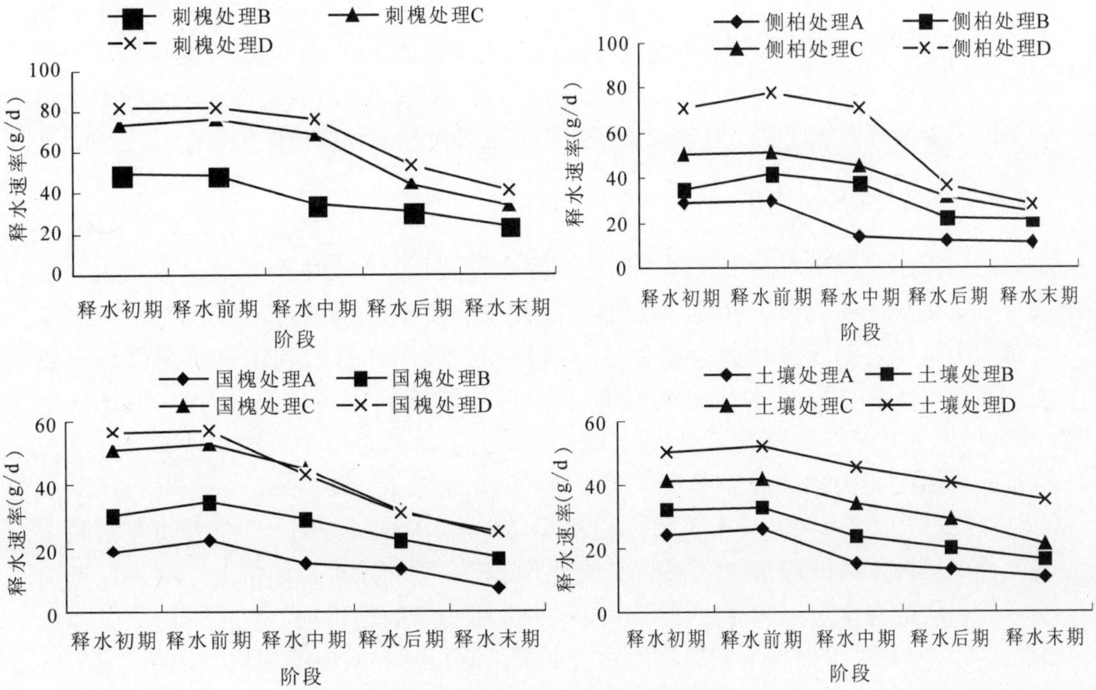

图 4-3　不同时段控水袋释水速率

总的说来，控水袋在释水初期，由于盆栽苗木土壤水分充足，控水袋释水有一个缓冲过程，释水速率大但不是最高的；当由于土壤蒸发造成土壤水分供应开始不足而苗木耗水量还相对较大时，控水袋的释水速率逐渐增加，在释水前期到达最大；但随着土壤蒸发时间的延长，土壤干旱加剧，苗木受到干旱胁迫的影响，苗木耗水量呈下降趋势，控水袋释水速率逐渐减少，释水量也相应降低。不同规格的控水头在各树种的土壤中都存在一致的变化规律。这些结果都充分证明控水袋的释水是可根据苗木需水需求而进行自动调控的。

另外，在我们的研究与应用中发现，正常浇水苗木每 4 天浇水一次，浇水量为 1000ml/次，则单株苗木浇水总量为 1000 × 12 = 12000(g)，即 12kg。使用了控水袋之后，试验完成时(50 天)的最大出水口(D)的释水总量分别为：3345g(刺槐)、

2849g(侧柏)、2122g(国槐)，即3.4kg、2.8kg和2.1kg，分别为正常浇水用水量的28.3%、23.3%和17.5%。在野外实际造林中，假设造林密度为1650株/hm^2，每公顷正常浇水量需要19.8t/hm^2，那么每公顷刺槐林可以节水14.2t，而每公顷侧柏和国槐林则分别可节水15.2t和16.3t，这样巨大的节水量对实际造林有很大的现实意义。

4.2.2 影响控水袋释水速率及释水量的因素

了解和掌握影响控水袋释水速率和释水量的因子是非常重要的。在控水袋的应用中，影响控水袋释水速率和释水量大小的因素是很多的，首先，内在因素是控水袋自身的控水头规格，其大小对释水速率和释水量影响很大；其次是外在的环境因素，比如土壤的水分状况，苗木的蒸腾耗水特性，以及外界的大气条件(如气温和相对湿度等)等，都在不同程度上影响着释水速率和释水量，找出这些影响释水速率和释水量的主要因子及其影响程度，可为科学地应用控水袋抗旱节水造林提供依据。

4.2.2.1 控水头规格大小

不同控水头规格对控水袋释水速率和释水量大小的影响主要是通过控水头出水端与土壤接触面的大小决定的。应用时发现，控水袋的释水速率和释水量与控水头规格大小呈显著的线性相关，而且这种线性相关关系在有苗和无苗状况都是一致的。在无苗土壤中，控水袋释水总量与控水头规格的相关关系为$y = 444.61x + 402.17$($R^2 = 0.9893$)，在植有刺槐、侧柏和国槐苗木的土壤中，控水袋释水总量与控水头规格的相关关系分别为$y = 729.14x + 1270.2$($R^2 = 0.9331$)、$y = 611.62x + 326.73$($R^2 = 0.9874$)和$y = 475.71x + 373.79$($R^2 = 0.9327$)(图4-4)。表明在相同土壤条件下，控水袋的释水速率和释水量大小与控水袋的控水头规格大小呈正比例关系，控水袋的释水速率和释水量随着控水头大小的增加而增加，控水口越大，释水量越多,。因此可以根据不同植物对水分的需求来设计控水头的规格大小。

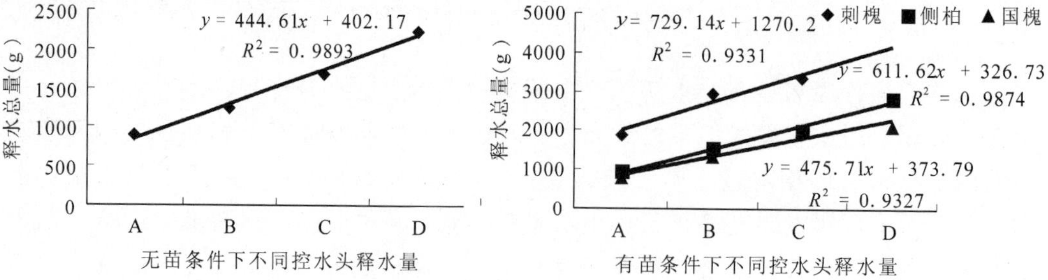

图4-4 释水量与控水头大小的关系

4.2.2.2 土壤含水量

在控水袋的不同释水时期，土壤含水量因控水袋释水速率的变化而变化(图4-5)。

在无苗土壤中，对照土壤(不浇水而自然干旱)呈直线下降趋势，而放置控水袋的土壤含水量则呈缓慢下降的趋势，到控水袋释水末期，4 种放置控水袋(植有刺槐、侧柏、国槐苗木的3 种有苗土壤和1 种无苗土壤)的土壤含水量均能维持在16.7%~29.7%，正常浇水的土壤含水量为30.8%，而对照的土壤含水量只有6.4%，差异非常明显。而在有苗土壤中，由于苗木的蒸腾耗水，放置控水袋的土壤含水量虽然有所下降，但是比不浇水的对照土壤下降得慢。在植有刺槐苗木的土壤中，到了控水袋释水末期，3 种控水头规格的土壤含水量维持在7.2%~10.7%；在植有侧柏苗木的土壤中，4 种控水头规格的土壤到了释水末期，其土壤含水量维持在7.4%~12.9%，而在植有国槐苗木的土壤中，4 种控水头规格的土壤含水量都维持在8.3%~13.2%，明显高于植有刺槐和侧柏苗木的土壤含水量。但在3 个树种不浇水的对照土壤中，其土壤含水量在控水袋释水后期就已出现严重的干旱胁迫，刺槐、侧柏、国槐的土壤含水量依次仅为3.2%、3.3%和4.0%，显著低于放置有控水袋的土壤含水量，均不到田间持水量的15%。

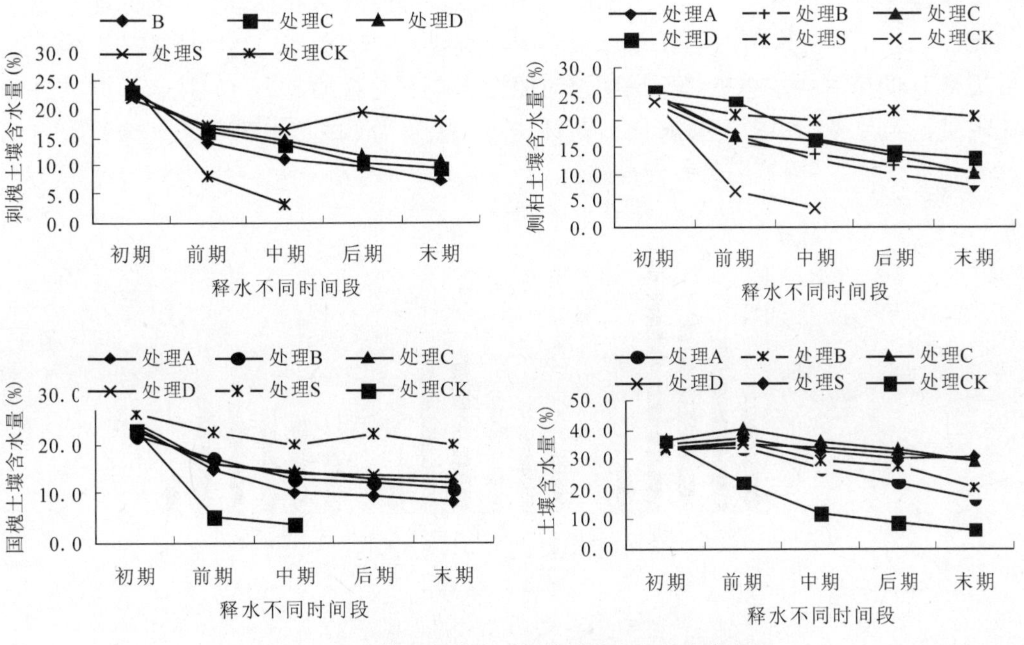

图4-5 控水袋不同释水时期的土壤含水量变化状况

以上结果说明，4 种放置控水袋的土壤含水量均明显高于没有放置控水袋且不浇水的土壤含水量，充分表明控水袋可以有效地缓慢释放少量的水分，使土壤含水量长时期维持在一定的范围内，从而减轻苗木遭受严重的水分胁迫，维持苗木的生长。

4.2.2.3 苗木蒸腾耗水

在应用控水袋时发现，针对不同树种的苗木放置不同控水头规格的控水袋以后，苗木蒸腾耗水规律是完全一致的，即苗木耗水总量为：S（无控水袋正常浇水）＞规格 D（大出水量）＞规格 C（中出水量）＞规格 B（小出水量）＞规格 A（微出水量）＞CK（无控水袋不浇水的干旱胁迫对照）（图 4-6）。在植有刺槐苗木的土壤中，刺槐苗木的耗水总量为：S（4812.02g/株）＞规格 D（4135.76g/株）＞规格 C（3790.75g/株）＞规格 B（2582.05g/株）＞CK（1060.26g/株），规格 D（大出水量）苗木的耗水总量为干旱胁迫苗木耗水总量的 3.9 倍；放置控水袋与无控水袋正常浇水的苗木耗水总量差异显著（$F=20.93>F_{0.05}=4.35$）；在植有侧柏苗木的土壤中，S（3186.57g/株）＞规格 D（3197.94g/株）＞规格 C（2626.61g/株）＞规格 B（2415.17g/株）＞规格 A（1384.49g/株）＞CK（667.23g/株），规格 D（大出水量）苗木的耗水总量为干旱胁迫苗木耗水总量的 4.8 倍，且与无控水袋正常浇水苗木的耗水总量差异不显著（$F=0.01<F_{0.05}=7.71$），表明放置规格 D 控水头的侧柏苗木水分状况可以达到正常浇水的良好水平；在植有国槐苗木的土壤中，S（2834.89g/株）＞规格 D（2405.63g/株）＞规格 C（2278.65g/株）＞规格 B（1982.48g/株）＞规格 A（1292.82g/株）＞CK（761.42g/株），规格 C 处理（中出水量）和规格 D 处理（大出水量）苗木的耗水总量与无控水袋正常浇水苗木的耗水总量差异不显著（$F=2.32<F_{0.05}=5.14$），大出水量规格 D 的苗木耗水总量是干旱胁迫对照苗木耗水总量的 3.2 倍。比较不同树种的耗水量，到了控水袋释水末期，苗木耗水总量为刺槐（10508.56g/株）＞侧柏（9624.21g/株）＞国槐（7959.58g/株）。

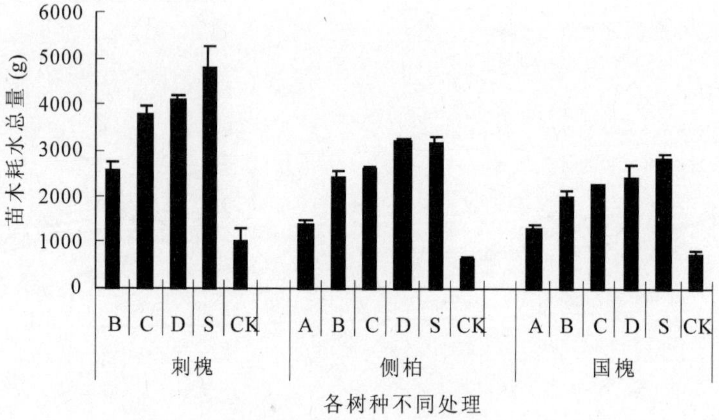

图 4-6　苗木耗水总量

在控水袋的 3 种不同控水头规格 B（小出水量）、C（中出水量）和 D（大出水量）中，各树种苗木耗水量变化趋势均是缓慢下降，规格 A（微出水量）的苗木耗水量下降趋势略好于干旱胁迫对照苗木，而干旱胁迫对照苗木的耗水量则呈直线下降趋势（图 4-7）。说明在没有控水袋供水条件下，苗木会受到干旱胁迫的严重影响，耗水量下降很快。在控水袋释水中期，苗木耗水量仅为初期正常情况下的 1.46%~2.12%。无控水袋正常浇水的苗木耗水量维持在释水初期的 79.27%~90.22%，在控水袋释水末期，正常浇水的苗木耗水量是释水初期的 37.64%~49.3%。使用控水袋的各树种苗木在释水后期，刺槐苗木在3种控水头规格（规格B、规格C和规格D）下的耗水量分别维持在释水初期的25.19%、47.24%和52.11%，侧柏苗木在4种控水头规格（规格A、规格B、规格C和规格D）下的耗水量分别维持在释水初期的27.88%、34.10%、53.93%和45.97%，而国槐苗木则分别维持在释水初期的10.84%、19.15%、18.78%和30.89%。

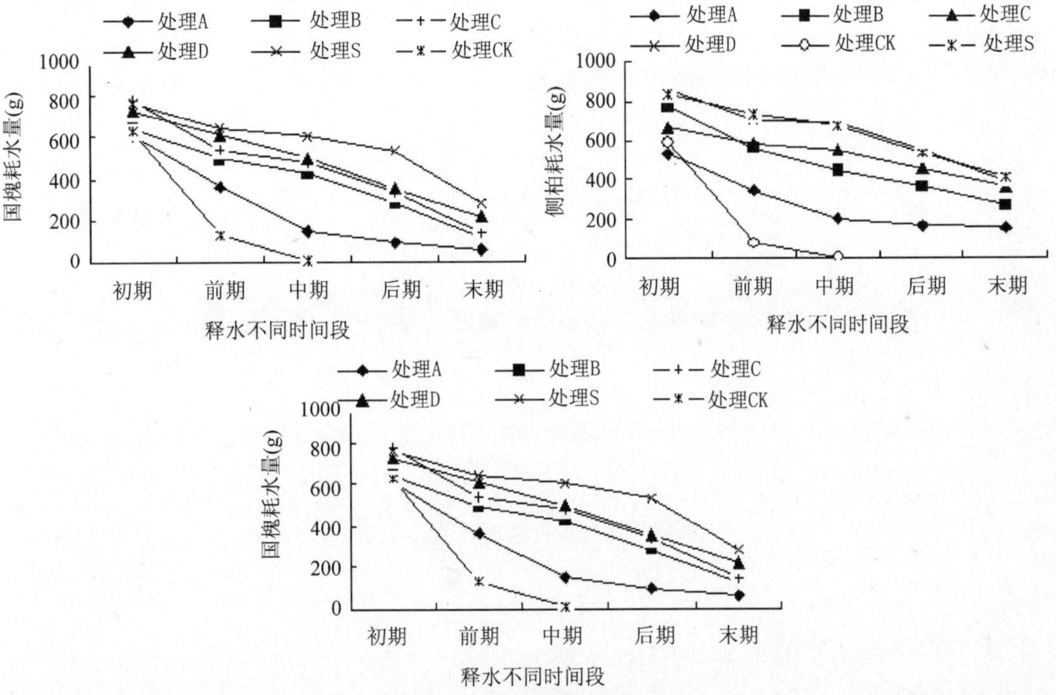

图4-7　不同时段苗木耗水量

通过比较发现，使用控水袋的苗木耗水总量与控水袋释水总量变化趋势完全一致，充分说明树木的耗水和控水袋释水是个统一的连续体，即树种耗水多，释水量就越大，反之，对于高耗水树种，如刺槐苗木耗水较大，需要从外界环境中吸收更多的水分，因此，控水袋的释水量也就增多。这与以往其他抗旱节水产品（如固体水、保水剂等）的最大不同之处在于：固体水、保水剂都是释水量不随树种的耗水量而变化，不论树木需要多少水，它的释水量都是一样的，而控水袋的释水量从某种程度上来说，取决于树木耗水量和需水量的多少，耗水量较大的树种，土壤水分损失较多，土壤含水量少，水势低，在土壤与控水袋之间形成了较大的水势差，这样加速了控水袋的释水速率，增加了释水量，所以控水袋能够释放较多的水分以保持苗木正常生长；而耗水量较少的树种，土壤水分损失较少，含水量较高，水势差比较小，控水袋的释水量也就比较少。所以控水袋—土壤—苗木形成了一个完整的水分供求系统，土壤和苗木不断地蒸发和蒸腾丧失水分，而控水袋根据它们损耗水分的多少，适量的补充水分，以维持土壤含水量和苗木的水分平衡，这也是这种新型抗旱节水技术最大的优点和创新之处。

4.2.2.4 大气温度和湿度

影响控水袋释水速率的大气条件主要有大气温度和相对湿度。同期观测表明，在控水袋释水期间，大气温度变化主要在20～40℃，相对湿度变化主要在28.5%～50%之间(图4-8)，通过比较大气温度和相对湿度与各阶段的释水速率(图4-3)，控水袋释水状况与大气温度和相对湿度的变化没有密切的相关关系，大气温度及相对湿度的变化并不直接影响控水袋的释水速率。

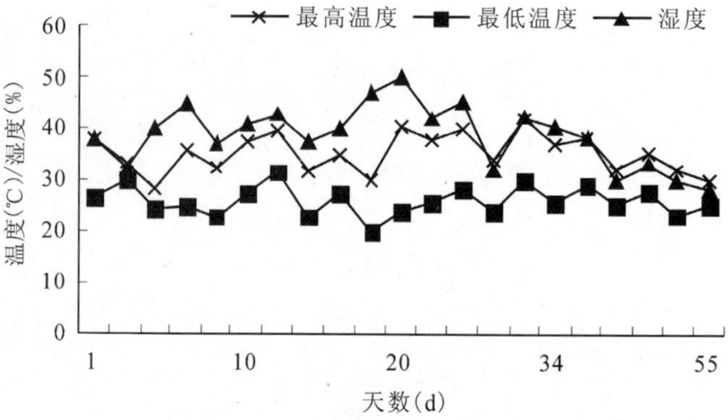

图4-8 大气温度和相对湿度的变化

4.3 控水袋对苗木的作用效应

在控水袋—土壤—苗木完整的水分供求系统中，控水袋可根据土壤和苗木的失水状况和水分需求而进行适量的水分补充，有效地保持土壤和苗木的水分平衡，缓解苗木遭受严重的水分胁迫，维持苗木的生长和生理代谢活动。

4.3.1 控水袋对苗木生长的影响

4.3.1.1 对地径生长的影响

由于控水袋可以通过缓慢释水而在一定程度上保证了对土壤和苗木的水分供应，从而使苗木生长受到较少的影响，但在应用不同规格的控水头时，不同树种苗木的生长状况是不同的。总体上看，应用控水袋后3种苗木的地径大小分别是：国槐>刺槐>侧柏。从刺槐苗木使用控水袋情况来看，在控水袋释水初期，3种控水头规格的刺槐苗木地径从大到小依次为：规格B(1.081mm)>规格C(1.073mm)>规格D(1.065mm)>无控水袋正常浇水苗木S(1.052mm)>无控水袋不浇水干旱胁迫苗木CK(1.023mm)。到了控水袋释水末期，规格B、规格C、规格D、S和CK的地径分别增加到：1.127mm、1.181mm、1.198mm、1.237mm和1.054mm(图4-9)，增幅从大到小依次为：S(17.62%)>规格 D(11.62%)>规格 C(9.22%)>规格 B(5.76%)>CK(2.3%)，无控水袋正常浇水和控水袋大出水量控水头(规格 D)的苗木增幅最大，其次是中出水量(规格 C)和小出水量(规格 B)的苗木，增幅最小的是无控水袋不浇水干旱胁迫的苗木。在使用控水袋中，大出水量(规格 D)的苗木地径增幅是正常浇水苗木的65.92%，中出水量(规格 C)的苗木地径增幅是正常浇水苗木的50%，小出水量(规格 B)的苗木地径增幅也达正常浇水苗木的32.7%，而干旱胁迫苗木的地径增幅仅为正常浇水苗木的17.01%。充分表明使用控水袋可以用少量的水分就能维持苗木较多的生长，具有明显的节水作用和较高的水分利用效率。通过对其他树种的观测也得到了同样的结果。从侧柏苗木生长状况来看，使用控水袋初期，苗木地径在0.937~1.093mm，到了控水袋释水末期，苗木地径增加到1.013~1.184mm，增幅从大到小依次为：S(19.72%)>规格 D(13.14%)>规格 C(9.02%)>规格 B(8.04%)>规格 A(3.67%)>CK(0.90%)(图4-9)。从国槐苗木来看，在使用控水袋初期，苗木地径在1.043~1.204mm，到了控水袋释水末期，地径增加到1.145~1.365mm，增幅从大到小依次为：S(16.37%)>规格 D(9.78%)>规格 C(6.89%)>规格 B(4.81%)>规格 A(2.47%)>CK(1.70%)(图4-9)。使用控水袋的国槐苗木地径达到正常浇水的30%以上，特别是应用大出水量控水头(规格 D)时苗木地径已接近正常浇水苗木的60%，而没有使用控水袋不浇水的干旱胁迫苗木的地径增幅仅为正常浇水苗木的5.7%，控水袋的抗旱节水效果是非常明显的。总的来说，使用控水袋以后，能使土壤和苗木维持一定水分，较大程度上保持苗木的地径生长，具有明显的抗旱节水作用。

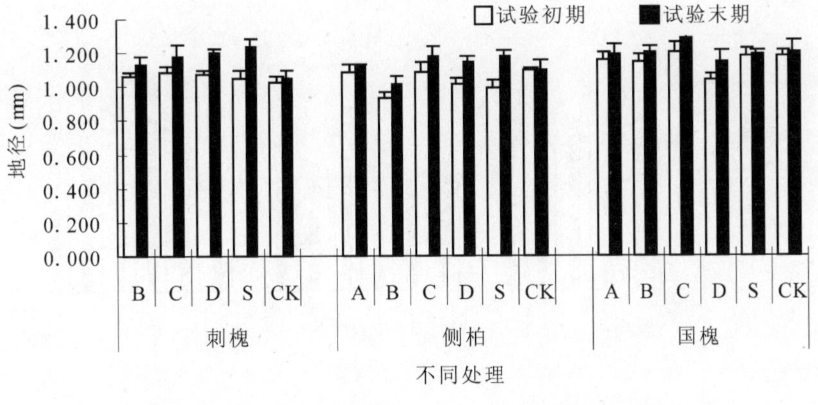

图4-9 控水袋不同控水头规格下苗木地径生长状况

4.3.1.2 对苗高生长的影响

控水袋对苗高的作用效果与地径生长相似，应用控水袋后3种苗木的高生长与地径一样：国槐>刺槐>侧柏(图4-10)。在控水袋释水初期，刺槐苗高分别为：81.77cm(规格 B)、80.47cm(规格 C)、83.9cm(规格 D)、79.7cm(正常浇水 S)和85.33cm(干旱胁迫 CK)，到了释水末期，苗高从高到低依次为：S(93.5cm)>规格

D(92.35cm)>规格C(87.67cm)>CK(88.5cm)>规格B(85.67cm)，增幅从大到小依次为：S(17.31%)>规格D(10.07%)>规格C(8.95%)>规格B(4.77%)>CK(2.54%)，干旱胁迫苗木的高生长增幅仅为正常浇水苗木的14.66%，而使用控水袋的规格D和规格C的苗高增幅达到正常浇水苗木的50%以上，规格B的苗高也达到正常浇水苗木的27.57%，使用控水袋后苗木高生长的涨幅明显高于没有使用控水袋不浇水的干旱胁迫苗木。其他两个树种也有类似的表现。侧柏苗木在使用控水袋初期的苗高为：59.87~64.4cm，到了控水袋释水末期，苗高从高到低依次为：S(9.9cm)>规格D(68.7cm)>规格C(68.17cm)>CK(63.99cm)>规格A(62.87cm)>规格B(62.57cm)，增幅依次为：S(12.92%)>规格D(8.57%)>规格C(5.85%)>规格B(4.51%)>规格A(3.74%)>CK(2.27%)，干旱胁迫苗木的高生长仅为正常浇水苗木17.56%，而使用控水袋的4种控水头规格A、B、C和D的高生长分别为正常浇水苗木的28.94%、34.90%、45.26%和66.29%，都明显高于干旱胁迫苗木的高生长涨幅。国槐在使用控水袋初期的苗高为110.43~125.8cm，到控水袋释水末期，苗高增加到113.2~135.34cm，正常浇水苗木的增幅是18.37%，干旱胁迫苗木的高生长增幅为2.51%，而使用控水袋的苗高增幅在正常浇水与干旱胁迫之间，维持在3.37%~13.05%，4种控水头规格A、B、C和D的苗木高生长分别为正常浇水苗木的20.33%、48.01%、61.23%和71.01%，而干旱胁迫的高生长仅为正常浇水苗木的13.65%。

总体上看，使用控水袋可以缓解苗木的干旱胁迫，较大程度上维持苗木的高生长。

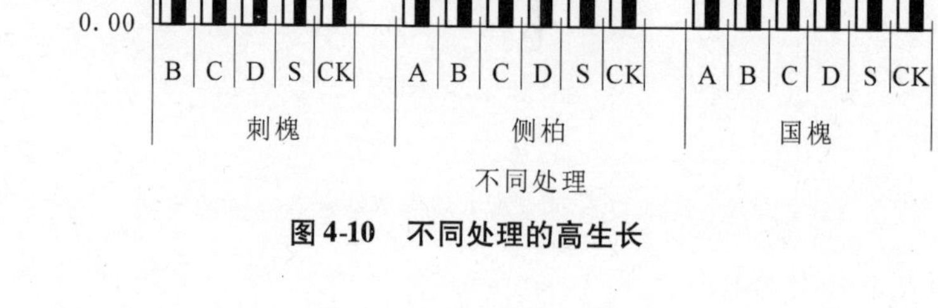

图4-10　不同处理的高生长

4.3.2　控水袋对苗木水分生理及光合特性的影响

4.3.2.1　对苗木叶水势的影响

植物水势是反映苗木水分状况的一个重要指标。在正常水分条件下，植物体内水分状况良好，叶水势保持在正常水平，例如，刺槐苗木叶水势保持在 -0.46～-0.67MPa，侧柏叶水势为 -0.58～-0.79MPa，国槐叶水势在 -0.62～-0.87MPa。当苗木遭受干旱胁迫时下，苗木叶水势会逐步下降，但使用控水袋可以减缓苗木叶水势的下降趋势。应用控水袋时发现，使用控水袋的苗木叶水势处于干旱苗木和正常浇水苗木之间(图 4-11)，说明使用控水袋后，苗木虽然受到一定的水分胁迫，但苗木水分状况明显好于干旱苗木。

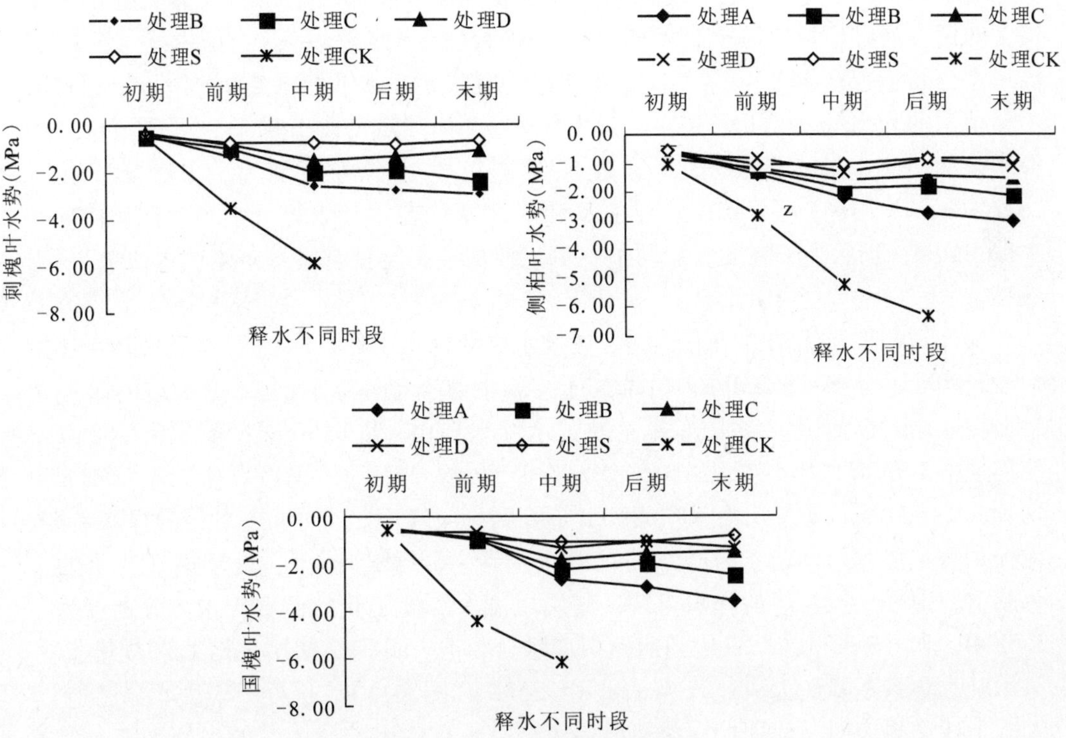

图 4-11　不同时段叶水势变化

在控水袋的释水中期，无控水袋不浇水干旱刺槐苗木的叶水势由 -0.49Mpa 下降到 -5.87MPa，苗木已处于严重的水分胁迫，而使用控水袋小出水量控水头(规格 B)的苗木叶水势由 -0.4MPa 下降到 -2.52MPa，中出水量(规格 C)苗木叶水势由 -0.49MPa 下降到 -2.03MPa，大出水量(规格 D)由 -0.38MPa 下降到 -1.55MPa。可以看出，控水头的出水量越大，苗木叶水势下降越小，苗木体内水分状况保持越好。到了控水袋的释水后期，不浇水干旱苗木的叶水势已低于 -6.0MPa，处于极严重的水分胁迫，最终在控水袋的释水末期，不浇水干旱苗木落叶死亡，而此时使用控水袋的苗木叶水势分别为 -2.86MPa(控水头规格 B)和 -2.39MPa(控水头规格 C)，只处于中度水分胁迫，特别是使用大出水量控水头(规格 D)的苗木叶水势才下降到 -1.12MPa，仅处于轻度水分胁迫(图 4-11)。这些结果充分表明，使用控水袋可以使苗木有效地维持体内的水分平衡，保持较高的水势，缓解水分胁迫从而避免受到严重水分胁迫的影响。

与刺槐苗木状况相似，使用控水袋也使侧柏苗木的水分胁迫得以缓解。在控水袋的释水中期，侧柏干旱苗木叶水势由 -1.02MPa 下降到 -5.23MPa，苗木处于严重的水分胁迫，而使用控水袋的侧柏苗木，在这个时期应用控水头规格 A(微出水量)的苗木叶水势由 -0.64MPa 下降为 -2.22MPa，规格 B(小出水量)苗木叶水势由 -0.63MPa 下降到 -1.85MPa，规格 C(中出水量)苗木叶水势由 -0.81MPa 下降到 -1.56MPa，规格 D(大出水量)苗木叶水势由 -0.69MPa 下降到 -1.32MPa(图 4-14)，基本都还处于轻度至中度水分胁迫，表明控水袋对缓解苗木水分胁迫发挥了很大作用，而且还可以看出，控水头规格越大(即出水量越大)，苗木水势保持越高，水分胁迫程度越轻，缓解水分胁迫的作用越大。到了控水袋处理的释水后期，干旱苗木的叶水势已经下降到 -6.32MPa，处于极严重的水分胁迫，到了控水袋的释水末期，使用控水头规格 A 和规格 B 的苗木叶水势分别为 -3.03MPa 和 -2.12MPa，达到中度水分胁迫，规格 C 和规格 D 的苗木叶水势分别为 -1.48MPa 和 -1.09MPa，仍然处于轻度水分胁迫，可见控水袋确实具有维持苗木体内水分平衡，减轻苗木水分胁迫的作用。

国槐与刺槐及侧柏的情况相同。在控水袋的释水中期，国槐干旱苗木叶水势由 -0.56MPa 下降到 -6.2MPa，苗木处于严重的水分胁迫，而使用控水袋的国槐苗木，在这个时期使用控水头规格 A 的苗木叶水势由 -0.55MPa 下降为 -2.68MPa，使用规格 B 的苗木叶水势由 -0.54MPa 下降到 -2.22MPa，规格 C 由 -0.52MPa 下降到 -1.85MPa，规格 D 由 -0.68MPa 下降到 -1.31MPa。到了控水袋的释水后期，无控水袋不浇水干旱苗木的叶水势已经下降到 -6.5MPa 以下，处于极端严重的水分胁迫，而到了控水袋的释水末期，使用规格 A 和规格 B 的苗木叶水势分别仅为 -3.53MPa 和 -2.53MPa，只达到达到中度水分胁迫，特别是使用规格 C 和规格 D 的苗木叶水势只下降到为 -1.52MPa 和 -1.35MPa(图 4-11)，仍处于轻度水分胁迫。

上述结果表明，使用控水袋可以使供试苗木有效地维持体内的水分平衡，保持较好的水分状况和较高的水势，不同程度地缓解苗木的水分胁迫，从而避免受到更为严重的水分胁迫的影响。同时，控水袋不同控水头规格(即出水量大小)对缓解苗木水分胁迫的程度有很大的影响，控水头规格越大，出水量越多，苗木体内水分状况越好，叶水势保持越高，苗木受到的水分胁迫程度越轻，缓解水分胁迫的作用越强。因此，在实际造林应用中应该根据树种的耗水特性来选择不同控水头规格的控水袋，高耗水树种(如刺槐)应该选择大规格(大出水量)控水头的控水袋，低耗水树种(如侧柏)则可以选择小规格(微和小出水量)控水头的控水袋，做到真正的控水节水造林。

4.3.2.2 对净光合速率的影响

应用控水袋可以在一定程度上保持苗木的净光合速率，维持苗木的光合生产。在使用控水袋的刺槐苗木中，无控水袋正常浇水的苗木净光合速率在 3.22 ~ 9.68μmol/m^2 · s 范围内，当无控水袋苗木在不正常浇水而遭受干旱胁迫时，苗木叶水势和净光合速率都大幅度下降。使用控水袋的刺槐苗木在控水袋释水前期，其净光合速率维持在4.05~4.45μmol/m²·s，而无控水袋遭受干旱胁迫的苗木叶水势下降到-3.5MPa，净光合速率也下降到2.23μmol/m²·s；当干旱30天左右时，即控水袋的释水中期，干旱苗木叶水势降为-5.87MPa，净光合作用停止为零，而此时使用控水袋的苗木净光合速率也显著降低，但仍然保持有净光合速率，为0.67~1.23μmol/m²·s。到了控水袋释水后期，当使用控水头规格B(小出水量)苗木水势降为-2.69MPa时，其净光合速率仅为0.41μmol/m²·s，规格C(中出水量)苗木叶水势为-1.99MPa时，净光合速率为0.78μmol/m²·s，规格D(大出水量)苗木叶水势为-1.35MPa时，净光合速率为1.34μmol/m²·s。在控水袋释水末期，使用控水头规格B和C的苗木叶水势分别下降到-2.86MPa和-2.39MPa处于中度水分胁迫时，其净光合速率分别为：0.31μmol/m²·s和0.57μmol/m²·s，规格D苗木叶水势为-1.12MPa仅处于轻度水分胁迫时，其净光合速率为1.03μmol/m²·s(图4-12)。这些结果充分表明树木的净光合速率随着叶水势的降低而下降(李吉跃，1990)，同时也表明，使用控水袋可以缓解苗木遭受更严重的干旱胁迫，到控水袋释水末期苗木还仅处于轻度至中度干旱胁迫，并能始终保持一定的光合生产力(净光合速率维持在0.31~1.03μmol/m²·s)，维持苗木的光合生产和生长。

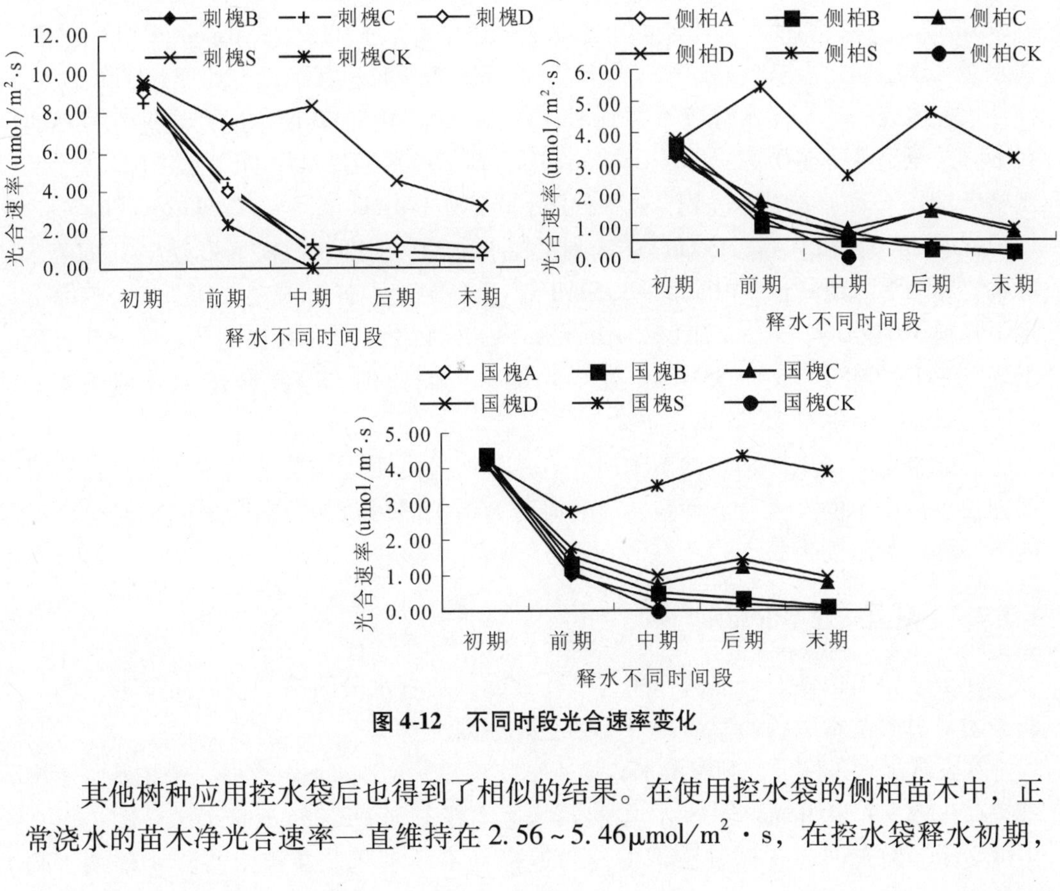

图4-12 不同时段光合速率变化

其他树种应用控水袋后也得到了相似的结果。在使用控水袋的侧柏苗木中，正常浇水的苗木净光合速率一直维持在2.56~5.46μmol/m²·s，在控水袋释水初期，无控水袋干旱胁迫的苗木净光合速率为3.34μmol/m^2·s，到了控水袋释水前期，随着干旱胁迫的加剧，当侧柏苗木叶水势下降到-2.78MPa时，其净光合速率降为1.25μmol/m^2·s，当苗木叶水势降为-5.23MPa时，其净光合速率下降至几乎为零。使用控水袋后，在控水袋释水前期时，侧柏苗木净光合速率显著下降，但仍然保持在1.02~1.78μmol/m^2·s；到了控水袋释水中期，使用控水头规格A、B、C和D的苗木净光合速率分别为：0.78μmol/m^2·s、0.58μmol/m^2·s、0.89μmol/m^2·s和0.66μmol/m^2·s；到了控水袋释水后期，使用规格A(微出水量)和规格B(小出水量)的苗木净光合速率为0.34μmol/m^2·s和0.28μmol/m^2·s，使用规格C(中出水量)和规格D(大出水量)由于其出水量较大而使苗木的叶水势有所上升，苗木净光合速率均有所上升，分别为1.45μmol/m^2·s和1.52μmol/m^2·s；到了控水袋释水末期，由于控水袋释水量很少而使苗木也遭受较严重的干旱胁迫(但好于无控水袋不浇水的干旱胁迫程度)，使其净光合速率一直维持较低水平，使用控水头规格A、B、C和D的苗木净光合速率分别为：0.05μmol/m^2·s、0.17μmol/m^2·s、0.79μmol/m^2·s和0.94μmol/m^2·s，但仍然保持有光合能力。

在使用控水袋的国槐苗木中，正常浇水的苗木净光合速率在2.78~4.36μmol/m^2·s范围内，而遭受干旱胁迫的苗木则随着干旱胁迫的发展，其净光合速率显著降低。在控水袋释水前期，当干旱胁迫苗木叶水势降到-4.38MPa时，其净光合速率下降1.09μmol/m^2·s，而使用控水袋的苗木净光合速率保持1.04~1.88μmol/m^2·s；在到控水袋释水中期，干旱胁迫苗木叶水势降为-6.2MPa时，其净光合速率几乎降为零，而使用控水袋的苗木叶水势仅下降到-1.31~-2.68MPa，其苗木净光合速率虽然也在下降，但仍维持在0.32~1.02μmol/m^2·s；到了控水袋释水后期，使用不同控水头规格A、B、C和D的苗木净光合速率分别下降到0.17μmol/m^2·s、0.343μmol/m^2·s、1.20μmol/m^2·s和1.45μmol/m^2·s；到了控水袋释水末期，规格A和规格B的苗木叶水势分别下降到-3.53MPa和-2.53MPa，达到中度水分胁迫时，其净光合速率分别下降到0.049μmol/m^2·s和0.104μmol/m^2·s，规格C和规格D的苗木叶水势分别下降到-1.52MPa和-1.35MPa，处于轻度水分胁迫时，净光合速率分别保持在0.78μmol/m^2·s和0.95μmol/m^2·s。

总的来看，使用控水袋的苗木净光合速率明显高于干旱胁迫苗木，虽然在短时期内控水袋苗木的净光合速率也会显著降低，但仍然可以保持较长时间的光合生产能力，维持苗木的生长。

4.3.2.3 对蒸腾速率的影响

在干旱胁迫条件下，蒸腾作用与气孔导度都随着水分胁迫的发展而降低，而气孔关闭是引起苗木蒸腾速率显著下降的主要原因。

在正常浇水条件下，刺槐苗木蒸腾速率在2.12~5.34mmol/m^2·s，侧柏蒸腾速率维持在0.98~1.145mmol/m^2·s，国槐蒸腾速率在1.34~2.25mmol/m^2·s(图4-13)。当遭受干旱胁迫时，各树种苗木的蒸腾速率会不断下降。在控水袋释水前期，刺槐、侧柏和国槐蒸腾速率分别为 0.560mmol/m^2 · s、0.254mmol/m^2 · s 和 0.307mmol/m^2 · s，到控水袋释水中期，侧柏、国槐和国槐的蒸腾速率几乎降为零，表明气孔已经完全关闭。在使用控水袋的刺槐苗木中，在控水袋释水初期，控水头各规格苗木的蒸腾速率维持在4.78～5.03mmol/m^2 · s；到控水袋释水前期，各规格苗木的蒸腾速率显著降低为1.05～1.57mmol/m^2 · s；到控水袋释水中期，控水头规格B、C和D苗木的蒸腾速率分别下降到0.38mmol/m^2 · s、0.581mmol/m^2 · s和0.87mmol/m^2 · s；到控水袋释水末期，使用控水袋刺槐苗木的蒸腾速率维持在较低水平，控水头规格 B、C 和 D 苗木的蒸腾速率分别维持在 0.09mmol/m^2 · s、0.28mmol/m^2 · s和0.76mmol/m^2 · s。在使用控水袋的侧柏苗木中，在控水袋释水初期，苗木蒸腾速率维持在1.02～1.15mmol/m^2 · s；到控水袋释水前期，苗木蒸腾速率显著下降，到控水袋释水中期，控水头各规格苗木的蒸腾速率仅维持在0.12～0.132mmol/m^2 · s；到控水袋释水后期，控水头规格A和B苗木的蒸腾速率分别为0.038mmol/m^2 · s和0.044mmol/m^2 · s，而规格C和D苗木的蒸腾速率反而较释水中期有所提高，分别为0.154mmol/m^2 · s和0.153mmol/m^2 · s；到控水袋释水末期，规格A、B、C和D苗木的蒸腾速率分别为：0.008mmol/m^2 · s、0.032mmol/m^2 · s、0.102mmol/m^2 · s和0.124mmol/m^2 · s。在使用控水袋的国槐中，在控水袋释水初期，其苗木蒸腾速率维持在2.05～2.45mmol/m^2 · s，到控水袋释水前期苗木的蒸腾速率就显著下降，仅为0.48～0.74mmol/m^2 · s；到控水袋释水末期，控水头规格A、B、C、D 苗木的蒸腾速率分别下降为：0.012mmol/m^2 · s、0.025mmol/m^2 · s、

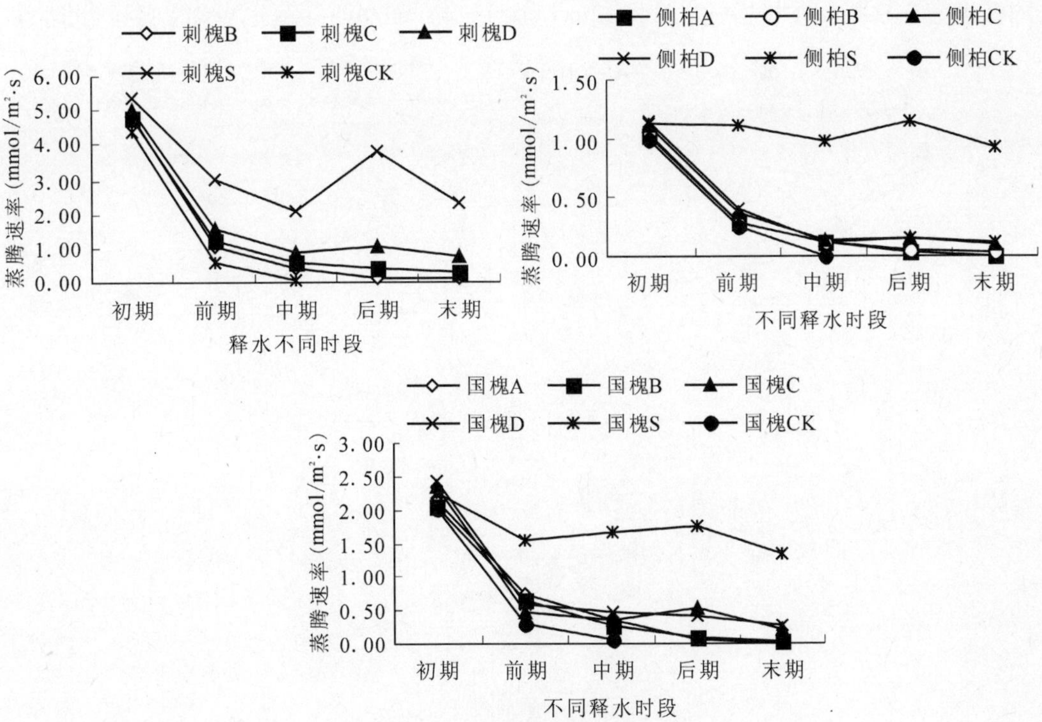

图4-13 不同时段蒸腾速率的变化

0.221mmol/m^2 · s 和 0.279mmol/m^2 · s。

苗木通过逐渐关闭气孔降低蒸腾，使其蒸腾速率一直维持在较低水平，因此使用控水袋处理既可以保持较低的蒸腾速率，避免植物因蒸腾作用失去过多的水分，又可以维持植物体内的水分，保持苗木较长时间的生长。

4.3.2.4 对气孔导度的影响

在控水袋释水初期，由于水分充足，苗木气孔完全打开，随着干旱胁迫的加剧，气孔逐渐关闭(图 4-14)。在正常水分条件下，刺槐苗木气孔导度维持在 0.087～0.208m/s，侧柏苗木气孔导度维持在 0.028～0.048m/s，国槐苗木气孔导度为 0.123～0.176m/s。当受到干旱胁迫时，各树种苗木的气孔导度都有不同程度的降低。在控水袋释水前期，干旱苗木的气孔逐渐关闭，侧柏、刺槐和国槐苗木的气孔导度分别下降到 0.035m/s、0.010m/s 和 0.056m/s；到控水袋释水中期，干旱苗木的气孔完全关闭。而使用控水袋的各树种苗木的气孔导度处于干旱苗木和正常浇水苗木之间，在控水袋释水前期，刺槐苗木气孔导度维持在 0.097～0.121m/s，侧柏苗木气孔导度在 0.013～0.018m/s，国槐苗木气孔导度在 0.088～0.102m/s；随着干旱胁迫的加剧，使用控水袋各树种苗木的气孔导度也逐渐开始关闭，但仍能维持气孔有较小的开度，到控水袋释水末期，使用控水头规格 B、C 和 D 刺槐苗木的气孔导度分别为 0.007m/s、0.015m/s 和 0.042m/s，侧柏苗木的气孔导度分别为 0.001m/s(规格 A)、0.004m/s(规格 B)、0.017m/s(规格 C)和 0.015m/s(规格 D)，国槐则为 0.008m/s(规格 A)、0.012m/s(规格 B)、0.043m/s(规格 C)和 0.048m/s

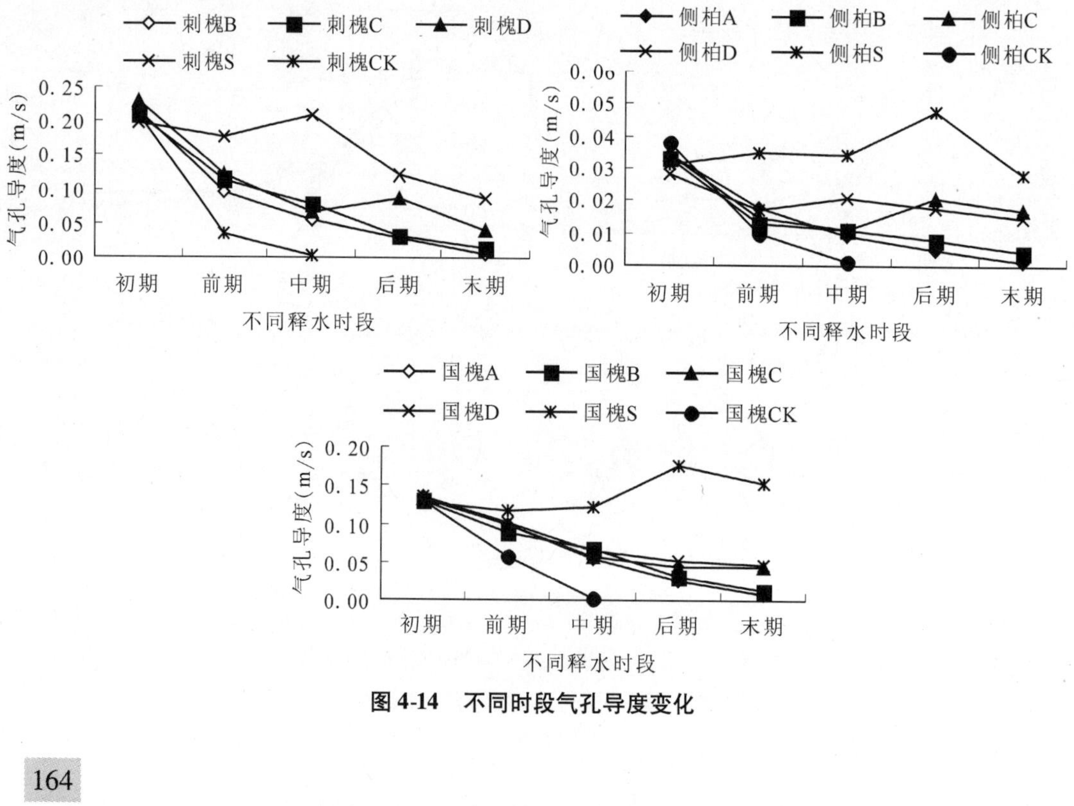

图 4-14 不同时段气孔导度变化

（规格 D）。

这些结果说明，使用控水袋抗旱节水技术能够维持植物水分，调节气孔的开闭，并能较长时间维持气孔较小的开度，从而保证植物有一定的光合作用和蒸腾作用，维持苗木的生长。

4.3.2.5 对水分利用效率的影响

水是植物进行光合作用的主要原料之一，而蒸腾是控制树木水分关系最主要的因素之一。当水分吸收落后于水分损失时，水分亏缺会发展下去，并造成树木脱水而引起树木受害或死亡。而在干旱胁迫下苗木利用少量的水分来维持较高的光合生产，即有较高的水分利用效率，一直是人们关注的抗旱节水的重要问题。本书对控水袋使用后的水分利用效率问题进行了探讨。结果显示，刺槐苗木在控水袋释水初期，水分利用效率保持在 1.791 ~ 2.172μmol CO_2/m^2 H_2O，侧柏苗木的水分利用效率最高，为 3.009 ~ 3.384μmol CO_2/m^2 H_2O，国槐水分利用效率在 1.669 ~ 2.128μmol CO_2/m^2 H_2O。在控水袋释水前期，遭受干旱胁迫的刺槐苗木的蒸腾速率逐步下降，但水分利用效率有所提高，达到 2.58 ~ 4.238μmol CO_2/m^2 H_2O，提高了 30.5 ~ 54.3%，提高幅度最大；侧柏苗木的水分利用效率也有所提高，达到 3.493 ~ 4.786μmol CO_2/m^2 H_2O，提高了 10.6%~36.1%；国槐苗木的水分利用效率也达到 1.378 ~ 3.25μmol CO_2/m^2 H_2O（图 4-15）。到了控水袋释水中期，干旱胁迫苗木严重缺水，导致气孔完全关闭，其净光

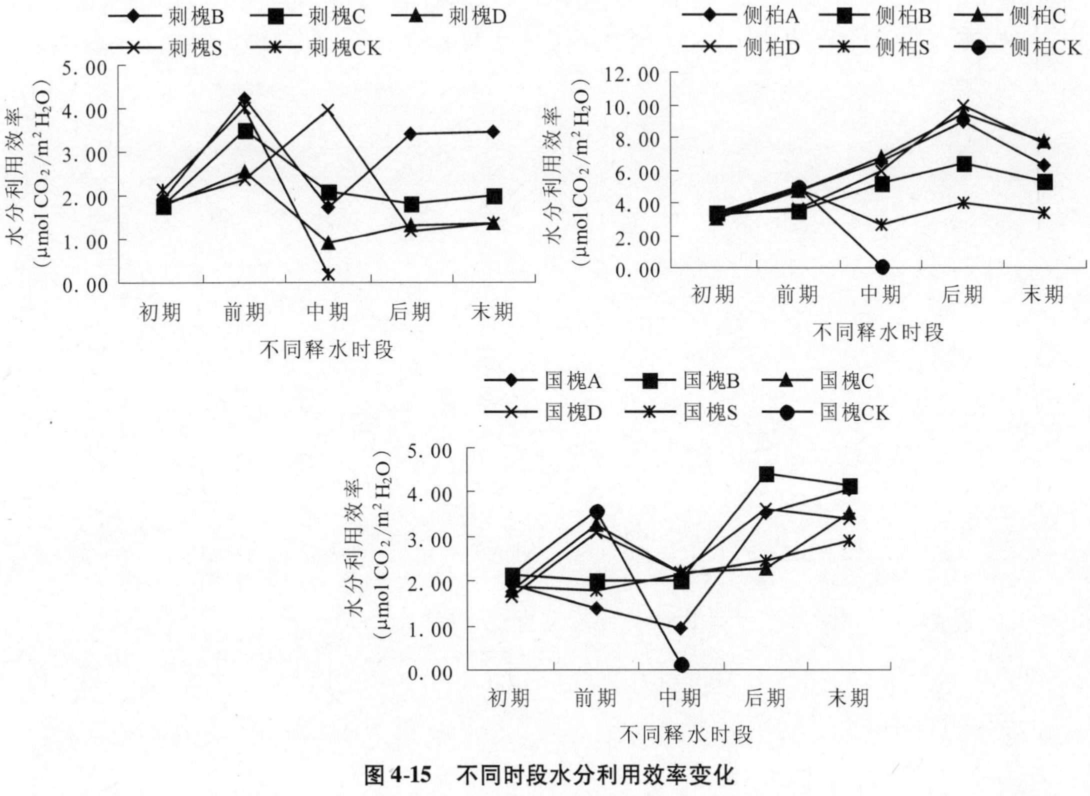

图 4-15 不同时段水分利用效率变化

合速率和蒸腾速率几乎都降为零，苗木完全干枯。而使用控水袋的各树种苗木，虽然也遭受到严重的干旱胁迫，但由于控水袋仍能提供给苗木少量的水分，使苗木体内保持一定的水分而使气孔维持一定的开度，使苗木保持一定的光合生产力，因此提高了苗木的水分利用效率。到控水袋释水末期，侧柏苗木的水分利用效率维持在最高水平，达到5.313～7.181μmolCO_2/m^2 H_2O，其次是国槐苗木，其水分利用效率维持在3.405～4.16 μmolCO_2/m^2 H_2O，而刺槐苗木水分利用效率则维持在1.355～3.444 μmolCO_2/m^2 H_2O。这些结果表明，使用控水袋抗旱节水技术，可以在较长时间内为苗木提供低量的水分而提高苗木的水分利用效率，从而维持苗木的生长与生存，达到抗旱节水的目的。

第5章 痕量灌溉抗旱节水造林技术

普通滴灌是通过管道系统及安装在末级管道上的灌水器，将有压水以小流量、均匀、准确地补充给植物根部附近土壤，使植物根系活动区的土壤经常保持适宜的水分和营养的节水灌溉技术。与地面灌溉相比，普通滴灌的优点在可把灌溉水的深层渗漏和地表蒸发减少到最低程度，只向植物根区土壤供水，使“浇地”变成为“浇植物”；也可随水施肥，既减少用工又提高肥效，促使植物生长。但是，普通滴灌设计复杂，对水质过滤要求严，容易堵塞和老化，而且滴灌设施成本高，滴水欠均匀，对野外田间作业有一定影响(吕治湖，1998)。

对上述存在的问题，本书采用了一种新型的抗旱节水灌溉技术——痕量灌溉。痕量灌溉打破了常规的灌溉理念，让植物在获取水的方法上，变被动为主动，它无需电动力，通过土壤和灌溉滴头之间的毛细力作用和水位差产生的压力，让植物在缺水的时候能够主动地吸水，并根据不同高度水位差异产生不同的释水量而向植物提供所需水分，在节水效果上比成熟的滴灌要节约30%，这在抗旱节水灌溉技术上是一次新的突破(彩图17)。

2007年3月底取毛白杨无性系枝条嫁接在砧木上，并栽植到33cm(高)×30cm(口径)的棕色塑料花盆中，每盆1株，共计30株进行培养，并对该树种进行正常浇水管理。盆栽土壤为沙壤土，沙与土壤的比例为2∶1。土壤密度为1.411g/cm^3，田间持水量为26.02%。6月开始进行预备试验，7月初开始正式试验，选择大小均匀一致的苗木搬进大棚，棚的规格为：8m(长)×6m(宽)×2.7m(高)，跨度0.7m，棚顶和南北两侧用塑料薄膜封上，东西通风，顶部透光率75%。

7月20日开始进行痕量灌溉试验，具体处理方法是：搭建灌溉设施，将3个20L的水桶放在高度分别为0.5m、1m和1.5m的铁架上，桶下端开口，用PVC管进行连接。每根管上连接7个滴头，滴头位置位于盆沿中部接近苗木根部处，最后一个滴头处用橡胶塞进行堵塞(彩图17)。待安装完毕后，对苗木充分浇透水后不再供水，开始进行自然干旱处理。

试验设计如表5-1所示：设置3个不同出水量的处理(A、B和C)和2个对照(1个为保持正常水分，1个是持续不浇水干旱处理)。出水量的大小由放置痕量灌溉的不同高度来控制，放置高度分别为0.5m、1m和1.5m，相应的出水量分别为

100～200g/d(小出水量)、200～300g/d(中出水量)和300～400g/d(大出水量)。每个处理和对照均设6次重复。

表5-1 痕量灌溉的试验设计

苗木试验	痕量灌溉处理(不同出水量)
A	处理A(100～200g/d)(小出水量)
B	处理B(200～300g/d)(中出水量)
C	处理C(300～400g/d)(大出水量)
S	正常浇水
CK	干旱胁迫(不浇水对照)

5.1 痕量灌溉的释水规律

5.1.1 释水连日变化

结果显示，在试验初期，处理A(小出水量)的出水量为156.3g/d，处理B(中出水量)的出水量为253.8g/d，处理C(大出水量)的出水量为376.6g/d，到试验末期，处理A的出水量为151.7g/d，处理B的释水量为244.1g/d，处理C的出水量为370.7g/d，各处理出水量在试验期间均维持在一定水平，处理A平均出水量为143.2g/d，处理B平均释水量为245.2g/d，处理C平均释水量为380.7g/d(图5-1)，表明这种新型痕量灌溉的出水性能具有很好的稳定性，可以在实际生产中推广应用。

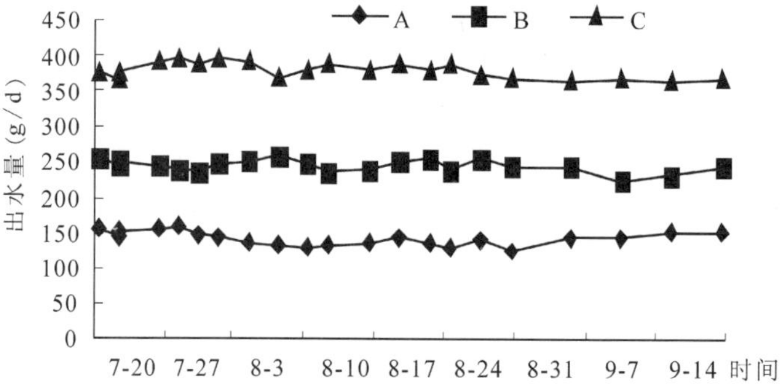

图5-1 不同时段出水量

5.1.2 释水总量

在本书研究中，正常浇水苗木每4天浇水一次，每次浇水量为2000ml/次，60天的试验苗木浇水总量为2000×15＝30000(g)，即30kg。使用这种新型痕量灌溉技术后，试验完成时(60天)最大的出水总量从大到小依次为：处理C(22842g)>

处理 B(14712g) >处理 A(8592g)，即分别为 22.84kg、14.71kg 和 8.59kg，分别为正常浇水用水量的 76.14%、49.04% 和 28.64%(图 5-2)。这充分表明这种新型痕量灌溉技术具有明显的节水作用。

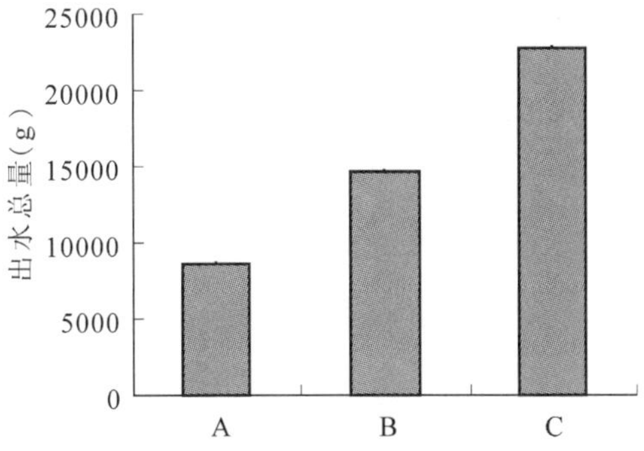

图 5-2 不同处理的出水总量

5.2 痕量灌溉对苗木的作用效应

5.2.1 对苗木生长的影响

5.2.1.1 对苗木地径生长的影响

在试验初期(7 月 20 日)，各处理 A(大出水量)、B(中出水量)、C(大出水量)、S(正常浇水)和 CK(干旱胁迫)的苗木地径分别为：0.827mm、0.847mm、0.802mm、0.818mm 和 0.888mm，随着干旱胁迫的加剧，不浇水对照苗木的地径增幅逐渐减小，在试验 30 天左右，苗木地径几乎停止生长，为 1.017mm；正常浇水苗木的地径在生长速生期，即 8 月中旬时，生长速度最快，地径增加到 0.99mm，到试验末期，地径为 1.126mm，经痕量灌溉的苗木在试验中期，地径从大到小依次为：处理 B(0.996mm) >处理 C(0.969mm) >处理 A(0.935mm)，到试验末期，地径从大到小依次为：处理 C(1.072mm) >处 B(1.069mm) >处理 A(0.985mm)(图 5-3)。

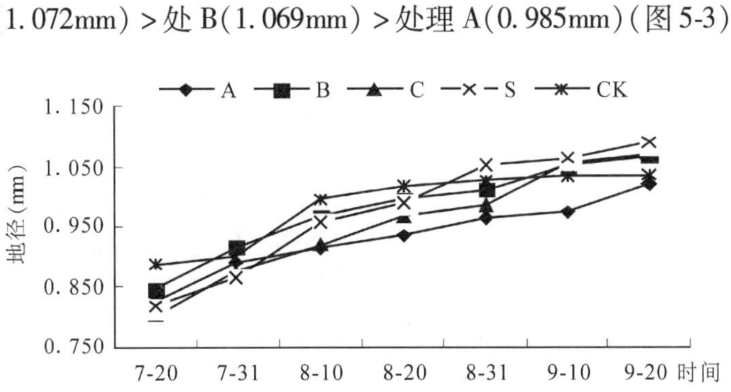

图 5-3 不同时段的地径生长

结果显示，痕量灌溉对苗木地径有较大影响，苗木地径增幅大小依次为：S（37.61%）>C（33.70%）>B（26.3%）>A（19.06%）>CK（14.86%）。处理A（小出水量）的增幅为正常水分增幅50.67%，处理B（中出水量）的增幅为正常水分增幅70.01%，处理C（大出水量）的增幅为正常水分增幅89.6%，干旱不浇水对照仅为正常浇水的39.52%（图5-4）。总体而言，经过痕量灌溉的苗木地径增幅均达到正常浇水的50%以上，说明使用痕量灌溉技术能够用少量的水分就可以有效地缓解苗木干旱，维持苗木的生长。

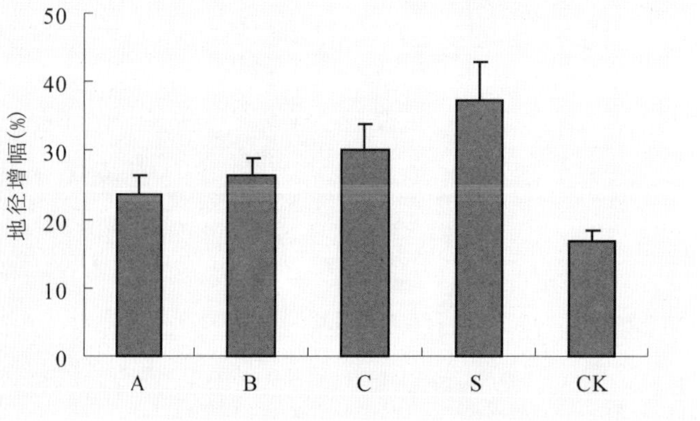

图5-4　不同处理地径增幅

5.2.1.2　对苗木高生长的影响

苗高是苗木生长状况和苗木质量最直接的反映。由图5-5可以看出，各处理方式对毛白杨无性系的高生长也有不同程度的影响，其变化规律与地径变化一致。在试验初期，苗高从大到小依次为：CK（133.5cm）>B（128.1cm）>C（126.9cm）>S（124.5cm）>A（121.3cm），到试验30天左右，干旱处理的苗木基本停止生长，苗高为147.7cm，正常浇水处理的苗木在试验30天左右的苗高是154.4cm，到试验结束时，苗高达到168.0cm；在试验中期，使用痕量灌溉的各苗木苗高从大到小依次为：C（157.5cm）>B（152.9cm）>A（149.9cm），到试验末期，处理A、处理B和处理C的苗高分别为：165.9cm、161.1cm和152.1cm。

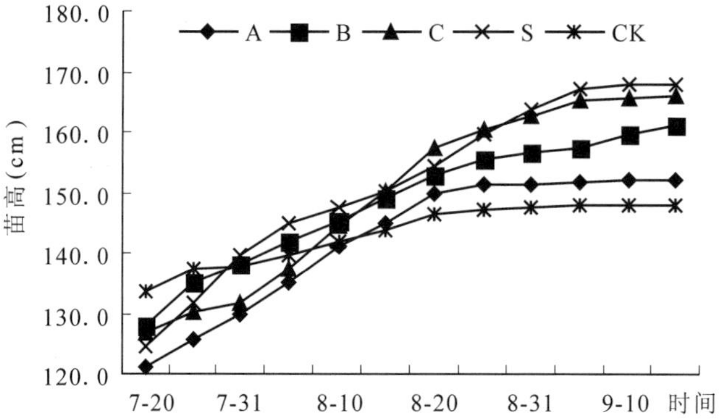

图5-5　不同时段的苗高生长

从图5-6可以看出，苗高增幅从大到小依次为：S(35.0%)>C(30.7%)>B(25.8%)>A(25.4%)>CK(10.8%)，处理A、处理B和处理C分别较干旱对照增加了2.34、2.38和2.83倍，各处理与干旱对照之间存在显著差异。各处理与正常浇水对照差异不显著，处理A的增幅为正常增幅的72.64%，处理B的增幅为正常增幅的73.7%，处理C的增幅为正常增幅的87.83%。

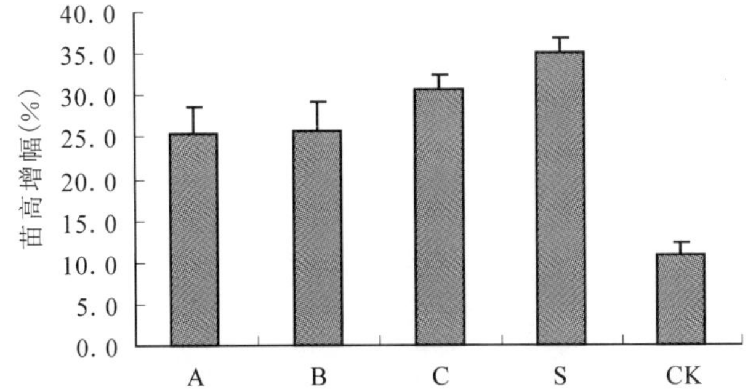

图5-6 不同处理苗高增幅

研究结果表明，经痕量灌溉的各苗木均在一定程度上能缓解干旱胁迫的影响，维持苗木的生长。

5.2.1.3 对苗木叶生长的影响

叶片生长对水分胁迫的反应敏感，在中度和严重水分胁迫下，杨树叶面积扩展下降，叶片脱落数增加(Mahoney，1992)。从图5-7可以看出，在试验初期，叶面积大小依次为：A(5.89mm^2)>CK(4.32mm^2)>B(4.06mm^2)>C(3.98mm^2)>S(3.54mm^2)，干旱胁迫在0~6天之间，正常生长与干旱不浇水处理的叶片在叶面积上差异很小，从第6天开始，干旱胁迫的叶生长减缓，叶片扩展受到影响，到第14天，叶面积为17.14mm^2，正常浇水的苗木叶片生长迅速，到第14天，叶面积为45.15mm^2，经滴灌处理的苗木在第10天苗木叶片生长逐渐变缓，到14天，处理A、B和C的叶面积分别增长到：34.12mm^2、36.69mm^2和40.2mm^2。

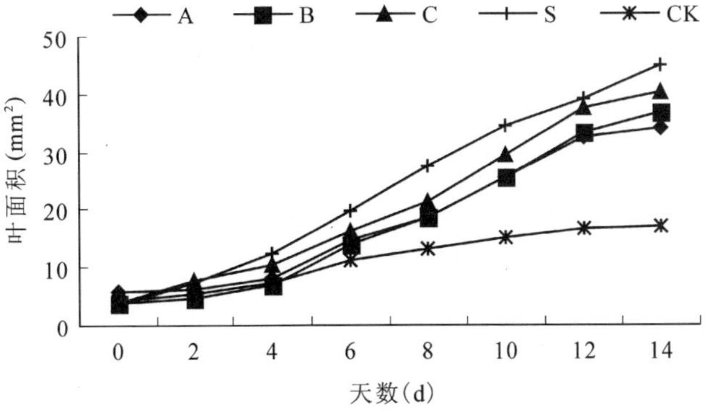

图5-7 不同时段的叶生长

苗木叶面积增长倍数的变化从大到小依次为：S(12.75)>C(10.10)>B(9.04)>A(5.81)>CK(3.97)(图5-8)。遭受干旱胁迫处理的苗木叶面积倍数仅为正常浇水的31.11%，经过痕量灌溉的苗木，处理A、处理B和处理C叶面积增长倍数为正常生长条件下的：45.54%、70.85%和79.19%。总的来说，经痕量灌溉的苗木无论苗高、地径还是叶面积的增幅，基本达到正常浇水的50%，特别是处理B和处理C，其增幅均达到正常浇水的70%以上，说明痕量灌溉能在一定程度上缓解苗木的干旱，维持苗木所需水分，使其正常生长。

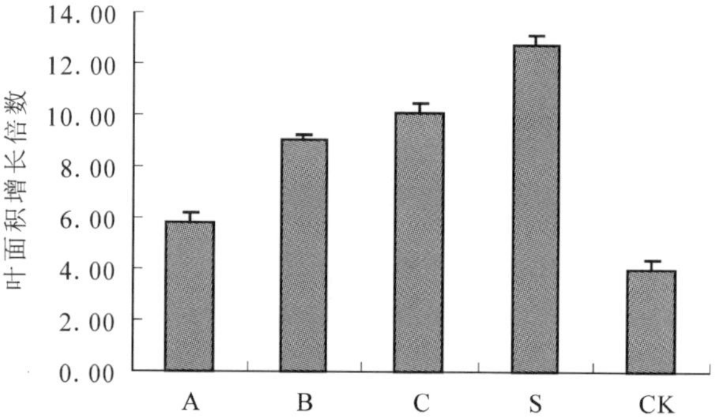

图5-8　不同处理叶片增长倍数

5.2.1.3　对生物量及其分配的影响

干物质积累量的多少从一定程度上反映了植物光合能力的大小。由表5-2可以看出，无论是痕量灌溉还是对照(灌水与干旱)，毛白杨无性系苗木的干物质积累主要分配在根，其次是茎和叶。根干重占总重量的40.84%~54.72%，茎干重占总重量的29.05%~32.87%，叶干重占总重量的12.88%~18.84%。处理A(小出水量)苗木的干物质积累总量为41.64g，只有正常水分苗木干物质总量(74.45g)的55.92%，处理B(中出水量)苗木的干物质积累总量为45.74g，为正常水分苗的61.43%，处理C(大出水量)苗木的干物质积累总量为50.40g，为正常水分苗木的67.69%。可以看出，苗木的干物质积累量与痕量灌溉出水量成正比，出水量越大，

表5-2　生物量及其分配

处理	根		茎		叶		总重量(g)
	干重(g)	与总重比例(%)	干重(g)	与总重比例(%)	干重(g)	与总重比例(%)	
A	22.79	54.72	13.11	31.49	5.74	13.78	41.64
B	24.01	52.49	14.02	30.65	7.71	16.85	45.74
C	26.26	52.10	14.64	29.05	9.50	18.84	50.40
CK	19.49	54.24	11.81	32.87	4.63	12.88	35.92
S	37.85	50.84	23.36	31.38	13.24	17.78	74.45

注：根量是由砧木根系与毛白杨新根构成。

为苗木提供的水分越多，苗木生长越好，积累的干物质量越多。比较而言，新型痕量灌溉的中出水量(B 处理)节水效果最好。B 处理在整个试验中出水总量为 14712g (图 5-2)，仅占正常浇水总量(30000g)的 49.04%，用不到正常浇水总量一半的水分，使苗木的干物质总量达到了正常水分苗木的 61.43%，不仅提高了干物质的累积，同时还达到了节水的目的。

5.2.2 对苗木水分生理的影响

5.2.2.1 对土壤含水量的影响

从图 5-9 可以看出，在试验初期，毛白杨无性系(shanxi)土壤含水量均维持在 22.34%~23.84%，均达到田间持水量(26.02%)的 85% 以上，维持在正常水分的范围。在处理 30 天后，正常浇水的土壤含水量为 19.47%，达田间持水量的 75%，但不浇水对照毛白杨无性系的土壤含水量仅为 2.12%，不到田间持水量的 10%，已处于非常严重的干旱胁迫，而经新型痕量灌溉后的毛白杨无性系土壤含水量仍然维持在 9.58%~13.88%，达到田间持水量的 37%~53%，处于轻度至中度干旱胁迫，且各处理与对照存在显著差异，表明新型痕量灌溉可以明显缓解土壤的干旱胁迫。随着干旱胁迫的加剧，到试验后期(处理 60 天左右)，不浇水干旱处理的毛白杨无性系已全部处于极端干旱胁迫，而正常浇水毛白杨无性系土壤含水量为 18.6%，仍然处于正常水分范围，痕量灌溉后的毛白杨无性系土壤含水量虽然有所降低，但仍维持在一定水平，处理 A(小出水量)、处理 B(中出水量)和处理 C(大出水量)的土壤含水量分别为 4.1%、8.97% 和 10.54%，分别依次占田间持水量的 15.83%、34.46% 和 40.5%，处于严重和中度干旱胁迫。与不浇水干旱处理相比，新型痕量灌溉具有明显延缓严重土壤干旱胁迫发生的作用。

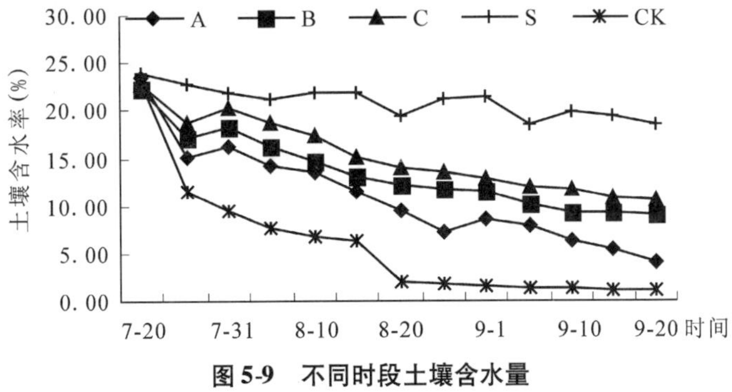

图 5-9 不同时段土壤含水量

以上结果说明，新型痕量灌溉的 3 种处理均能以少量的水分(每天为土壤分别供水约 150g、250g 和 380g)使土壤含水量长时期维持在一定范围内(5%~10%)，即田间持水量的 20%~40%，可以明显延缓土壤严重干旱胁迫的发生，从而减轻苗木的水分胁迫，维持苗木的生长。

5.2.2.2　对苗木叶水势的影响

树木叶水势作为衡量树木水分状况的指标反映树木叶片内水分的丰富度。通过对叶水势的测定以直接掌握树木水分亏缺程度。从图5-10可以看出，在试验初期，各处理的毛白杨无性系苗木的叶水势均保持在－0.22～－0.30MPa，处于正常水分状态；到试验中期(约30天左右)，干旱不浇水苗木的叶水势下降到－2.20MPa，处于中度水分胁迫，而新型滴灌各处理的叶水势降为－0.87～－1.56MPa，还处于轻度水分胁迫，表明新型痕量灌溉可以延缓干旱胁迫的发生，减轻苗木的水分胁迫。随着干旱时间的延长，不浇水对照在处理40天后，苗木叶水势已低于－3.35MPa，处于严重的水分胁迫；而处理A(小出水量)的叶水势从－1.56MPa降到－2.56MPa，处于中度水分胁迫，处理B(中出水量)和处理C(大出水量)的叶水势分别从－0.92MPa下降到－1.33MPa和从－0.87MPa下降到－1.02MPa，都仅处于轻度水分胁迫，正常浇水苗木的叶水势保持在－0.27～－0.48MPa，处于正常水分状态。这些结果充分说明，3种不同出水量的痕量灌溉都能使毛白杨无性系苗木保持较好的水分状况，维持较高的苗木水势，不同程度地缓解苗木遭受严重的水分胁迫，实现抗旱节水的目的。

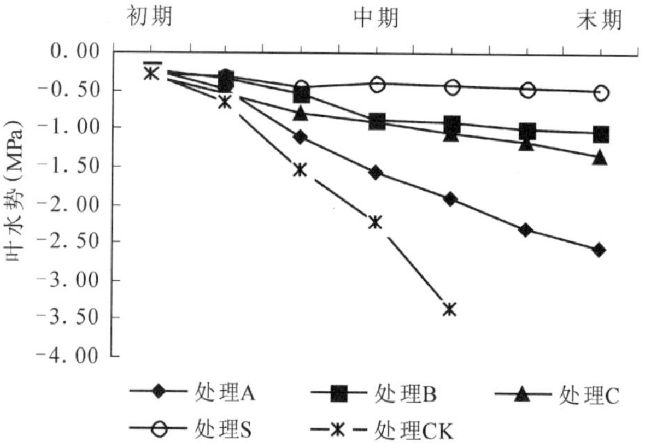

图5-10　不同时段叶水势变化

5.2.2.3　苗木叶水势与土壤含水量的关系

图5-11表明，随着土壤含水量的降低，毛白杨无性系苗木叶水势也随之降低，应用指数方程 $y = ae^{b/x}$ 拟合效果最佳，相关系数可达到0.989，郭连生等(1992)采取分段拟合的方法研究得出：土壤含水量的变化对幼苗清晨叶水势的影响及相关性存在一个“临界值”，当土壤含水量大于这个“临界值”时，可以用直线方程来表示，而当小于这个“临界值”时，两者呈指数关系。李吉跃等(1993)也得出两者用双曲线和指数方程拟合能取得满意的效果。这一结果表明，在水分条件较好的情况下，叶水势的变化比较平缓，随着土壤干旱胁迫的进一步发展，苗木叶水势急剧下降，

以便在苗木水势和土壤水势之间形成较大的水势梯度，从而有利于苗木从土壤中吸收水分，这是苗木对土壤干旱胁迫的适应。

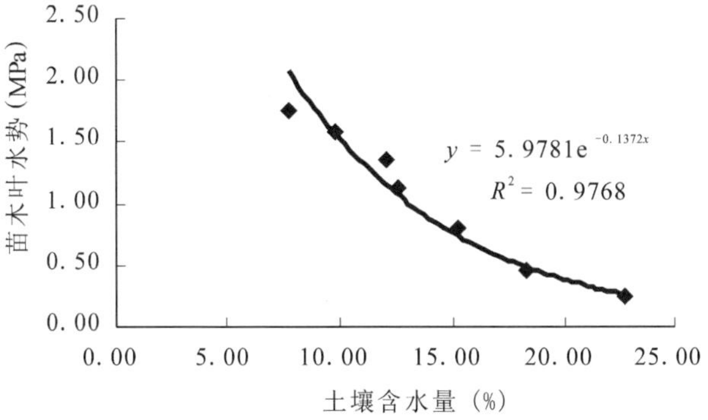

图5-11　苗木叶水势与土壤含水量之间的关系

5.2.2.4　对苗木叶片保水力的影响

持水力反映了植物在干旱情况下对水分的保持能力，可以依据其大小判断植物的抗旱性。从图5-12可以看出，毛白杨无性系正常浇水与处理之间的叶片保水力变化幅度无显著差异，12小时后，正常对照与处理的叶片失水量达到总含水量的78.9%~84.6%，干旱不浇水对照达到62.2%，到30小时，正常与处理之间的失水量达到总含水量的89%~92.2%，干旱对照达到74.9%。60小时后，毛白杨无性系出现倒吸水现象，拐点出现。对比以往的研究，油松、侧柏等针叶树种叶保水力极强，一般96个小时才能达到恒重，刺槐、白蜡等阔叶树种保水力中等，一般72小时达到恒重(李吉跃，1990)，而毛白杨叶片的保水力相对较差，因此我们在造林时一定要及时灌溉，保证充足的水分，否则其成活率和生长都要受到影响。

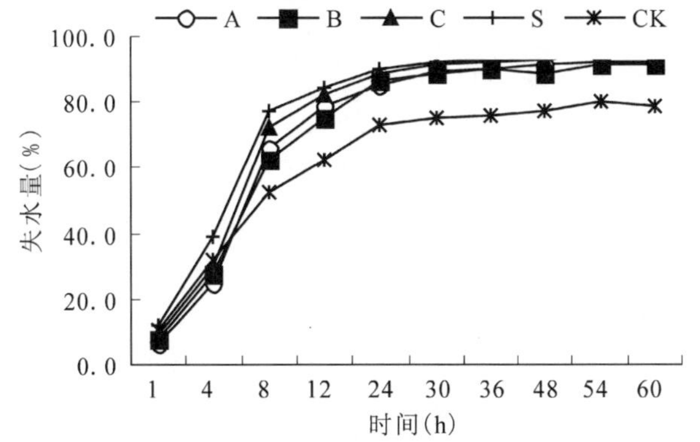

图5-12　苗木叶保水力

5.2.3 对苗木气体交换及光合特性的影响

5.2.3.1 对净光合速率的影响

从图 5-13 可以看出，在试验初期，毛白杨无性系的净光合速率维持在 13.55～14.82μmol/m^2·s，各处理与对照之间无显著差异。在试验中期(约 30 天左右)，当不浇水干旱苗木的叶水势降为 -2.20MPa 时，净光合速率显著下降，仅为 2μmol/m^2·s，仅为初期净光合速率的 14.76%。正常浇水的净光合速率较初期有所上升，为 17.4μmol/m^2·s，处理 A(小出水量)的净光合速率为 8.92μmol/m^2·s，较初期有所下降，达到正常浇水净光合速率的 50%。处理 B(中出水量)的净光合速率是 12.68μmol/m^2·s，达到正常浇水净光合速率的 72.89%，处理 C(大出水量)的净光合速率较初期有所上升，是 15.46μmol/m^2·s，达到正常浇水净光合速率的 88.85%。到了试验末期，当干旱不浇水的苗木叶水势降到 -3.35MPa 时，苗木净光合速率降为负值，正常净光合速率为 13.21μmol/m^2·s，由于痕量灌溉后的苗木叶水势降为 -1.02～ -2.56MPa，净光合速率均有所下降，但仍然保持一定的水平。处理 A 苗木的净光合速率仅为 4.26μmol/m^2·s，是正常水分苗木净光合速率的 32.24%，处理 B 苗木的净光合速率为 6.83μmol/m^2·s，达到正常水分苗木净光合速率的 51.7%，处理 C 苗木的净光合速率为 8.69μmol/m^2·s，接近正常水分苗木净光合速率的 66%。以上结果充分表明说明，新型痕量灌溉技术可以为毛白杨无性系苗木提供少量的水分而使苗木在干旱胁迫下较长时间地维持净光合速率，保持苗木在低供水条件下的生长，达到了节水的目的。

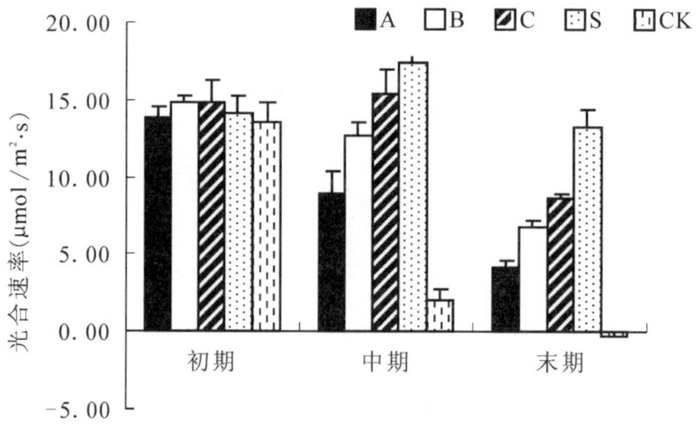

图 5-13 不同时段光合速率变化

5.2.3.2 对蒸腾速率的影响

从图 5-14 可以看出，在试验初期，毛白杨无性系苗木的蒸腾速率维持在5.01～

7.08μmol/m^2 · s，到了试验中期，随着干旱胁迫的加剧，苗木气孔逐渐关闭，蒸腾速率有所降低，以维持所需水分。蒸腾大小依次为：S(7.46μmol/m^2 · s) > B(5.86μmol/m^2 · s) > C(4.55μmol/m^2 · s) > A(3.51μmol/m^2 · s) > CK(0.89μmol/m^2 · s)。到了试验后期，干旱对照苗木的蒸腾速率几乎降为零，正常水分苗木的蒸腾速率为5.98μmol/m^2 · s，处理A(小出水量)苗木的蒸腾速率为1.9μmol/m^2 · s，处理B(中出水量)苗木的蒸腾速率为3.21μmol/m^2 · s，处理C(大出水量)苗木的蒸腾速率为3.08μmol/m^2 · s，3种处理分别为正常水分苗木蒸腾速率的31.78%、53.64%和51.53%。由此可以看出，新型痕量灌溉通过少量的水分，使苗木保持较低的蒸腾速率，避免苗木因蒸腾作用而失去过多的水分，又可以维持植物植物体内一定的水分，保证苗木较长时间的生长。

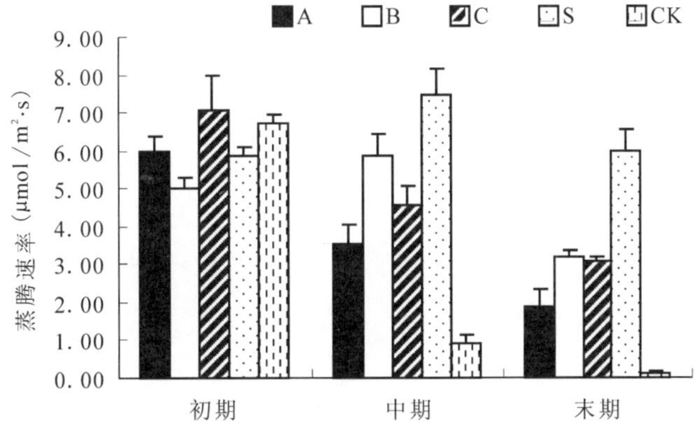

图5-14 不同时段蒸腾速变化

5.2.3.3 对气孔导度的影响

从图5-15可以看出，在试验初期，毛白杨无性系苗木气孔导度为0.414 ~ 0.471mmol/m^2 · s，随着干旱胁迫的加剧，苗木通过逐渐关闭气孔来保证水分的有效利用，到试验中期，新型滴灌各处理A、B、C苗木的气孔导度维持在0.174mmol/m^2 · s、0.265mmol/m^2 · s、0.348mmol/m^2 · s，分别下降了58.03%、39.23%、26.05%，干旱胁迫苗木的气孔则大幅度下降，气孔导度仅为0.026mmol/m^2 · s，下降了95.17%，气孔基本完全关闭。到了试验末期，干旱胁迫苗木的气孔已完全关闭；正常水分苗木的气孔导度为0.429mmol/m^2 · s，而3个痕量灌溉处理苗木的气孔导度在0.082 ~ 0.169mmol/m^2 · s，仅为正常水分苗木气孔导度的19.15% ~ 39.49%。说明新型痕量灌溉通过少量的水，使苗木能长时间维持气孔较小的开度，从而保证植物有一定的光合作用和蒸腾作用，维持苗木的生长。

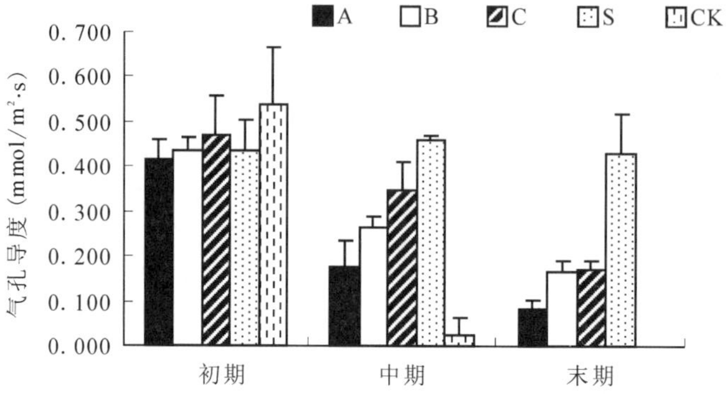

图 5-15　不同时段气孔导度变化

5.2.3.4　对水分利用效率的影响

图 5-16 表明，在试验初期，毛白杨无性系水分利用效率维持在 2.03 ~ 3.05μmol CO_2/m^2 H_2O。到试验中期，苗木通过关闭气孔、降低蒸腾来维持较高的水分利用，其水分利用效率从高到低依次为：C（3.4μmol CO_2/m^2 H_2O）> A（3.39μmol CO_2/m^2 H_2O）>B（2.66μmol CO_2/m^2 H_2O）>S（2.33μmol CO_2/m^2 H_2O）>CK（1.53μmol CO_2/m^2 H_2O）。到了试验末期，干旱不浇水对照苗木的净光合速率降为负值，气孔完全关闭，苗木已经死亡，而痕量灌溉处理后的毛白杨无性系苗木的净光合速率、蒸腾速率均有所下降，通过气孔的关闭维持苗木所需水分，水分利用效率维持在 2.26 ~ 3.02μmol CO_2/m^2 H_2O，处理 A（小出水量）苗木的水分利用效率是正常水分苗木的 70%，处理 B（中出水量）苗木和处理 C（大出水量）苗木均达到正常水分苗木的水分利用效率的 85% 以上。

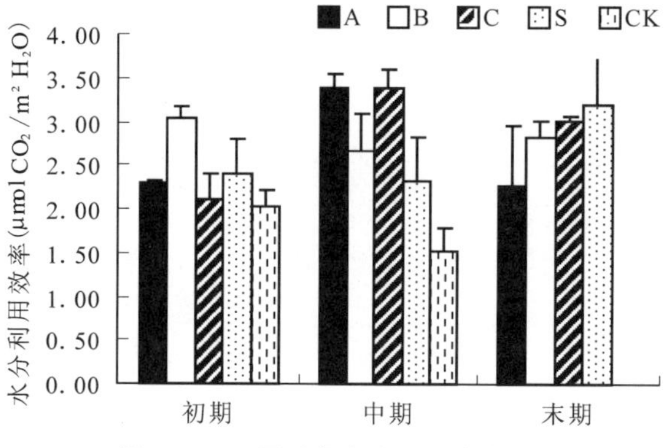

图 5-17　不同时段水分利用效率变化

5.2.3.5 对叶绿素含量的影响

光合作用是植物生长的重要能量来源和物质基础。叶片中叶绿素含量是反映植物光合力的一个重要指标，一般叶绿素 a 有利于吸收长波光，叶绿素 b 有利于吸收短波光。从图 5-17 可以看出，正常水分苗木由于水势一直维持在 -0.28 ~ -0.45MPa 之间，叶绿素总含量变化不大，维持在 2.02 ~ 2.21mg/g，遭受干旱胁迫处理的苗木随着时间的变化，叶水势的降低，毛白杨无性系的叶绿素 a + b 总含量的总趋势是逐渐下降的，当水势降为 -3.35MPa 时，叶绿素总含量 1.01mg/g，仅为初期的 41.52%，经过痕量灌溉处理的苗木在叶水势刚开始下降时叶绿素总含量大幅下降，之后又有所回升，再持续下降，处理 A、B 和 C 的叶绿素 a + b 总含量分别为初期的：56.34%、58.14% 和 63.82%。这与李吉跃(1990)研究表明当树木受到水分胁迫，叶绿素总含量的总体趋势是下降的观点基本一致。就叶绿素 a、b 比值的变化趋势来看，在干旱胁迫的过程中，毛白杨无性系呈先升高后降低的趋势，但从总体上讲，叶绿素比值的变化幅度并不是太大，处理 A 的 ab 比值维持在 1.85 ~ 2.34mg/g，处理 B 比值在 1.7 ~ 2.02mg/g，处理 C 的比值在 2.14 ~ 2.62mg/g，正常水分苗木 S 的比值维持在 2.13 ~ 2.45mg/g，干旱胁迫 CK 的比值在 2.03 ~ 2.43mg/g。以上研究与王晶英等(2006)对银中杨研究得出的干旱 7 天叶绿素总量略有降低，到 14 天含量又有所增加且叶绿素 a、b 比值变化不明显的结果不太符合，这可能是叶绿素含量比值的变化因不同树种而异。

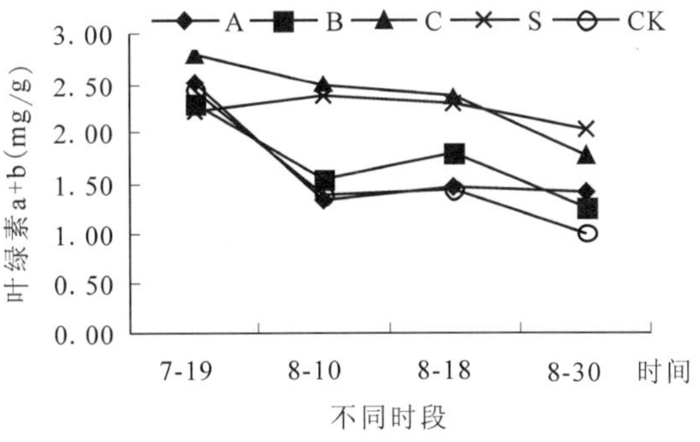

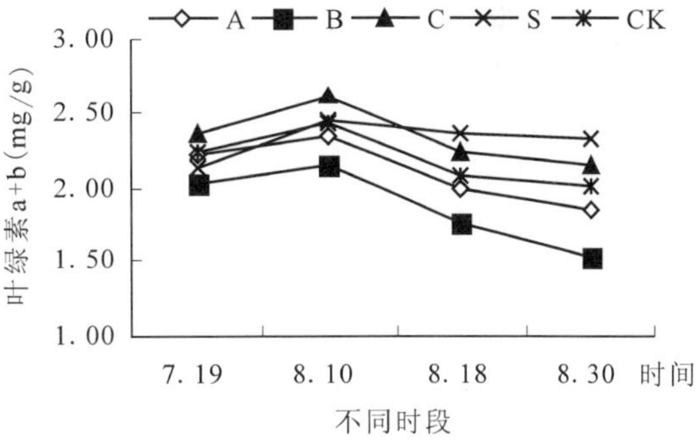

图 5-17 不同处理时段叶绿素含量的变化

综合上述研究表明，新型痕量灌溉抗旱节水造林技术，主要是根据不同高度水位差来控制滴灌的释水量大小，从而向植物提供所需水分。比较毛白杨无性系的生长规律以及生理特性，经痕量灌溉的各苗木地径、苗高和叶面积较干旱胁迫处理的苗木都有明显提高，土壤含水量和叶水势均在正常水分和干旱胁迫之间，处理 A(小出水量)、处理 B(中出水量)和处理 C(大出水量)的土壤含水量分别为 4.1%、8.97% 和 10.54%。处理 A、处理 B 和处理 C 苗木在试验末期光合速率分别为正常水分苗木的 32.24%、51.7% 和 66%，苗木蒸腾速率分别为正常水分苗木蒸腾速率的 31.78%、53.64% 和 51.53%，水分利用效率分别是正常水分苗木的 70%、88%

和90%。使用新型痕量灌溉技术在试验期间各处理的出水量均维持在一定水平，处理A、处理B和处理C的出水总量分别为：8592g、14712g和22842g分别为正常浇水用水量的28.64%、49.04%和76.14%，且3种出水量处理对毛白杨无性系的生长和生理都有较好的作用，其中，处理B(中出水量)在整个试验中出水总量为14712g(占正常浇水总量30000g的49.04%)，用不到正常浇水总量一半的水分，使苗木的土壤含水量保持在正常浇水的45%左右，净光合速率维持正常情况下光合速率的51%，水分利用效率达到正常情况下的88%。苗木干物质总量达到了正常水分苗木的61.43%，不仅有效地维持了苗木的生长，也达到了抗旱节水的目的。

参考文献

包玉荣，常金宝 . 2005. 固体水释放规律及其对土壤容积含水率的影响[J]. 内蒙古农业大学学报(自然科学版)，26(1)：37 –41.

保水剂 . http：//www. vertpedia. com/showwiki. asp? keywords = % B1% A3% CB% AE% BC% C1.

常学向，赵文智，张智慧 . 2007. 荒漠区固沙植物梭梭耗水特征[J]. 生态学报，27(5)：1826 –1837.

蔡焕杰，王健，等 . 1998. 降雨聚集条件下节水高效农业综合技术[J]. 干旱地区农业研究，16(3)：78 –83.

曹军胜，朱清科，薛智德 . 2008. 黄土高原地区土地植被承载力与植被生态恢复建设[J]. 西北林学院学报，23(1)：39 –43.

曹政权，齐广平，李涛，等 . 2006. 灌溉渠道防渗措施应用现状分析[J]. 甘肃农业大学学报，(4)：116 –120.

曹仲福 . 1998. 干旱脆弱立地条件下地膜覆盖造林技术初探[J]. 甘肃科技，(3)，6 –28.

蔡典雄，赵兴宝 . 2000. 保水剂及其应用技术[J]. 农业科技通讯，(8)：22.

程积民 . 1995. 黄土高原半干旱区造林技术的研究[J]. 水土保持学报，9(4)：99 –105.

陈宝玉，黄选瑞，邢海福，等 . 2004. 3 种剂型保水剂的特性比较[J]. 东北林业大学学报，(6)：100 –101.

陈丽华，余新晓 . 1995. 晋西黄土地区合理造林密度的确定[J]. 林业科技通讯，(1)：22 –23.

程积民 . 1995. 黄土高原半干旱区造林技术的研究[J]. 水土保持学报，9(49)：99 –105.

从心海，梁一民 . 1990. 黄土高原半干旱区沙棘根系特性与土壤水分动态研究[J]. 水土保持通报，10(6).

川岛和夫 . 1984. 农田土壤改良剂——新型保水剂 . 农业及园艺，59(5)：665 –669.

邓西平，等 . 1990. 旱地作物成苗的生理生态基础及提高途径[J]. 山西农业科学，(8)：31 - 33.

邓西平. 1990. 提高植物在干旱条件下成苗途径的研究[J]. 干旱地区农业研究，(1)：90 - 98.

邓西平. 1999. 渭北旱作节水农业的新技术[J]. 水土保持研究，6(1)：56 - 59.

杜尧东，王丽娟，刘作新. 2000. 保水剂及其在节水农业上的应用[J]. 河南农业大学学报，34 (3)：255 - 259.

杜太生. 2001. 保水剂在节水灌溉中的应用及其对作物生长和水分利用的影响[D]. 杨凌：西北农林科技大学.

党宏忠，赵雨森. 2003. 集水、保水和供水技术在干旱、半干旱地区造林中的应用[J]. 东北林业大学学报，3(31)：8 - 10.

丁学儒. 1989. 干旱与半干旱地区径流林业的初步实践[J]. 甘肃林业科技，(3)：30 - 34.

窦玉清，许立峰. 1999. 土壤结构改良剂研究现状及在烟草上的应用展望[J]. 中国烟草科学，20(3)：33 - 36.

冯金朝，赵金龙，胡英娣，等. 1993. 土壤保水剂对沙地农作物的影响[J]. 干旱地区农业研究，12(6)：36 - 40.

郭慧滨，史群. 1998. 国内外节水灌溉发展简介[J]. 节水灌溉，(5)：23 - 25.

郭连生. 1992. 八种针阔叶幼树清晨叶水势与土壤含水量的关系及其抗旱性研究[J]. 生态学杂志，11(2)：4 - 7.

郭忠升，邵明安. 2003. 雨水资源、土壤水资源与土壤水分植被承载力[J]. 自然资源学报，18(5)：522 - 528.

顾智章，吴雄志，黄美玉，等. 1984. 高吸水性树脂 KH841 在蔬菜育苗上的应用(初报)[J]. 中国蔬菜，(3)：2 - 9，35.

甘肃省科学技术厅. 2001. 退耕还林与林木培育技术[M]. 兰州：甘肃人民出版社，282 - 283.

韩蕊莲，梁宗锁，侯庆春，等. 1994. 黄土高原适生树种苗木的耗水特性[J]. 应用生态学报，5(2)：210 - 213.

何久安. 1998. 干旱地区雨水利用及发展方向[J]. 干旱区农业研究，16(3)：84 - 88.

何茜，李吉跃，齐涛. 2007. 植物生长调节剂对国槐蒸腾耗水的影响[J]. 北京林业大学学报，29(1)：74 - 78.

何茜，李吉跃. 2005. 植物生长调节剂对月季生长恢复的影响[J]. 河北林果研究，20(2)：186 - 189.

何茜. 2008. 毛白杨抗旱节水优良无性系评价与筛选[D]. 北京：北京林业大学林学院.

何茜，李吉跃，姜枫. 2010. 毛白杨无性系抗旱节水特性与评价[M]. 北京：

中国林业出版社

何华，康绍忠．2000．地下滴灌的经济与环境效益研究综述[J]．西北农业大学学报，28(1)：57－61．

何武全．2002．我国渠道防渗工程技术的发展现状与研究方向[J]．防渗技术，(1)：31－33．

胡芬，姜雁北．1994．高吸水剂 KH841 在旱地农业中的应用[J]．干旱地区农业研究，12 (4)：83－86．

胡德玉．1995．植物生长调节剂在农业上的应用与研究进展[J]．江西农业科技，(6)：17－19．

北京农业大学树脂应用协作组．1989．高吸水性树脂在农业上应用的基础研究[J]．北京农业大学学报，15(1)：37－43．

黄继梅，王明钰，罗以贵．1998．不同浓度施丰乐高效强力肥对烤烟产质量的影响[J]．四川农业科技，(6)：22－23．

贾黎明，邢长山，韦艳葵，等．2004．地下滴灌条件下杨树速生丰产林生长与光合特性[J]．林业科学，40(2)：61－67．

季鸿渐．1997．用高吸水性树脂的特性及其在农业中的应用[J]．农村科学实验，(2)：27－28．

金问楧，礼勋．1998．施丰乐高效强力肥在小麦盆栽试验上的应用效果研究[J]．四川农业科技，(5)：29－30．

姜枫，李吉跃，何茜．2007．植物生长调节剂对栓皮栎生长、光合特性及水分利用效率的影响[J]．河北林果研究，22(2)：126－129，133．

康绍忠，李永杰．1997．21 世纪中国节水农业发展趋势及其对策[J]．农业工程学报，13(4)：1－7．

康绍忠，马孝义．1999．21 世纪的农业水土工程[J]．干旱地区农业研究，17 (1)：1－6．

康绍宗．1999．西北地区农业节水与水资源持续利用[M]．北京：中国农业出版社．

寇英．2007．滴灌在南北两山灌溉造林中的应用[J]．甘肃科技，(9)：215－218．

邝立刚．2001．黄河中游旱坡地枣园集水保水的效果[J]．东北林业大学学报，29(4)：95－100．

雷志栋，谢森传，杨诗秀．1997．十年内农田水利科技若干重大课题的建议[J]．中国农村水利水电，(增刊)：30－33．

林勇．1999．物生长调节剂在我省农业生产中的应用现状与发展前景[J]．四川农业科技，(1)：3－4．

李长荣，邢玉芬，朱健康，杨文辉，等．1989．高吸水性树脂与肥料相互作用的研究[J]．北京农业大学学报，15(2)：187－192．

李根柱，庄周. 2004. 蓄水保墒抗旱造林技术的研究进展[J]. 林业科技，29(6)：15－17.

李根柱，韩海荣，张增志. 2003. 使用新材料蓄水渗膜造林试验研究初报[J]. 中国水土保持科学，(4). 92－95.

李吉跃. 1988. 油松侧柏苗木抗旱性初探. 北京林业大学学报，10(2)：23－29.

李吉跃. 1989. PV技术在油松侧柏苗木抗旱特性研究中的应用. 北京林业大学学报，11(1)：3－10.

李吉跃. 1990. 太行山区主要造林树种耐旱特性的研究[D]. 北京林业大学博士学位论文. 北京：北京林业大学林学院.

李吉跃. 1991a. 太行山区主要造林树种耐旱特性的研究(Ⅰ)——叶解剖构造及叶子运动与脱落[J]. 北京林业大学学报，13(增刊)：1－9.

李吉跃. 1991b. 太行山区主要造林树种耐旱特性的研究(Ⅱ)—— 一般水分生理生态特征[J]. 北京林业大学学报，13(增刊2)：10－24.

李吉跃. 1991c. 太行山区主要造林树种耐旱特性的研究(Ⅲ)——水分参数[J]. 北京林业大学学报，13(增刊2)：230－239.

李吉跃. 1991d. 太行山区主要造林树种耐旱特性的研究(Ⅳ)——蒸腾作用与气孔调节[J]. 北京林业大学学报，13(增刊2)：240－250.

李吉跃. 1991e. 太行山区主要造林树种耐旱特性的研究(Ⅴ)——耐旱生产力[J]. 北京林业大学学报，13(增刊2)：251－265.

李吉跃. 1991f. 太行山区主要造林树种耐旱特性的研究(Ⅵ)——定量化研究模式及耐旱性综合评价[J]. 北京林业大学学报，13(增刊2)：266－280.

李吉跃，张建国. 1993. 北方主要造林树种耐旱机理及其分类模型的研究(I)[J]. 北京林业大学学报，15(3)：1－11.

李吉跃，张建国，姜金璞. 1994. 京西山区人工林水分参数的研究(Ⅱ)[J]. 北京林业大学学报，16(2)：1－8.

李吉跃，周平，招礼军. 2002. 干旱胁迫对苗木蒸腾耗水的影响[J]. 生态学报，22(9)：1380－1386.

李吉跃，朱妍. 2006. 干旱胁迫对北京城市绿化树种耗水特性的影响[J]. 北京林业大学学报，28(Supp. 1)：32－3.

李凯荣，樊金拴. 1998. 新型植物激素——油菜素内脂类在农林上的应用研究进展[J]. 干旱地区农业研究，16(4)：103－109.

李文林，王明竹，曲法，等. 2005. 利用固体水进行荒山滩造林技术总结[J]. 山东林业科技，(1)：49－50.

李根柱，韩海荣. 2003. 使用新材料蓄水渗膜造林试验研究初报[J]. 中国水土保持科学，(4)：92－95.

李六林，杨佩芳，田彩芳. 1999. 新红星苹果不同枝类叶片中叶绿素含量的变化[J]. 果树科学，16(1)：78－80.

李一为，周心澄，张启生，等.2007. 11个造林树种在京北荒滩应用固体水效果比较研究[J]. 西北林学院学报，22(2)：91－93.

李永芳，袁德榜，李永兴.1996. 干旱山区蓄水保墒造林技术[J]. 防护林科技，(3)：22－23.

李远华，等.1999. 节水灌溉理论与技术[M]. 武汉：武汉水利电力大学出版社.

李援农，马孝义.2002. 节水灌溉新技术——低压管道输水灌溉技术[J]. 农村实用工程技术，(6)：13－14.

刘东海，马仁彪，谢国豫.2001. 马铃薯施用施丰乐的增产效果试验[J]. 中国马铃薯，(1)：37－38.

刘效瑞，伍克俊，王景才，朱大权. 1993. 土壤保水剂对农作物的增产增收效果[J]. 干旱地区农业研究，11(2)：33－35.

刘正立，张立刚，李明霞.2007. 蓄水渗膜在干旱丘陵区造林应用试验[J]. 河北林业科技，(5)：19.

刘康，刘钰华，朱玉伟，等.2001. 滴灌造林技术要点[J]. 新疆林业，(5)：22－24.

刘学录.2005. 节水农业决策支持系统的数据库建设[J]. 甘肃农业大学学报，40(3)：384－388.

刘革宁.2002. 绿色植物生长调节剂(GGR)系列在林业上的应用[J]. 广西林业科学，31(3)：156－157.

刘东海.2001. 马铃薯施用施丰乐的增产效果试验[J]. 中国马铃薯，(1)：37－38.

刘昌明，王会肖，等.1999. 土壤—作物—大气界面水分过程与节水调控[M]. 北京：科学出版社.

吕治湖.1998. 几种节水灌溉新技术[J]. 作物种植，(6)：1－2.

吕广霞，刘志元.2005. 保水剂在抗旱造林中的应用技术[J]. 内蒙古林业，(12)：29－29.

吕治湖.1998. 低压管道输水灌溉技术. 甘肃农村科技，(1)：14.

苗慧英.2001. 覆盖保墒技术[J]. 河北农业科技，(6)：33－34.

马宏荣，安永鹏，马春瑛，等.2006. 旱柳覆膜育苗技术[J]. 陕西林业科技，(2)：96－97.

聂瑞林，任丰谷，等.1998. 半干旱地区小流域降水径流集存利用研究初报[J]. 山西水土保持科技，(1)：10－12.

潘占兵，蒋齐，温学飞，等.2005. 固体水在干旱区常规造林中的应用[J]. 防护林科技，(2)：9－11.

潘瑞炽.2004. 植物生理学(第5版)[M]. 北京：高等教育出版社,,6

(2)：15.

彭祚登，宋廷茂，张鸿雁 . 1996. 世界干旱半干旱地区集水造林技术研究应用的现状及其发展动向[J]. 世界林业研究，(3)：29 – 36.

钱晓辉，柳德权，金中喜 . 2000. 试述农业节水灌溉技术中的喷灌系统[J]. 农机化研究，(3)：113 – 114.

浅野次郎(白志华译). 1986. 高吸水性树脂在农林上的应用[J]. 国外农业科技，(8)：8 – 9.

孟凡荣，乔芳，张志强 . 2005. 北京城区种绿化树种蒸腾耗水性比较[J]. 福建林学院学报，25(2)：176 – 180.

上官周平，邵明安 . 1999. 21 世纪农业高效用水技术展望[J]. 农业工程学报，15(1)：17 – 21.

四川省农业科学院作物所 . 1997. 施丰乐高效强力肥应用效果的初步总结[J]. 四川农业科技，(4)：26 – 27.

四川省农业科学院作物所 . 1998. 新一代高效强力肥——施丰乐 . 四川农业科技[J]. (2)：34 – 35.

栗时金，等 . 1983. 高吸水性聚合物[J]. 化学通报，(4)：25 – 29.

Shanan M. I. 1987. 汇集径流造林[J]. 苏文锷译. 林业科技通讯，(2).

孙国武 . 1996. 中国西北干旱气候研究[M]. 北京：气象出版社 .

孙洪祥 . 1989. 干旱区造林[M]. 北京 . 中国林业出版社，(4)：71 – 74.

孙景生，康绍忠 . 2000. 中国水资源利用现状与节水灌溉发展对策[J]. 农业工程学报，16(2)：1 – 5.

施炯林 . 2002. 节水灌溉的灌溉定额建模与求解[J]. 甘肃农业大学学报，37(4)：486 – 489.

滕元文 . 1992. 抗蒸腾剂极其在果树上的应用 . 干旱地区农业研究，2(10)：20 – 23.

田福平，武高林，杨志强，等 . 2006. 4 种土壤改良剂对多年生黑麦草的生长特性影响研究[J]. 草业科学，23(11)：28 – 34.

田建新，王卫清 . 2000. 施丰乐应用效果试验总结[J]. 新疆农业科技，(2)：43.

王百田 . 1993. 干旱半干旱地区集流造林工程设计[J]. 水土保持学报，7(4)：60 – 66.

王百田，王斌瑞，张府娥，等 . 1997. 集水技术与林木生长的土壤水环境研究[J]. 水土保持通报，17(6)：7 – 13，36.

王百田，贺康宁，史常青，等 . 2004. 节水抗旱造林[M]. 北京：中国林业出版社.

王百田，王 颖，郭江红，等 . 2005. 黄土高原半干旱地区刺槐人工林密度与地上生物量效应[J]. 中国水土保持科学，3(3) ：35 – 39.

王斌瑞，王百田 . 1996. 黄土高原径流林业[M]. 北京：中国林业出版社，103 – 122.

王斌瑞，罗彩霞，王克勤 . 1997. 国内外土壤蓄水保墒技术研究动态[J]. 世界林业研究，(2)：37 – 43.

王斌瑞，王百田，张府娥 . 1997. 黄土高原径流林业技术研究 . 中国水土保持，(2)：18 – 21.

王斌瑞，贺康宁，史常青 . 2000. 保水剂在造林绿化中的应用[J]. 中国水土保持，(4)：22 – 23.

王克勤，孟菁玲 . 1996. 国内外农林业集水技术的研究进展 . 干旱地区农业研究，14(4)：109 – 117.

王克勤，王斌瑞 . 1998. 集水造林防止人工林植被土壤干化的初步研究 . 林业科学，34(4)：.

王克勤，王斌瑞，王震洪 . 2002. 金矮生苹果水分利用效率研究[J]. 生态学报，22(5)：723 – 728.

王海珍，韩路，李志军 . 2009. 胡杨、灰叶胡杨蒸腾耗水规律初步研究[J]. 干旱区资源与环境，(8)：186 – 189.

王进鑫，黄宝龙，罗伟祥 . 2004. 局部覆盖条件下干旱过程对土壤水分蒸发的影响[J]. 西北农林科技大学学报，32(9)：106 – 110.

王力，邵明安. 2004. 黄土高原退耕还林条件下的土壤干化问题[J]. 世界林业研究，17(4)：57 – 60.

王烨，朱琨. 2005. 我国水资源现状与可持续利用方略[J]. 兰州交通大学学报，24(5)：77 – 80.

王九龄 . 1979. 华北西北地区干旱条件下的造林技术问题，中国林业科技三十年[C]. 中国林业科学研究院科技情报所 .

王九龄，孙健 . 1984. 华北石质低山阳坡应用吸水剂抗旱造林试验初报[J]. 林业科技通讯，(11)：16 – 20.

王九龄 . 1991. 吸水剂在北京低山阳坡造林中应用的系列研究(– Ⅳ). 北京林业大学学报，13(增刊 1)：53 – 69，143 – 165.

王九龄 . 1991. 太行山石质山地造林技术的研究论文专辑[J]. 北京林业大学学报，13(增刊 1).

王九龄，孙健 . 2002. 吸水剂的开发及其在国内外农林业中的研究概况[M]. 北京：中国林业出版社，(2)：281 – 288.

王九龄 . 2002. 林业科技论文选[C]. 北京：中国林业出版社，(2)：352 – 358.

王克勤，孟菁玲 . 1996. 国内外农林业集水技术的研究进展[J]. 干旱地区农业研究，14(4)：109 – 117.

王新泽 . 2007. 喷灌技术存在的问题及建议[J]. 甘肃科技纵横，36(2)：

74 - 75.

王国丰. 2006. 喷灌技术及其应用发展建议[J]. 黑龙江水利科技，(3)：222 - 223.

王燕钧，缪祥辉，陈松，等. 1998. 西宁市北山林场节水滴灌造林技术试验初报[J]. 青海农林科技，(3)：14 - 16.

王景琴. 2003. 浅谈滴灌系统的优缺点[J]. 水利天地，(1)：36 - 36.

王孟本，李洪建. 1990. 柠条林蒸腾状况与土壤水分动态研究[J]. 水土保持学报，10(6)：85 - 90.

王彦军，沈秀英，王留运. 1997. 一种新型的节水灌溉技术—渗灌[J]. 节水灌溉，(2)：3 - 7.

王增发. 1998. 中国节水灌溉技术的研究与推广[J]. 节水灌溉，(1)：38 - 40.

王淑红，张玉龙，虞娜，等. 2005. 渗灌技术的发展概况及其在保护地中应用[J]. 农业工程学报，(S1)：100 - 103.

王颖，王百田，郭建斌. 2005. 渗灌技术在我国林业上的应用综合效应分析[J]. 北京水利，(4)：24 - 26.

王玉涛，李吉跃. 2006. 固体水、叶面肥在防沙治沙抗旱造林中对苗木成活及生长的影响[J]. 北京林业大学学报，28(3)：76 - 80.

王玉涛. 2005. 节水抗旱优良沙柳种源的筛选与抗旱造林技术研究[M]. 北京：北京林业大学林学院，25 - 33.

王玉涛. 2008. 北京城市优良抗旱节水植物材料的筛选与评价研究[D]. 北京：北京林业大学林学院.

王玉涛，李吉跃，胡东燕，等. 2008. 常见绿化树种绦柳(*Salix matsudana* ‘Pendula’)耗水特性[J]. 生态学杂志，27(12)：2087 - 2093.

王晶英，赵雨森，王臻，等. 2006. 干旱胁迫对银中杨生理生化特性的影响[J]. 水土保持学报，20(1)：197 - 200.

汪淑娟. 2006. 兰州市南北两山保水剂造林试验[J]. 甘肃科技，22(10)：227 - 228.

汪锁劳. 2005. 覆膜造林[J]. 现代种业，(1)：31 - 32.

韦立秀，覃进宁. 2002. 几种相思树种叶绿素含量的比较研究[J]. 广西林业科学，31(4)：206 - 207.

魏冠东，侯庆春. 1990. 上黄试区灌木树种蒸腾特征及土壤水分特征变化初探[J]. 水土保持通报，10(6).

魏天兴，朱金兆. 1999. 黄土区人工林地水分供需特点及林分生产力研究[J]. 土壤侵蚀与水土保持学报，5(4)：45 - 51.

武思宏，朱清科，余新晓，等. 2008. 晋西黄土区主要造林树种合理林分密度计算与分析[J]. 水土保持研究，15(1)：83 - 86.

邢玉芬，帅修富，等. 1993. 高吸水性树脂单施及与肥料混施对土壤水分蒸发及团聚作用的影响[J]. 北京农业大学学报，19(4)：52 -55.

徐成立，翟洪波，李吉跃，等.2005. 油松栓皮栎混交林林分合理密度探讨.东北林业大学学报，33(Sup.)：23 -25.

徐高田，甘晓明，谢为群，等.2003. 节约用水是实施可持续发展的必然选择[J]. 中国资源综合利用，(12)：36 -38.

徐建海，吴兴旺.2001. 滴灌技术与滴灌管(带)生产技术现状与发展前景[J]. 塑料科技，(3)：37 -41.

许迪，程先军，谢崇宝，等.2001. 田间节水灌溉新技术应用研究[J]. 节水灌溉，(4)：7 -11.

薛康，何茜，李吉跃，等.2007. 植物生长调节剂对火炬树、盐肤木蒸腾耗水日变化的影响[J]. 北京林业大学学报，29(2)：82 -87.

杨振坤.2005. 喷灌的特点分析[J]. 黑龙江水专学报，32(2)：73 -74.

杨建伟，梁宗锁，韩蕊莲.2004. 不同土壤水分下刺槐和油松的生理特征. 植物资源与环境学报，13(3)：12 -17.

杨天义，郝建平，等.1996. 经济林缠(覆)膜抗旱造林技术. 山西水土保持科技，(4)：31 -32.

于育英，等.1983. 高吸水性树脂在农林业中的应用[J]. 林业科技通讯，(3)：14 -16.

翟洪波.2002. 中国北方造林树种水力结构研究[D]. 北京：北京林业大学林学院.

张秉刚，等.1986. 淀粉高吸水剂在农业上的应用初报[J]. 广东农业科学，(1)：29 -33.

张富仓，康绍宗.1999. BP保水剂极其对土壤和作物的效应[J]. 农业工程学报，15(2)：74 -78.

张光灿.2000. 黄土半干旱区集水造林水分环境容量研究[D]. 北京：北京林业大学林学院.

张建国，李吉跃，姜金璞.1994a. 京西山区人工林水分参数的研究（Ⅰ）[J]. 北京林业大学学报，16(1)：11 -12.

张建国，李吉跃，姜金璞.1994b. 京西山区人工林水分参数的研究（Ⅲ）[J]. 北京林业大学学报，16(4)：46 -53.

张建国，李吉跃，沈国舫.2000. 树木耐旱特性及其机理研究[M]. 北京：中国林业出版社.

张建军，毕华兴，魏天兴.2002. 晋西黄土区不同密度林分的水土保持作用研究[J]. 北京林业大学学报，24(3)：50 -53.

张国盛，王林和.1998. 毛乌素沙地几种植物蒸腾速率的变化[J]. 内蒙古林学院学报，20(1).

张巨俭.1994. 渠系科学配水方案的优选[J]. 甘肃农业大学学报，29(3)：

317－322.

张永涛，杨吉华．2003. 黄土高原降水资源环境容量下侧柏合理密度的研究[J]. 水土保持学报，17(2)：156－162.

张玉斌，王惠萍，高泽武，等．2005. 干旱荒漠区抗旱节水造林技术应用效果探析[J]. 防护林科技，(S1)：118－119.

张跃彬，王斌，赵志强．1999. 甘蔗喷施“施丰乐”肥效试验初报[J]. 甘蔗，(4)：26－28.

张增志，张利梅，程海涛，等．2006. 可调节土壤湿度的导水纤维功能薄膜的研究[J]. 材料工程，(4)：18－22.

张正斌，山仑．1997. 作物水分利用效率和蒸发蒸腾估算模型的研究进展[J]. 干旱地区农业研究，15(1)：73－78.

招礼军，李吉跃，周平，等．2002. 固体水野外造林试验初报[J]. 北京林业大学学报，24(4)：56－59.

招礼军，李吉跃，朱栗琼．2004. 固体水在植被恢复中的应用研究[J]. 浙江林学院学报，21(2)：144－149.

招礼军．2003. 我国北方主要造林树种耗水特性及抗旱造林技术研究[D]. 北京：北京林业大学林学院.

招礼军，李吉跃，于界芬，等．2007. 固体水释水特性的研究[J]. 现代林业研究，1(1)：66－71.

赵明，郭志中，王耀琳，等．2003. 不同地下水位植物蒸腾耗水特性研究[J]. 干旱区研究，20(4)：286－291.

赵西萍，乔艳荣，等. 2001. 干旱区蓄水保墒措施[J]. 内蒙古林业，(12)：24.

赵燕，李吉跃，刘海燕，等．2008. 水分胁迫对5个沙柳种源苗木水势和蒸腾耗水的影响[J]. 北京林业大学学报，30(5)：19－25.

周平．2002. 林木耗水特性及固体水抗旱造林应用研究[D]. 北京：北京林业大学林学院.

周平，李吉跃，招礼军．2002. 北方主要造林树种苗木蒸腾耗水特性研究[J]. 北京林业大学学报，24(5/6)：50－55.

周平，李吉跃，杨庆理．2002a. 固体水释水规律及其特性的研究[J]. 林业科学，38(5)：18－23.

周平，李吉跃，杨庆理．2002b. 固体水对苗木作用效应的研究[J]. 北京林业大学学报，24(1)：16－21.

周维博，李立新，何武权，等．2004. 我国渠道防渗技术研究与进展[J]. 水利水电科技进展，(05)：63－66.

郑平，等．1993. 黄腐酸类物质在农业和医学上的应用[M]. 北京：化学工业出版社，60－61.

朱强，李元红.2004. 论雨水集蓄利用的理论和实用意义[J]. 水利学报，(3)：60－64.

朱咏莉，韩建刚.2001. 不同施肥条件下地膜小麦增产效应的研究[J]. 干旱地区农业研究，19(3)：20－24.

朱妍，李吉跃，史剑波.2006. 北京六个绿化树种盆栽蒸腾耗水量的比较研究[J]. 北京林业大学学报，28(1)：65－70.

Adams J. E. 1966. Agron J. Soil Sci. Soc. Am. Proc. (30)：110－114.

Agarwal，A. 1977. Coaring the barren deserts back to life [J]. New Sci.，75 (1069)：674－675.

Anderson D. T.，Russell G. C. Can. J. 1964. Soil Sci. (44)：109－118.

Back W. 1981. Hydromythology and Ethnology in the new world [J]. Water Resource Res. (17)：257－287.

Braud H J. 1997. Subsurface irrigation in the southeast[A]. In：St. Joseph. Proceedings of National Irrigation Symposium[C]. Michigan：ASAE，E1-E9.

Button，B. J. & J. Ben-Ashert. 1983. Intensity-duration relationships of desert precipitation at Avdat Israel[J]. Journal of Arid Environments，(6)：1－12.

Cluff C. B. 1979. The use of the compartmented reservoir in water harvesting agrosystems[J]. Arid Land Plant Resources，482－500.

Duvick D. K. 1996. Plant breeding，an evolutionary concept[J]. Crop Sci.，(36)：539－548.

Evenari M.，Shanan L.，Tadmor N. M. 1971. The Negen：the challenge of a deterl. Harvard Uniersity Press，Cambridge. MA，345.

Fink D. H. and Ehrler W. L. 1983. Runoff farming for growing Chrisitmas trees[J]. Soil Sci. Soc Am. J. (47)：983－987.

Golovoy A.，Zinbo M. 1989. Polmer engineering and science[J]. V29. N24. Dec.

Gupta G. N. 1994. Influence of rain water harvesting and conservation practices on growth and biomass production of Azadirachtaindia in the India desert[J]. Forest Ecology and Management，70(1－3)：329－339.

Hardan A. 1975. Remarks during discussions. Proc. Water Harvesting Symp. Phoenix，AZ. ARS w-22 USDA，60－61.

Hanson E G，Williams B C，FangmeierD D，*et al.* 1970. Influence of subsurface irrigationon crop yields and water use[A]. In：St. Joseph. Proceedings of National Irrigation Symposium[C]. Michigan：ASAE，D1-D13.

James Teo，Chittaranjan Ray，Samir A，El-Swaify. 2001. Polymer effect on soil reduction and water quality improvement for selected tropical soils. Soil Erosion Research for the 21，506－508.

J. R. Peterson，D. C. Flanagan，J. K. Tishmack. 2001，Effects of PAM application method and electrolyte source on runoff and erosion. soil Erosion research for the 23, 179 −183.

Levitt J. 1980. Response of plants to environmental stresses. Water, Radiation Salt and other Stresses[C]. New York: Academic Press, 325 −358.

Levy. G. J. , J. Levin, M. Gal, M. Ben-Hur, and Shainberg. 1992. Polymers effects on infiltration and soil erosion during consecutive simtlated sprinkler irrigations. Soio Sci. Soc. Am.

Long J. N. & Smith F. W. 1984. Relation between size and density in developing stands: a description and possible mechanisms. For. Ecol. Manage, 7: 191 −206.

Lyford F. D. Qashu H. K. 1969. Water Resour. Res, (5): 1373 −1376.

Maheshwari B. L. , Turner A. K. 1986. Some low-cost methods for seepage control in storage tanks in Alfisols and Vertisols [J]. Agricultural Water Management. (12): 53 −62.

Mayer L. E. 1975. Water harvesting 2000 B. C. to 1974 A. D. Proc[C]. Water Harvesting Symp. Phoenix AZ.

Mitchell W. H. , Sparks D. L. 1982. Influence of subsurface irrigation and organic additions on top and root growth of field corn[J]. Agronomy Journal, 74(6): 1084 −1088.

National Academy of Science. 1974. More water for arid lands promising technologies and the research opportunities. Washington, D. C.

Papendick R. I. , Lindstrom M. J. , Gochran V. L. 1973. Soil Sci. Am Proc, (37): 307 −314.

Parichehr Hemyari and D. L. Nofziger. 1981. Super slurper effects on crust strength, water retention, and water infiltration of soils [J]. Soil Sci. Soc. Am. J. (45): 799 −801.

Costigan P. A. and Locascio. S. J. 1982. Fertilizer additives within or around the gel for fluid-drilled cabage and lettuce[J]. HortSci, 5(17): 746 −748.

Lentz, R. D. Sojka. R. E. 1994. Field results using polyacrymide to manage furrow erosion and infiltration. Soil Science, 158(4): 274 −282.

Terry, R. E. Nelson. S. D. 1986. Effect of polyacrylamide and irrigation method on soil physical properties. 141(5): 317 −320.

Ryan J. G. , Sarin R. , Pererira M. 1979. Assessment of prospective soil—water and crop-management technologies for the semi-arid tropics of peninsular India. Workshop on Scio-Economic Constraints to Development of SAT Agriculture. Conf. Papr. 37.

Schreiber H. A. , Frasier G. W. 1982. Increasing rangeland forage production by water harvesting. J. Kowsar A. , Water harvesting for afforestation: Ⅱ Development of tree growth on amount and distribution of precipitation [J]. Soil Sci. Soc. Am. J. (46): 602 −807.

Silberbush, M. Adar, E. And De Malach, Y. 1993. Use of a hydrophilic polymer to improve water storage and availability to crops grown in sand dunes. Ⅱ. Cabbage irrigated by sprinkling with different water Salinities [J] . Agricultural Water Management. 1993 (23): 315 -327.

Shainberg, I. , Laflen J. M. , Bradford J. M. , and Norton L. D. 1994. Hydraulic flow and water quality characteristics in rill erosion. Soil Sci. Soc. Am. 158: 1007 -1012.

Shainberg, I. , Levy. G. J. 1994. Organic polymers and soil sealing incultivated soils[J]. Soil Sci. , 158(2): 267 -273.

Sharma P. N. , Silva A. D. S. 1987. Native forest (Caatinga) watershed management for rubnoff inducement for irrigation [J] . Forest Ecology and Management. (18): 73 -84.

Shrama K. D. , Pareek O. P. , Singh H. P. 1986. Micro-catchment water harvesting for raising Juibe Orchards in arid climate[C]. Transactions of the ASAE.

Siberbush M, Adar E, De Malach Y. 1993. Use of an hydronhilic polymer to improve water storage and availability to crops grown in sand dunes. I Com irrigated by tricking. Agricultural Water Management[J]. 23: 303 -313.

Smith G. L. Water harvesting technology applicable to semi-arid subtropical climates. Colorado State University. Fort Collins, CO. 1978: 95.

Su Dan dan, Liu Gang, *et al.* 1998. The present situation and development tendency of percolation irrigation in China[A]. In: Proceedings of International Symposium on Northeastern Asia Agricultural Development in21stCen-tury [C]. Liao ning Nationalities Press, China, 1998: 412 -414.

Tabor J. A. , 1995. Improving crop in the Sahel by means of water-harvesting[J] . Journal of Arid Environments, 30(1): 83 -106.

Tauer W. , Prinz D. , Vogtle T. 1991. The potential of runoff-farming in the Sahelregion: developing a methodology to identify suitable areas[J]. Water Resources-Management. (5): 281 -287.

Teulat B. , This D. , Khairallah M. , *et al.* 1998. Several QTLs involved in osmotic adjustment trait variation in barley (*Hordeum vulgare* L.) [J]. Theor Appl Genet, (96): 688 -698.

Trout, T. J. , Sojka, R. E. & Lentz. R. D. 1995. Polyacrylamide effect on furrow erosion and infiltration. Trans. Am. Soc. Agric. Eng. 38(3): 761 -765.

Ungor G. W. 1971. Soil Sci. Sco. Am. Proc. In: Physiological Aspects of Dryland, (35): 980 -983.

Vaidyanathan, Tritalak, ASTM. 1993. Special Technical Publication.

Vittal K. P. R. , Vijayalakshni K. , Rao U. M. B. 1988. Interception and storage of surface runoff in ponds in small agricultural watersheds. Andhra Pradesh [J], Indi-

a. Irrigation Science. (9): 69 –75.

Whitney L. F. 1970. Review of subsurface irrigation in the northeast [A] . In: St. Joseph. Proceedings of National Irrigation Symposium[C]. Michigan: ASAE, F1-F8.

Wolfram Tauer, Thomas Vogtle. 1991. The protetial of runoff-farming in the Sahel region: developing of methodology to identify suitable areeas[J]. Water Resouses Management. (5): 281 –287.

Zetzsche J. B. , Newman J. S. 1996. Sub-irrigation with plastic pipe[J]. Agriculture Engineering, 1966, 47(1): 74 –75.

后记

抗旱节水造林技术一直是人们关注和研究的重要问题。由于长期从事树木水分关系及其耐旱机理、干旱半干旱地区植被恢复及抗旱造林技术等方面的研究，因此我们一直在探索和积累抗旱节水造林技术的机理方法和实践应用。本书是作者李吉跃教授与其研究生在抗旱节水造林技术方面连续10年的研究总结，集成了1个博士论文和4个硕士论文的核心内容。

1999年，我们率先在国内开始了固体水抗旱节水造林技术及其应用的研究。本书应用研究的固体水是由我国深圳市艾德迈尔科技有限公司生产的"春之霖"固体水。该公司对固体水的制造方法、固化剂合成、生产工艺及设备、生产过程的自动化控制等进行了系统研究，1998年成功研发出了新一代固体水。1999~2000年与我们合作完成了固体水的小试和鉴定，申报并取得了固体水的发明和实用型专利。2001年"春之霖"固体水的作用效应和推广应用得到了专家论证会的论证，并从2002年开始对固体水的作用机理及其在抗旱节水造林中的应用进行了大量研究。研究成果在《林业科学》、《北京林业大学学报》、《浙江林学院学报》等刊物发表了《固体水释水规律及其特性的研究》、《固体水对苗木作用效应的研究》、《固体水野外造林试验初报》、《固体水在植被恢复中的应用研究》、《固体水释水特性的研究》等相关学术论文。同时，中央电视一台"科技博览"和中央电视七台对固体水抗旱节水造林技术进行了报道，《固体水及免浇水花盆》在北京电视台"智慧接触"栏目的发明项目竞赛中获得了"技术领先奖"和"最佳方案奖"。2001年《固体水及免浇水花盆的开发利用》获第五届中国花卉博览会金奖。作者李吉跃主持的科技部农业科技成果转化资金项目"防沙治沙固体水抗旱造林技术"(02EFN217101282)为本书研究提供了研究思路与经费保障；作者周平是固体水抗旱节水造林技术的主要研究者，以其硕士论文《林木耗水特性及固体水抗旱造林应用研究》的主要内容撰写了第3章"固体水抗旱节水造林技术"，招礼军的博士论文《我国北方主要造林树种耗水特性及抗旱造林技术研究》和王玉涛的硕士论文《节水抗旱优良沙柳种源的筛选与抗旱造林技术研究》部分内容也撰写到第3章中，深圳市艾德迈尔科技有限公司杨庆理总经理和北京市艾德迈尔科技公司诸钧经理为本书研究提供了研制的新型固体水和研究方案，在此一并致谢。

2003年，我们开始了植物生长调节剂抗旱节水造林技术的研究。本书研究应用的“施丰乐”植物生长调节剂是四川施丰乐科技产业有限公司提供的，在此深表谢意。作者何茜和姜枫是这个方面的主要研究者。何茜在2003年的本科论文研究时就开始了“施丰乐”植物生长调节剂抗旱节水造林技术的研究，在硕士研究阶段也一直进行这方面的研究工作，系统研究了“施丰乐”植物生长调节剂对林木种子发芽、生长、水分生理、光合特性等方面的作用效应，在《北京林业大学学报》等刊物发表《植物生长调节剂对火炬树、盐肤木蒸腾耗水日变化的影响》、《GGR6和“施丰乐”溶液浸根对银杏生长、光合特性及水分利用效率的影响》、《植物生长调节剂对月季生长恢复的影响》等相关论文。姜枫、王玉涛和林利在硕士研究生期间也参与了“施丰乐”植物生长调节剂抗旱节水造林技术及其应用的研究工作，研究了“施丰乐”植物生长调节剂对林木生理生化特性及结实能力的影响，从造林成活率与保存率、苗木生长及气体交换能力等方面探讨了“施丰乐”植物生长调节剂在野外抗旱节水造林的应用与推广，在《北京林业大学学报》等刊物发表了《固体水、叶面肥在防沙治沙抗旱造林中对苗木成活及生长的影响》、《叶面喷施“施丰乐”对板栗光合、蒸腾及保护性酶活性的影响》等相关论文。作者姜枫以其硕士论文《抗旱节水造林技术及其应用研究》的主要内容撰写了第2章“植物生长调节剂抗旱节水造林技术”，林利的硕士论文《板栗抗旱丰产关键栽培技术研究》和王玉涛硕士论文的部分内容也撰写到第2章中，在此一并致谢。

2005年，我们进行了控水袋及痕量灌溉抗旱节水造林技术的研究。本书研究应用的普泉控水袋及痕量灌溉装置都是由北京普泉科技有限公司提供，在此要特别感谢北京普泉科技有限公司诸钧经理给予的大力支持与帮助。作者姜枫是这个方面的主要研究者，在其硕士研究生阶段主要从事控水袋及痕量灌溉抗旱节水造林技术的研究，系统研究了控水袋及痕量灌溉的释水特性与机理、控水袋及痕量灌溉对苗木生长、水分生理、光合特性等方面的影响，在《北京林业大学学报》等刊物发表了《无耗能控水袋释水规律及其特性研究》(被EI收录)，并以其硕士论文的主要内容撰写了第4章“控水袋抗旱节水造林技术”和第5章“痕量灌溉抗旱节水造林技术”。2010

年，中央电视七台的"科技苑"栏目对普泉"痕量灌溉"技术进行了专题报道。

10年的时光，弹指一挥间，但回想我们10年的抗旱节水造林之路，仍是一段又一段艰辛而难忘的岁月。在我们刚开始进行抗旱节水造林技术研究时，由于学生很少，通常一个研究项目只能由一个研究生来独立完成，大量的试验测定工作让她们几乎难以承受，日夜地进行着试验工作，特别是在酷热的夏季，必须要忍受温室的高温、中暑和蚊虫叮咬，但她们仍然坚持在观测、记录，以获取大量的可靠的试验数据。在抗旱节水造林技术的野外应用与推广试验中，我们的足迹遍及了我国西部干旱缺水的荒山野岭：青海的大通，甘肃的兰州，内蒙古的鄂尔多斯、锡林浩特和阿巴噶旗，四川的盐塬……，在野外造林雨水与汗水的交织中，我们体会到了给大自然点缀一份美丽，给原本荒凉的山川披上绿装的喜悦。

作者

2010年9月

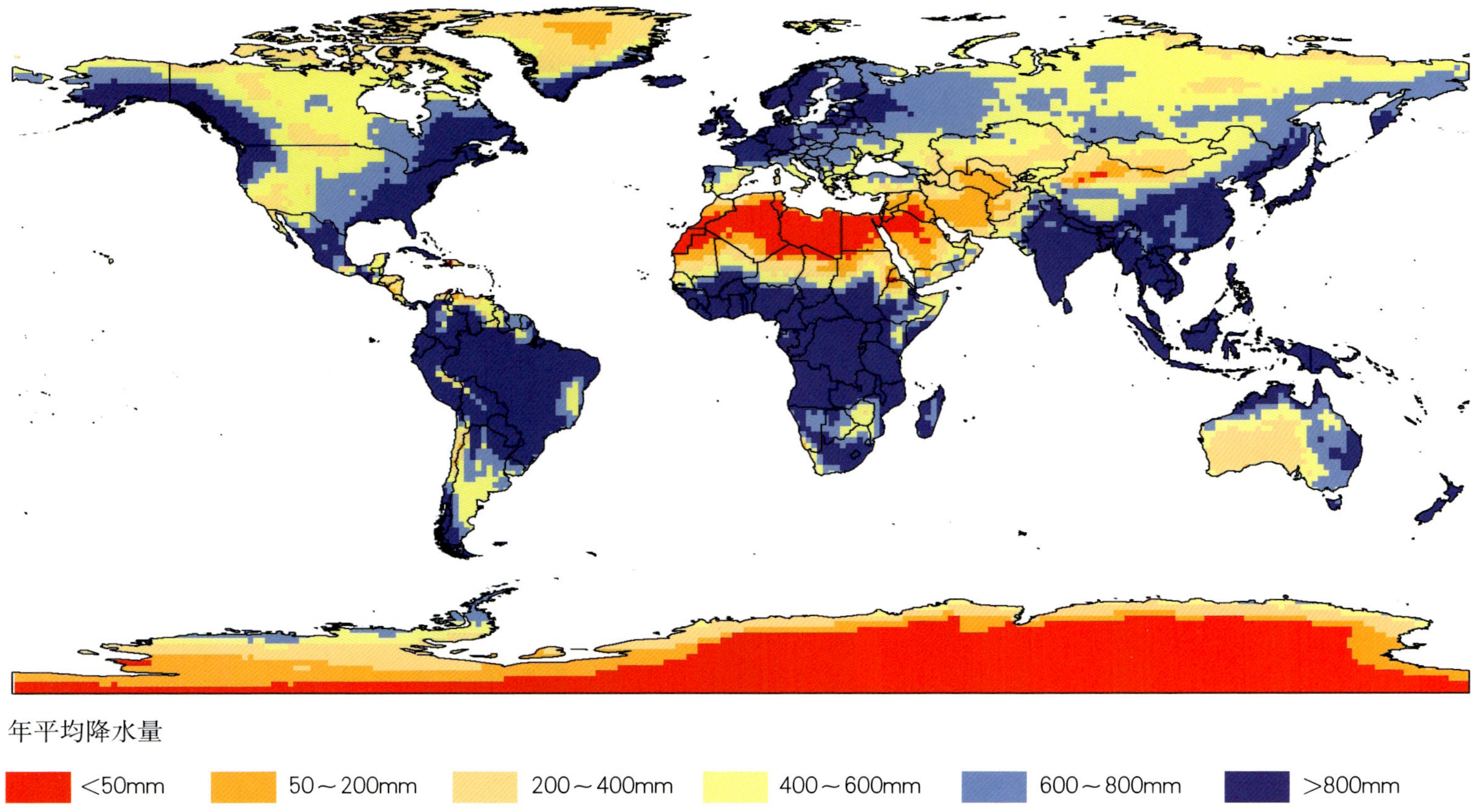

彩图1　全球降水分布图

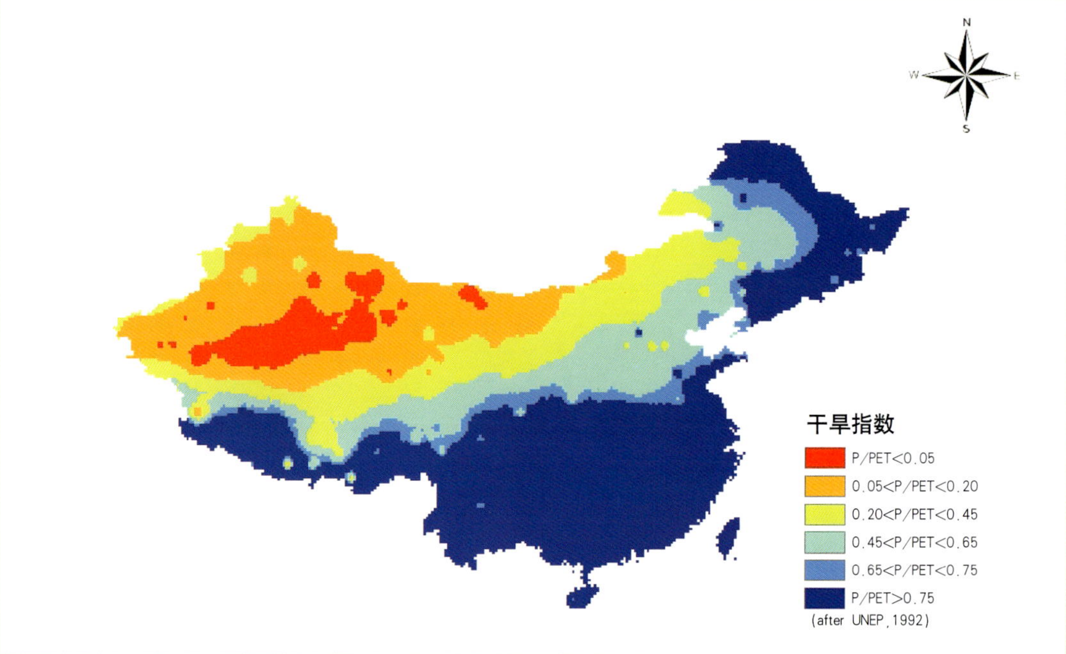

彩图2　多年干旱指数梯度图（图中P代表降水量；PET代表蒸发量）

彩图3　保水剂

彩图4　固体水产品(美国)

彩图5　我国深圳艾德迈尔科技有限公司研制生产的“春之霖”固体水

彩图6 “春之霖”固体水在抗旱节水造林中的应用（左：阿联酋；右：尼日利亚）

彩图7 汇集径流集水技术（青海大通）

彩图8 固体水盆栽试验

彩图9　固体水的推广与应用

彩图10 青海大通县固体水抗旱节水造林试验

彩图11 甘肃兰州固体水抗旱节水造林试验

彩图12　四川盐源县干热河谷固体水抗旱节水造林试验

彩图13　内蒙古锡林浩特固体水抗旱节水造林试验

彩图14　作者李吉跃教授在指导研究生对固体水抗旱节水造林试验效果进行观测
（上图：青海大通县；左下图：甘肃兰州；右下图：内蒙古锡林浩特）

彩图15　本书作者在讨论控水袋盆栽试验设计（右起：李吉跃、周平、姜枫、何茜）

彩图16　控水袋盆栽试验

彩图17　痕量灌溉设施的装置与试验设计